21世纪高等职业教育信息技术类规划教材

21 Shiji Gaodeng Zhiye Jiaoyu Xinxi Jishulei Guihua Jiaocai

Dreamweaver CS3
网页制作基础教程

Dreamweaver CS3 WANGYE ZHIZUO JICHU JIAOCHENG

王君学 主编 张恒杰 孙丕波 副主编

U0128870

人民邮电出版社

北 京

图书在版编目（CIP）数据

Dreamweaver CS3网页制作基础教程 / 王君学主编.
北京：人民邮电出版社，2009.5
21世纪高等职业教育信息技术类规划教材
ISBN 978-7-115-20576-6

Ⅰ. D… Ⅱ. 王… Ⅲ. 主页制作－图形软件，Dreamweaver CS3－高等学校：技术学校－教材 Ⅳ. TP393.092

中国版本图书馆CIP数据核字（2009）第046984号

内 容 提 要

　　本书共 15 章，主要介绍如何在网页中插入文本、图像、媒体、超级链接、表单等网页元素并设置其属性，如何运用表格、框架、AP Div、模板和库等工具对网页进行布局，如何运用 CSS 样式控制网页外观，如何使用行为和 Spry 构件完善网页功能，如何使用时间轴制作动画和在可视化环境下创建应用程序，以及创建、管理和维护网站的基本知识。

　　本书遵循由浅入深、循序渐进的原则进行编排，力求把可视化操作与源代码学习有机地结合在一起。本书适合作为高等职业院校"网页设计与制作"课程的教材，也可以作为网页设计爱好者的入门读物。

21 世纪高等职业教育信息技术类规划教材
Dreamweaver CS3 网页制作基础教程

◆　主　　编　王君学
　　副 主 编　张恒杰　孙丕波
　　责任编辑　潘春燕
　　执行编辑　王　威

◆　人民邮电出版社出版发行　　北京市崇文区夕照寺街 14 号
　　邮编　100061　　电子函件　315@ptpress.com.cn
　　网址　http://www.ptpress.com.cn
　　北京艺辉印刷有限公司印刷

◆　开本：787×1092　1/16
　　印张：18.75
　　字数：469 千字　　　　　　　　2009 年 5 月第 1 版
　　印数：1 – 3 000 册　　　　　　2009 年 5 月北京第 1 次印刷

ISBN 978-7-115-20576-6/TP

定价：30.00 元
读者服务热线：(010)67170985　印装质量热线：(010)67129223
反盗版热线：(010)67171154

前　言

Dreamweaver 是一款优秀的所见即所得式的网页制作软件，它易学、易用，已经成为最流行的网页制作软件之一。目前，我国很多高等职业院校的计算机相关专业，都将"网页设计与制作"作为一门重要的专业课程。为了帮助高职院校的教师能够全面、系统地讲授这门课程，使学生能够熟练地使用 Dreamweaver CS3 来进行网页设计，我们策划编写了本教材。

本书的讲解由浅入深、循序渐进，力求把可视化操作与源代码学习有机地结合在一起。在内容编写方面，难点分散、循序渐进；在文字叙述方面，言简意赅、重点突出；在实例选取方面，实用性强、针对性强。

为方便教师教学，本书配备了内容丰富的教学资源包，包括素材、所有案例的效果演示、PPT 电子教案、习题答案、教学大纲和 2 套模拟试题及答案。任课老师可登录人民邮电出版社教学服务与资源网（www.ptpedu.com.cn）免费下载使用。

本课程的教学时数约为 96 课时，各章的参考教学课时见以下的课时分配表。教师可根据实际需要进行调整。

章 节	课 程 内 容	课 时 分 配	
		讲授	实践训练
第 1 章	认识 Dreamweaver CS3	2	2
第 2 章	规划、创建和管理站点	2	4
第 3 章	创建和设置文档	2	4
第 4 章	使用图像和媒体	2	4
第 5 章	设置超级链接	2	4
第 6 章	使用表格布局页面	4	6
第 7 章	使用框架布局页面	2	2
第 8 章	使用 CSS 样式控制网页外观	4	6
第 9 章	使用 AP Div 布局页面	2	4
第 10 章	使用时间轴制作动画	2	2
第 11 章	使用库和模板制作网页	4	6
第 12 章	使用行为和 Spry 构件	4	4
第 13 章	创建表单网页	2	4
第 14 章	创建 ASP 应用程序	2	4
第 15 章	发布和维护网站	2	2
课 时 总 计		38	58

本书由王君学任主编，张恒杰、孙丕波任副主编，参加本书编写工作的还有沈精虎、黄业清、宋一兵、谭雪松、向先波、冯辉、郭英文、计晓明、董彩霞、滕玲、郝庆文等。由于作者水平有限，书中难免存在疏漏之处，敬请各位老师和同学指正。

编者

2009 年 3 月

目　录

第1章　认识 Dreamweaver CS3

俗话说，"工欲善其事，必先利其器"。在网页设计中，选择一个功能强大、快速高效的网页制作工具是非常必要的。Dreamweaver CS3 功能强大、简单易用，几乎所有层次的网页制作人员都将其作为网站开发的首选工具。本章将介绍 Dreamweaver CS3 的概况、工作界面及其新特性，为后续内容的学习奠定一个初步基础。

【学习目标】

- 了解 Dreamweaver CS3 的概况。
- 熟悉 Dreamweaver CS3 的工作界面。
- 掌握常用工具栏和面板的基本使用方法。
- 了解 Dreamweaver CS3 的新特性。

1.1　了解 Dreamweaver CS3

Dreamweaver 和 Flash、Fireworks 原是由 Macromedia 公司（1984 年成立于美国芝加哥，现已被 Adobe 公司并购）推出的一套网页制作软件，国内用户习惯称其为"网页三剑客"。其中，Flash 用来生成矢量动画，Fireworks 用来制作 Web 图像，而 Dreamweaver 用来制作和发布网页。在 2005 年，Macromedia 公司被 Adobe 公司并购后，这几款软件也就成为 Adobe 家庭的成员。Adobe 公司推出了 Creative Suite 3 创意套件，Dreamweaver CS3 因此诞生。不过，现在又有了新网页三剑客的说法，通常是指 Dreamweaver 和 Flash、Photoshop。

可以说，从 Dreamweaver 诞生的那天起，它就是集网页制作和网站管理于一身的所见即所得式的网页编辑器，是针对专业网页设计师而设计的视觉化网页开发工具，它可以让设计师轻而易举地制作出跨越平台限制和跨越浏览器限制的充满动感的网页。

对于初学者来说，Dreamweaver 比较容易入门，具体表现在两个方面：一是静态页面的编排，这和 Microsoft Office 等可视化办公软件是类似的；二是交互式网页的制作，利用 Dreamweaver 可以比较容易地制作出交互式网页，且很容易链接到 Access、SQL Server 等数据库。Dreamweaver CS3 是目前的最新版本，它能与 Photoshop CS3、Illustrator CS3、Firework CS3、Flash CS3 Professional 和 Contribute CS3 软件智能集成，确保向用户提供高效的工作流程。因此，Dreamweaver 在网页制作领域得到了广泛的应用。

1.2　熟悉 Dreamweaver CS3 的工作界面

在使用 Dreamweaver CS3 进行网页制作之前，首先要对 Dreamweaver CS3 的工作界面有一个总体认识。下面对 Dreamweaver CS3 的工作界面进行简要介绍，包括欢迎屏幕、【插入】工具栏、【文档】工具栏、【标准】工具栏、【文件】面板、【属性】面板等。

1.2.1 认识工作界面

下面对 Dreamweaver CS3 的工作界面进行简要介绍。

一、 欢迎屏幕

启动 Dreamweaver CS3，在 Dreamweaver CS3 工作界面中首先出现的是欢迎屏幕，如图 1-1 所示。

图1-1 欢迎屏幕

如果从网页制作的角度来看欢迎屏幕，可以将其分为页眉、主体和页脚 3 个部分，其中主体又分为左栏、中栏和右栏 3 列。在页眉部分显示的是 Dreamweaver CS3 的标题以及 Adobe 的标志，在主体部分的左栏提供了最近打开的项目列表，中栏提供了新建文档的方式，右栏提供了从模板创建文档的方式，在页脚部分提供了帮助信息，初次使用 Dreamweaver CS3 的用户可从中了解该软件的基本情况。

如果希望以后在启动 Dreamweaver CS3 时不再显示欢迎屏幕，可以勾选页脚中的【不再显示】复选框。也可以通过菜单栏中的【编辑】/【首选参数】命令打开【首选参数】对话框，在【常规】分类中设置是否显示欢迎屏幕，勾选【显示欢迎屏幕】复选框，表示在启动 Dreamweaver CS3 时显示欢迎屏幕；否则表示不显示欢迎屏幕，如图 1-2 所示。

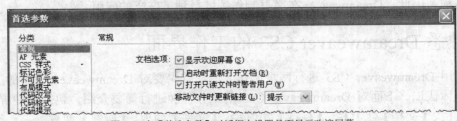

图1-2 在【首选参数】对话框中设置是否显示欢迎屏幕

在 Dreamweaver 之前的版本中，习惯将欢迎屏幕称为"起始页"，而在 Dreamweaver CS3 中称为"欢迎屏幕"，这仅是名称的不同，在本质上是一样的。

二、工作界面

在欢迎屏幕中，选择主体部分中栏的【新建】/【HTML】选项，将新建一个 HTML 文档，如图 1-3 所示。

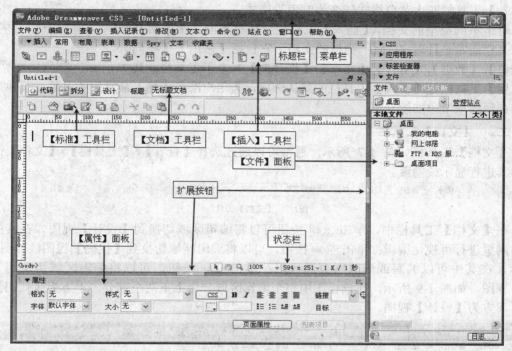

图1-3　工作界面

下面将具体介绍各部分的功能。

1.2.2　了解常用工具栏

下面对常用工具栏进行简要介绍。

一、【插入】工具栏

【插入】工具栏（也可以叫做【插入】面板）位于菜单栏的下面，如图 1-4 所示，可以通过在菜单栏中选择【查看】/【工具栏】/【插入】命令或【窗口】/【插入】命令将其显示或隐藏。单击【插入】工具栏左侧的▼或▶可进行按钮的隐藏或显示。【插入】工具栏包括多个子工具栏，可以通过选择相应的选项卡在它们之间进行切换。

图1-4　制表符格式的【插入】工具栏

【插入】工具栏通常有两种表现形式：制表符格式和菜单格式。如图 1-4 所示为制表符格式，在其标题栏上单击鼠标右键，在弹出的快捷菜单中选择【显示为菜单】命令，【插入】工具栏即由制表符格式变为菜单格式，如图 1-5 所示。

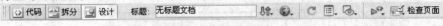

图1-5　菜单格式的【插入】工具栏

在菜单格式的【插入】工具栏中，单击 常用 ▼ 按钮，在弹出的下拉菜单中选择相应的菜单命令，如图 1-6 所示，【插入】工具栏中即显示相应类型的工具按钮。如果选择【显示为制表符】命令，【插入】工具栏即由菜单格式转变为制表符格式。

图1-6　下拉菜单

对于不同类型的文档，【插入】工具栏会稍有不同。上面所介绍的工具栏通常是针对 HTML 类型的文档，它包括【常用】、【布局】、【表单】、【数据】、【Spry】、【文本】、【收藏夹】7 个子工具栏。其中【常用】工具栏是【插入】工具栏的默认选项，为用户准备了插入最常用的对象。其他工具栏将在后续章节中陆续介绍。

二、【文档】工具栏

【文档】工具栏如图 1-7 所示，通常可以通过选择【查看】/【工具栏】/【文档】命令来对其进行显示或隐藏。

图1-7　【文档】工具栏

在【文档】工具栏中，单击 设计 按钮可以将编辑区域切换到【设计】视图，在其中可以对网页进行可视化编辑；单击 代码 按钮，可以将编辑区域切换到【代码】视图，如图 1-8 所示，在其中可以编写或修改网页源代码；单击 拆分 按钮，可以将编辑区域切换到【拆分】视图，如图 1-9 所示，在该视图中整个编辑区域分为上下两个部分，上方为【代码】视图，下方为【设计】视图。

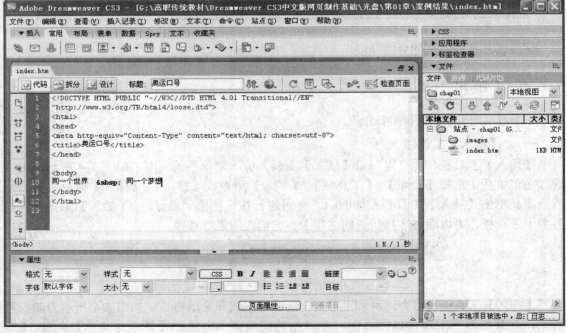

图1-8　【代码】视图

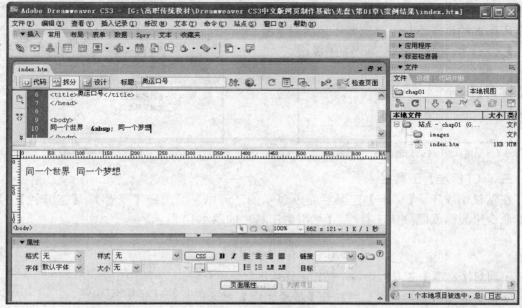

图1-9 【拆分】视图

在【文档】工具栏中，单击 按钮，将弹出一个下拉菜单，从中可以选择要预览网页的浏览器，如图 1-10 所示。

在下拉菜单中选择【编辑浏览器列表】命令，将打开【首选参数】对话框，可以在【在浏览器中预览】分类中添加其他浏览器，如图 1-11 所示。

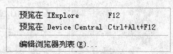

图1-10 选择浏览器

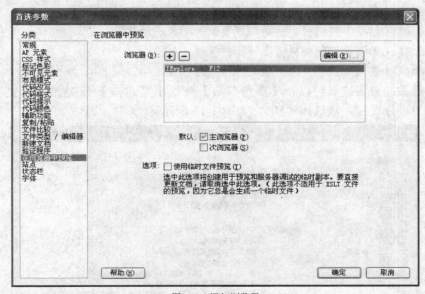

图1-11 添加浏览器

在该对话框中，单击 按钮将打开如图 1-12 所示的【添加浏览器】对话框，可以添加已安装的其他浏览器；单击 按钮将删除在【浏览器】列表中所选择的浏览器；单击 编辑(E)... 按钮将打开如图 1-13 所示的【编辑浏览器】对话框，可以对在【浏览器】列表中

5

所选择的浏览器进行编辑，还可以通过设置【默认】选项为"主浏览器"或"次浏览器"来设定所添加的浏览器是主浏览器还是次浏览器。

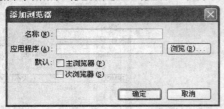

图1-12 【添加浏览器】对话框

图1-13 【编辑浏览器】对话框

三、【标准】工具栏

在默认情况下，【标准】工具栏是不显示的，可以通过选择【查看】/【工具栏】/【标准】命令来显示或隐藏该工具栏。【标准】工具栏如图1-14所示。

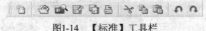

图1-14 【标准】工具栏

下面对【标准】工具栏中各个按钮的作用进行简要介绍。

- 单击 （新建）按钮将打开【新建文档】对话框来创建新文档。
- 单击 （打开）按钮将打开【打开】对话框来打开选择的文件。
- 单击 （在 Bridge 中浏览）按钮将启动 Bridge 进行浏览。
- 单击 （保存）按钮将对当前文档进行保存。
- 单击 （全部保存）按钮将对所有打开的文档进行保存。
- 单击 （打印源代码）按钮将打开【打印】对话框对源代码进行打印。
- 单击 （剪切）按钮将对所选择的对象进行剪切。
- 单击 （复制）按钮将对所选择的对象进行复制。
- 单击 （粘贴）按钮将对所剪切或复制的对象进行粘贴。
- 单击 （撤消）按钮将撤销上一步的操作。
- 单击 （重做）按钮将对撤销的操作进行恢复。

撤销和重做的最多次数可以在【首选参数】对话框【常规】分类的【历史步骤最多次数】文本框中进行设置，默认为"50"，如图1-15所示。

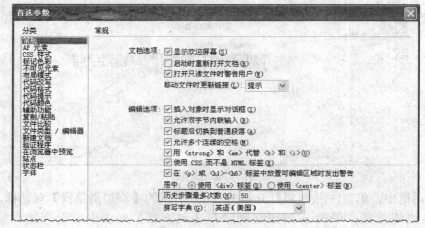

图1-15 历史步骤最多次数

1.2.3　了解常用面板

下面对常用面板进行简要介绍。

一、　【文件】面板

Dreamweaver CS3 提供了许多功能面板，这些功能面板的命令都集中在【窗口】菜单中。如果要显示某个面板，在【窗口】菜单中选择相应的命令（即在命令前打上"√"号）即可。这些功能面板绝大多数都显示在窗口的右侧，多个面板可以组成一个面板组，如【文件】面板组包括【文件】、【资源】和【代码片断】3 个面板，再如【CSS】面板组包括【CSS 样式】和【AP 元素】两个面板。

如图 1-16 所示是【文件】面板，其中左图是在 Dreamweaver CS3 中没有创建站点时的状态，右图显示的是创建了站点以后的状态。

在【文件】面板中可以创建文件夹和文件，也可以上传或下载服务器端的文件，可以说，它是站点管理器的缩略图。其具体的使用方法将在后续章节中进行介绍。

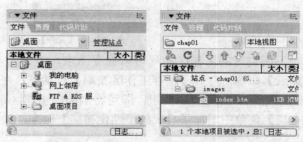

图1-16　【文件】面板

二、　【属性】面板

【属性】面板通常显示在编辑区域的最下面，如果工作界面中没有显示【属性】面板，选择【窗口】/【属性】命令即可将其显示出来。单击【属性】面板右下角的△按钮或▽按钮可以隐藏或重新显示高级设置项目。

通过【属性】面板可以检查、设置和修改所选对象的属性。选择的对象不同，【属性】面板中的项目也不一样。如图 1-17 所示是文本【属性】面板。用户在【属性】面板中进行的大多数修改，都会立刻显示在文档窗口中。但有些属性，需要在文本编辑区域外单击鼠标左键（也可以按 Enter 键或 Tab 键切换到其他属性）才会应用更改。

图1-17　文本【属性】面板

不同对象【属性】面板的具体使用方法将在后续章节中陆续介绍。

1.2.4　熟悉工作区布局

在 Dreamweaver CS3 工作界面中，工具栏和面板是否显示以及显示的位置都是可以调整的。例如，在 Dreamweaver CS3 工作界面右侧显示的通常是不同类型的面板组，通过在面板标题栏左侧的 图标上按住鼠标左键并拖动，可以将面板浮动到窗口中的任意位置。单击某个浮动面板左侧的▶图标将在标题栏下面显示该浮动面板的内容，此时▶图标也变为▼图标，如果再单击▼图标，该浮动面板的内容将又隐藏起来。可以根据实际需要对面板进行重组。以【文件】面板为例，首先单击【文件】面板组中的【文件】面板，然后单击【文件】面板组标题栏右侧的 图标，在弹出的菜单中选择【将文件组合至】/【CSS】命令，这时【文件】面板便组合到了【CSS】面板组中，如图 1-18 所示。

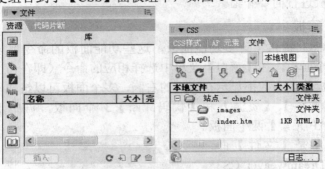

图1-18　将【文件】面板组合到【CSS】面板组

调整好的工作区布局可以保存下来，方法是，选择【窗口】/【工作区布局】/【保存当前…】命令，打开【保存工作区布局】对话框，在【名称】文本框中输入名称，如图 1-19 所示，然后单击 确定 按钮，即可将当前的工作区布局进行保存。此时，在【窗口】/【工作区布局】菜单中增加了【我的个性化布局】命令，如图 1-20 所示。

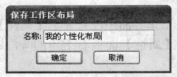

图1-19　【保存工作区布局】对话框

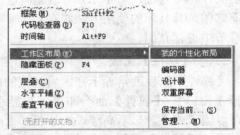

图1-20　菜单中增加了【我的个性化布局】命令

如果存在多个工作区布局，那么如何管理它们呢？

选择【窗口】/【工作区布局】/【管理…】命令，打开【管理工作区布局】对话框，如图 1-21 所示。选择一个工作区布局的名称，单击 重命名… 按钮可对工作区布局名称重新命名；单击 删除 按钮将删除所选择的工作区布局名称。

图1-21　【管理工作区布局】对话框

1.3　了解 Dreamweaver CS3 的新特性

Dreamweaver 在归入 Adobe 家族后，除了在外观上有一些改动外，软件本身也增加了一些新特性。下面进行简要介绍。

一、Spry

(1) 适合于 Ajax 的 Spry 框架。Spry 框架是一个 JavaScript 库，Web 设计人员利用它可以以可视化方式进行设计、开发和部署能为站点访问者提供更多丰富体验的网页。有了

Spry，就可以使用 HTML、CSS 和少量的 JavaScript 将 XML 数据合并到 HTML 文档中，创建构件和向各种页面元素中添加不同种类的视觉效果。

（2）Spry 数据。使用 XML 从 RSS 服务或数据库将数据集成到 Web 页中，集成的数据非常容易排序和过滤。

（3）Spry 窗口组件。借助来自适合于 Ajax 的 Spry 框架的窗口组件，轻松地将常见界面组件（如列表、表格、选项卡、表单验证和可重复区域）添加到 Web 页中。

（4）Spry 效果。借助适合于 Ajax 的 Spry 效果，轻松地向页面元素添加视觉过渡，可以产生扩大选取、收缩、渐隐、高光等效果。

二、 与 Adobe Photoshop 集成

用户可以将在 Adobe Photoshop CS3 中制作的图像或选择的任意元素直接复制并粘贴到 Dreamweaver CS3 文档中，如果需要编辑只须双击该图像即可在图像处理软件中打开原始文件进行编辑。

三、 浏览器兼容性检查

全新的浏览器兼容性检查功能可生成报告，指出各种浏览器中与 CSS 相关的问题。在源代码中，这些问题以绿色下划线来标记，因此用户可以准确知道产生问题的代码位置。

四、 CSS

CSS Advisor 网站提供关于浏览器特定 CSS 问题的解决方案和见解，用户可以自己添加建议和改进意见或新的问题。

Dreamweaver CS3 提供一组预先设计的 CSS 布局，可以帮助用户快速设计好页面且开始运行，并在代码中提供丰富的内联注释以帮助用户了解 CSS 的页面布局。

借助 CSS 管理功能，可以轻松地在文档之间、文档标题与外部表之间、外部 CSS 文件之间以及更多位置之间移动 CSS 代码。

五、 Adobe Device Central

Adobe Device Central 与 Dreamweaver 相互集成并且存在于整个 Adobe CS3 中，使用它可以快速访问每个设备的基本技术规范，还可以收缩 HTML 页面的文本和图像，以便显示效果与在设备上显示的完全一样，从而简化了移动内容的创建过程，大大节省了开发成本。

六、 Adobe Bridge CS3

将 Adobe Bridge CS3 与 Dreamweaver 一起使用可以轻松、方便地管理图像和资源。通过 Adobe Bridge 能够集中访问项目文件、应用程序以及元数据标记和搜索功能。Adobe Bridge 凭借其文件组织和文件共享功能以及对 Adobe Stock Photos 图片库的访问功能，提供一种更有效的创新工作流程，使用户可以驾驭印刷、Web、视频和移动等诸多项目。

小结

本章首先介绍了 Dreamweaver CS3 的基本概况，然后介绍了 Dreamweaver CS3 的工作界面（包括常用工具栏、面板以及工作区布局等），最后介绍了 Dreamweaver CS3 的新特性。本章的内容属于入门知识，目的在于让读者对 Dreamweaver CS3 有一个基本了解，以便为后续内容的学习打下坚实的基础。

习题

一、填空题

1. 2005 年 Macromedia 公司被_____公司并购。
2. 最初的"网页三剑客"是指 Dreamweaver、Flash 与_____。
3. 【插入】工具栏通常有两种表现形式：制表符格式和_____格式。
4. _____工具栏提供了【设计】、【代码】和【拆分】3 种视图模式。
5. 默认情况下，【资源】面板位于_____面板组。

二、选择题

1. Macromedia 公司于 1984 年成立于美国_____。
   A. 芝加哥   B. 纽约   C. 华盛顿   D. 洛杉矶
2. Dreamweaver CS3 工作界面中不包括_____。
   A. 菜单栏   B. 地址栏   C. 标题栏   D. 面板组
3. 选择_____/【工具栏】/【文档】命令可显示或隐藏【文档】工具栏。
   A. 【编辑】   B. 【修改】   C. 【命令】   D. 【查看】
4. （保存）按钮位于_____工具栏中。
   A. 【文档】   B. 【插入】   C. 【标准】   D. 【文件】
5. 通过_____面板可以检查、设置和修改所选对象的属性。
   A. 【属性】   B. 【插入】   C. 【资源】   D. 【文件】

三、问答题

【插入】工具栏有哪两种格式，如何实现它们之间的转换？

第2章 规划、创建和管理站点

经过多年的发展，目前的互联网已经触及到社会的各个领域。各行各业都在使用互联网，人们使用互联网的方式仍然以浏览网页为主。因此，伴随着互联网的发展，网站建设也得到飞速发展。本章将首先介绍规划站点的方法，然后介绍在 Dreamweaver CS3 中创建和管理站点的方法。

【学习目标】
- 了解网站制作的一般流程。
- 了解网页布局的基本方式。
- 了解网页色彩搭配的基本原理。
- 掌握定义站点的基本方法。
- 掌握设置首选参数的基本方法。
- 掌握创建文件夹和文件的基本方法。
- 掌握编辑、复制和删除站点的基本方法。
- 掌握导出和导入站点的基本方法。

2.1 规划站点

在创建站点之前，首先要对站点进行一个总体规划。熟悉网站制作流程、了解网页布局以及网页色彩搭配的基本知识是做好站点规划的基本条件。下面进行简要介绍。

2.1.1 网站制作流程

制作网站需要做好前期策划、网页制作、网站发布、网站推广以及后期维护等工作。

一、 前期策划

无论是大的门户网站还是只有少量页面的个人主页，都需要做好前期的策划工作。明确网站主题、网站名称、栏目设置、整体风格、所需要的功能及实现的方法等，这是制作一个网站的良好开端。

(1) 网站必须有一个明确的主题。特别是对于个人网站，必须找准一个自己最感兴趣的内容，做出自己的特色，这样才能给用户留下深刻的印象。一般来说，确定主题应该遵循以下原则。

① 主题最好是自己感兴趣且擅长的。
② 主题要鲜明，在主题范围内做到全而精。
③ 题材要新颖且符合自己的实际能力。
④ 要体现自己的个性和特色。

(2) 网站必须有一个容易让用户记住的名称。网站的命名应该遵循以下原则。

① 能够很好地概括网站的主题。

② 在合情合理的前提下读起来要琅琅上口。

③ 简短便于记忆。

④ 富有个性和内涵，能给用户更多的想象力和冲击力。

(3) 网站栏目设置要合理。栏目设置是根据网站内容分类进行的，因此网站内容分类首先必须合理，方便用户使用。不同类别的网站，内容差别很大，因此，网站内容分类也没有固定的格式，需要根据不同的网站类型来进行。例如，一般信息发布型企业网站栏目应包括公司简介、产品介绍、服务内容、价格信息、联系方式、网上定单等基本内容。电子商务类网站要提供会员注册、详细的商品服务信息、信息搜索查询、定单确认、付款、个人信息保密措施以及相关帮助等。

(4) 网站必须有自己的风格。网站风格是指站点的整体形象给用户的综合感受。这个"整体形象"包括站点的标志、色彩、版面布局、交互性、内容价值、存在意义以及站点荣誉等诸多因素。例如，网易给用户的感觉是平易近人的，迪斯尼给用户的感觉是生动活泼的。网站风格没有一个固定的模式，即使是同一个主题，任何两个人都不可能设计出完全一样的网站，就像同一个作文题目，不同的人会写出不同的文章一样。

二、 网页制作

在前期策划完成后，接着就进入网页设计与制作阶段。这一时期的工作按其性质可以分为 3 类：页面美工设计、静态页面制作和程序开发。

页面美工设计首先要对网站风格有一个整体定位，包括标准字、Logo、标准色彩、广告语等。然后再根据此定位分别做出首页、二级栏目页以及内容页的设计稿。首页设计包括版面、色彩、图像、动态效果、图标等风格设计，也包括 Banner、菜单、标题、版块等模块设计。在设计好各个页面的效果后，就需要制作成 HTML 页面。在大多数情况下，网页制作员需要实现的是静态页面。对于一个简单的网站，可能只有静态页面，这时就不需要程序开发了，但对于一个复杂的网站，程序开发是必须的。程序开发人员可以先行开发功能模块，然后再整合到 HTML 页面内；也可以用制作好的页面进行程序开发。但是为了程序能有很好的移植性和亲和力，还是推荐先开发功能模块，然后再整合到页面内。

三、 网站发布

发布站点前，必须确定网页的存储空间。如果自己有服务器，配置好后，直接发布到上面即可。如果自己没有服务器，则最好在网上申请一个空间来存放网页，并申请一个域名来指定站点在网上的位置。发布网页可直接使用 Dreamweaver CS3 中的"发布站点"功能进行上传。对于大型站点的上传一般都使用 FTP 软件，如 LeapFTP、CuteFTP 等，使用这种方法上传下载速度都很快。

四、 网站推广

网站推广活动一般发生在网站发布之后，当然也不排除一些网站在筹备期间就开始宣传的可能。网站推广是网络营销的主要内容，可以说，大部分的网络营销活动都是为了网站推广的需要，如发布新闻、搜索引擎登记、交换链接、网络广告等。

五、 后期维护

站点上传到服务器后，首先要检查运行是否正常，如果有错误要及时更正。另外，每隔一段时间，还应对站点中的内容进行更新，以便提供最新消息、吸引更多的用户。

2.1.2 网页布局的基本方式

网页是构成网站的基本元素。一个网页是否精彩与网页布局有着重要关系。常见的网页布局类型有"国"字型、"匡"字型、"三"字型、"川"字型等。

一、 "国"字型

"国"字型也称"同"字型，即最上面是网站的标题以及横幅广告，接下来是网站的主要内容，最左侧和最侧右分列一些小条目内容，中间是主要部分，最下面是网站的一些基本信息、联系方式、版权声明等。这是使用最多的一种结构类型。如图 2-1 所示的页面就是这种结构。

图2-1 "国"字型布局

二、 "匡"字型

"匡"字型也称拐角形，这种结构与"国"字型结构很相近，上面是标题及横幅广告，下面左侧是一窄列链接，右列是很宽的正文，下面也是一些网站的辅助信息。如图 2-2 所示的页面就是这种结构。

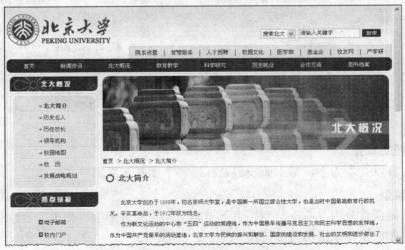

图2-2 匡"字型布局

13

三、 "三"字型

"三"字型是一种比较简洁的布局类型，其页面在横向上被分隔为 3 部分，上部和下部放置一些标志、导航条、广告条和版权信息等，中间是正文内容。如图 2-3 所示的页面就是这种结构。

图2-3 "三"字型布局

四、 "川"字型

"川"字型布局的整个页面在垂直方向上被分为 3 列，内容按栏目分布在这 3 列中，最大限度地突出栏目的索引功能。如图 2-4 所示的页面就是这种结构。

图2-4 "川"字型布局

五、 标题文本型

即页面内容以文本为主，最上面一般是标题，下面是正文的格式。

六、 框架型

框架型布局通常分为左右框架型、上下框架型和综合框架型。由于兼容性和美观性等原因，专业设计人员很少采用这种结构。

另外，还有封面型和 Flash 型布局。封面型基本出现在一些网站的首页，大部分由一些精美的平面设计和一些动画组合而成，在页面中放几个简单的链接或者仅是一个"进入"的链接，甚至直接在首页的图片上做链接而没有任何提示。这种类型的网页布局大多用于企业网站或个人网站。Flash 型是指整个网页就是一个 Flash 动画，这是一种比较新潮的布局方式。其实，这种布局与封面型在结构上是类似的，只是使用了 Flash 技术。

2.1.3 网页色彩搭配的原理

网页的色彩是树立网站形象的关键因素之一，而色彩搭配又是网页设计初学者感到头疼的问题。应该搭配什么样的色彩才能使网页的背景、文字、图标、边框、超链接等最好地表现出预想的效果呢？

网页色彩搭配应该遵循以下原理。

- 色彩的鲜明性：网页的色彩要鲜明，容易引人注目。
- 色彩的独特性：要有与众不同的色彩，使得用户对网页的印象深刻。
- 色彩的适宜性：就是说色彩和网页表达的内容气氛相适宜，如用粉色体现女性站点的柔性等。
- 色彩的联想性：不同色彩会产生不同的联想，蓝色会使人想到天空，黑色会使人想到黑夜，红色会使人想到喜事等，选择色彩要和网页的内涵相关联。

网页色彩搭配应该注意以下技巧。

- 同一色系：即先选定一种色彩，然后调整其透明度或饱和度，使其产生同一色系新的色彩，用于网页后的页面看起来色彩统一，有层次感。
- 用两种色彩：即先选定一种色彩，然后选择它的对比色。
- 同种色调：即用一个感觉的色彩，如淡蓝、淡黄、淡绿。
- 用黑色和一种彩色：如大红的字体配黑色的边框。

在对网页色彩进行搭配时要注意以下几点。

- 网站的标准色不宜过多，且主要用于网站的标志、标题、主菜单和主色块，以给人整体感，其他色彩可以用来点缀和衬托，但不能喧宾夺主。
- 不同的颜色会产生不同的心理感受，因此在确定网站的主题后，要了解哪些颜色适合哪些类型的站点。
- 不同人群对色彩喜恶程度不同，在设计中要考虑主要访问群的背景和构成。

2.2 创建站点

Dreamweaver 是一个创建和管理站点的工具，使用它不仅可以创建单个文档，还可以创建完整的 Web 站点，然后再根据总体规划在站点中创建文件夹和文件。在编辑网页内容之前，还可以根据自己的需要定义 Dreamweaver 的使用规则，即设置首选参数。下面对这些内容进行简要介绍。

2.2.1 定义站点

在定义站点时，首先需要确定是直接在服务器端编辑网页还是在本地计算机编辑网页，然后设置与远程服务器进行数据传递的方式等。下面介绍定义一个新站点的基本方法。

🔑 定义站点

1. 启动 Dreamweaver CS3，在菜单栏中选择【站点】/【新建站点】命令，打开【未命名站点 1 的站点定义为】对话框。

2. 在【您打算为您的站点起什么名字？】文本框中输入站点的名称"chap02"，如果还没有站点的 HTTP 地址，下方的文本框可不填，如图 2-5 所示。

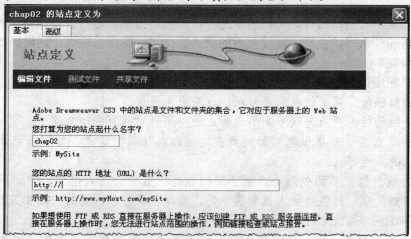

图2-5　设置站点名称

【chap02 的站点定义为】对话框有两个选项卡：【基本】选项卡和【高级】选项卡。这两种方式都可以完成站点的定义工作，不同点如下。

- 【基本】选项卡：按照向导一步一步地进行操作，直至完成定义工作，适合初学者。

- 【高级】选项卡：可以在不同的步骤或者不同的分类选项中任意跳转，而且可以做更高级的修改和设置，适合在站点维护中使用。

3. 单击 下一步(N) > 按钮，在弹出的对话框中选择【是，我想使用服务器技术。】单选按钮，在【哪种服务器技术？】下拉列表中选择【ASP VBScript】选项，如图 2-6 所示。

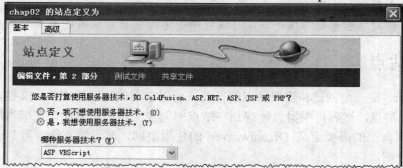

图2-6　设置是否使用服务器技术

 选择【否，我不想使用服务器技术。】单选按钮表示该站点是一个静态站点；选择【是，我想使用服务器技术。】单选按钮，对话框中将出现【哪种服务器技术？】下拉列表。在实际操作中，读者可根据需要选择所要使用的服务器技术。

4. 单击 下一步(N) > 按钮，在对话框中关于文件的使用方式选择【在本地进行编辑和测试（我的测试服务器是这台计算机）】单选按钮，然后设置网页文件存储的文件夹，如图 2-7 所示。

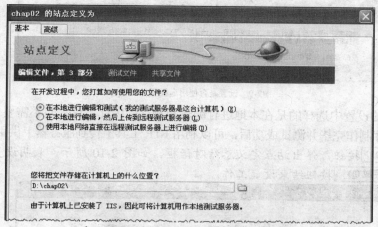

图2-7　选择文件使用方式及存储位置

关于文件的使用方式共有 3 个选项。

- 【在本地进行编辑和测试（我的测试服务器是这台计算机）】：将网站所有文件存放于本地计算机中，并且在本地对网站进行测试，当网站制作完成后再上传至服务器（要求本地计算机安装 IIS，适合单机开发的情况）。
- 【在本地进行编辑，然后上传到远程测试服务器】：将网站所有文件存放于本地计算机中，但在远程服务器中测试网站（本地计算机不要求安装 IIS，但对网络环境要求要好，如果不满足就无法测试网站，适合于可以实时连接远程服务器的情况）。
- 【使用本地网络直接在远程测试服务器上进行编辑】：在本地计算机中不保存文件，而是直接登录到远程服务器中进行编辑并测试网站（对网络环境要求苛刻，适合于局域网或者宽带连接的广域网环境）。

5. 单击 下一步(N) > 按钮，在【您应该使用什么 URL 来浏览站点的根目录？】文本框中输入站点的 URL，如图 2-8 所示。然后单击 测试 URL(T) 按钮，如果出现测试成功提示框，说明本地的 IIS 正常。

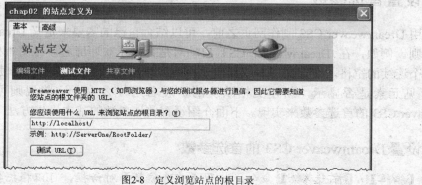

图2-8　定义浏览站点的根目录

6. 单击 下一步(N) > 按钮，在弹出的对话框中选择【否】选项，如图 2-9 所示。

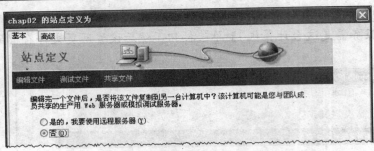

图2-9 设置是否使用远程服务器

由于在前面的设置中选择的是在本地进行编辑和测试，因此，这里暂不需要使用远程服务器。等到网页文件制作完毕并测试成功后，可以利用 FTP 工具上传到服务器上供用户访问。

7. 单击 下一步(N) > 按钮，弹出站点定义总结对话框，如图 2-10 所示，表明设置已经完成。最后单击 完成(D) 按钮结束设置工作。

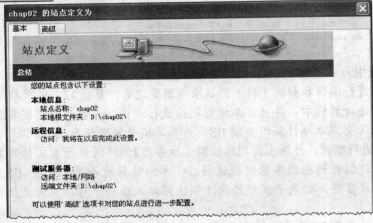

图2-10 站点定义总结对话框

 在【管理站点】对话框（参见 2.3 节）中单击 新建(N)... 按钮，将弹出一个下拉菜单，从中选择【站点】命令也可以打开站点定义对话框。其作用和菜单栏中的【站点】/【新建站点】命令是一样的。

2.2.2 设置首选参数

在使用 Dreamweaver CS3 制作网页之前，可以结合自己的需要来定义 Dreamweaver CS3 的使用规则。例如，在 Dreamweaver CS3 启动时是否显示欢迎屏幕，在文本处理中是否允许输入多个连续的空格，在定义文本或其他元素外观时是使用 CSS 标签还是使用 HTML 标签，不可见元素是否显示，新建文档默认的扩展名是什么等。这些规则可以通过设置 Dreamweaver CS3 的首选参数来实现。下面介绍设置首选参数的基本操作方法。

⚷ 设置 Dreamweaver CS3 的首选参数

1. 选择【编辑】/【首选参数】命令，打开【首选参数】对话框，可以根据实际需要设置【常规】分类，如图 2-11 所示。

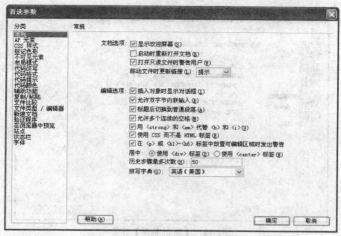

图2-11 【常规】分类

下面对【常规】分类相关选项进行简要说明。

- 【显示欢迎屏幕】：设置 Dreamweaver CS3 启动时是否显示欢迎屏幕，选择该项将显示，否则将不显示。
- 【允许多个连续的空格】：设置是否允许使用 Space （空格）键来输入多个连续的空格，选择该项表示可以，否则只能输入一个空格。
- 【使用 CSS 而不是 HTML 标签】：设置在编辑文档时，文本的字体、大小、颜色等属性是使用 CSS 样式标签表示还是使用 HTML 样式标签表示，选择该项表示使用 CSS 样式标签，否则表示使用 HTML 标签。

2. 切换到【不可见元素】分类，如图 2-12 所示，在此可以定义不可见元素是否显示。

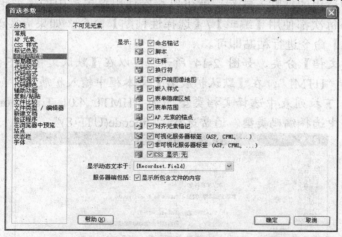

图2-12 【不可见元素】分类

 在设置了【不可见元素】分类后，还要确认菜单栏中的【查看】/【可视化助理】/【不可见元素】选项是否已经勾选。在勾选后，包括换行符在内的不可见元素会在文档中显示出来，以帮助设计者确定它们的位置。

3. 切换到【复制/粘贴】分类，如图 2-13 所示，在此可以定义粘贴到 Dreamweaver CS3 文档中的文本格式。

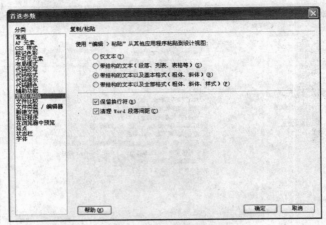

图2-13 【复制/粘贴】分类

下面对【复制/粘贴】分类相关选项进行简要说明。

- 【仅文本】：选择该项表示粘贴过来的内容仅有文本，图像、文本样式以及段落设置等都不会被粘贴过来。
- 【带结构的文本（段落、列表、表格等）】：选择该项表示粘贴过来的内容将保持原有的段落、列表、表格等最简单的设置，但图像仍然无法粘贴过来。
- 【带结构的文本以及基本格式（粗体、斜体）】：选择该项表示粘贴过来的内容将保持原有粗体和斜体设置，同时文本中的基本设置和图像也会显示出来。
- 【带结构的文本以及全部格式（粗体、斜体、样式）】：选择该选项表示将保持粘贴内容的所有原始设置。

在设置了一种适用的粘贴方式后，就可以直接使用菜单栏中的【编辑】/【粘贴】命令粘贴文本，而不必每次都使用【编辑】/【选择性粘贴】命令。如果需要改变粘贴方式，再使用【选择性粘贴】命令进行粘贴即可。

4. 切换到【新建文档】分类，如图 2-14 所示。可以在【默认文档】下拉列表中选择默认文档类型，如 "HTML"；在【默认扩展名】文本框中输入扩展名，如 ".htm"；在【默认文档类型】下拉列表中选择文档类型，如 "HMTL 4.01 Transitional"；在【默认编码】下拉列表中选择编码类型，通常选择 "Unicode(UTF-8)"。

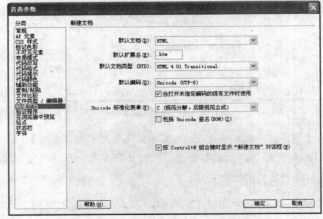

图2-14 【新建文档】分类

下面对【新建文档】分类进行简要说明。

Unicode（统一码、万国码、单一码）是一种在计算机上使用的字符编码。它为每种语言中的每个字符设定了统一并且唯一的二进制编码，以满足跨语言、跨平台进行文本转换、处理的要求。

在【默认文档类型】下拉列表中包括 6 个选项，大体可分为 HTML 和 XHTML 两类。XHTML 是在 HTML 的基础上优化和改进的，目的是基于 XML 应用。HTML 目前最高的版本是 4.01，但不能简单地认为 XHTML 就是 HTML 5.0。这是因为 XHTML 并不是向下兼容的，它有自己严格的约束和规范，因此应该是 XHTML 1.0。XHTML 非常简单易学，任何会用 HTML 的人都能使用 XHTML。由于用户是在可视化环境中编辑网页，因此并不需要关心二者实质性的区别，只是选择某一种类型的文档，编辑器会相应生成一个标准的 HTML 或者 XHMTL 文档。

有经验的用户可以根据自己的需要来修改其他首选参数，而初学者在不了解具体含义的情况下，最好不要随意进行修改，否则会给使用带来不必要的麻烦。上面介绍了【首选参数】对话框最基本的内容，对于【首选参数】对话框中的其他分类选项，将在后续章节中进行介绍。

2.2.3 创建文件夹和文件

下面介绍在站点中创建文件夹和文件的方法。

一、 文件夹和文件的命名规则

一个站点中创建哪些文件夹，通常取决于网站内容的分类。网站内每个分支的所有文件都被统一存放在单独的文件夹内，根据包含的文件多少，又可以细分到子文件夹。文件夹的命名最好遵循一定的规则，以便于理解和查找。

文件夹创建好以后就可以在各自的文件夹里面创建文件。当然，首先要创建首页文件。一般首页文件名为"index.htm"或者"index.html"。如果页面是使用 ASP 语言编写的，那么文件名为"index.asp"。如果是用 ASP.NET 语言编写的，则文件名为"index.aspx"。文件名的开头不能使用数字、运算符等符号，最好也不要使用中文。文件的命名一般可采用以下4 种方式。

- 汉语拼音：即根据每个页面的标题或主要内容，提取两三个概括字，将它们的汉语拼音作为文件名。如"公司简介"页面可提取"简介"这两个字的汉语拼音，文件名为"jianjie.htm"。
- 拼音缩写：即根据每个页面的标题或主要内容，提取每个汉字的第 1 个字母作为文件名。如"公司简介"页面的拼音是"gongsijianjie"，那么文件名就是"gsjj.htm"。
- 英文缩写：一般适用于专有名词。例如，"Active Server Pages"这个专有名词一般用 ASP 来代替，因此文件名为"asp.htm"。
- 英文原义：这种方法比较实用、准确。如可以将"图书列表"页面命名为"BookList.htm"。

以上 4 种命名方式有时会与数字、符号组合使用。例如"Book1.htm"、"Book_1.htm"。一个网站中最好不要使用不同的命名规则，以免造成维护上的麻烦。

二、 创建文件夹和文件的方法

在【文件】/【文件】面板中创建文件夹的方法是，用鼠标右键单击根文件夹，在弹出的快捷菜单中选择【新建文件夹】命令，然后在"untitled"处输入新的文件夹名，如"images"，然后按 Enter 键确认，如图 2-15 所示。

在【文件】/【文件】面板中创建文件的方法是，用鼠标右键单击根文件夹，在弹出的快捷菜单中选择【新建文件】命令，然后在"untitled.asp"处输入新的文件名，如"index.asp"，然后按 Enter 键确认，如图 2-16 所示。也可以在菜单栏中选择【文件】/【新建】命令或按 Ctrl+N 键打开【新建文档】对话框来创建文档，将在后续章节中进行介绍。

图2-15　创建文件夹　　　　　　　　　　　　　　图2-16　创建文件

这里创建的文件扩展名为什么自动为".asp"呢？这是因为在定义站点的时候，选择了使用服务器技术"ASP VBScript"。如果选择不使用服务器技术，创建文档的扩展名通常为【首选参数】对话框中定义的默认扩展名。

2.3　管理站点

在 Dreamweaver CS3 中创建的站点，以后还可以根据实际需要对该站点进行编辑。如果要在 Dreamweaver CS3 中创建一个与已有站点类似的站点，可以首先复制相似的站点，然后根据需要进行编辑。在 Dreamweaver CS3 中，对于那些已经完成使命，不再需要的站点可以进行删除。如果要在多台计算机的 Dreamweaver CS3 中创建一个相同的站点，可以首先在一台计算机进行创建，然后使用导出站点的方法将站点信息导出，最后再在其他计算机中导入该站点即可。下面对这些内容进行简要介绍。

2.3.1　编辑站点

编辑站点是指对 Dreamweaver CS3 中已经存在的站点，重新进行相关参数的设置，使其更符合实际需要。编辑站点的方法是，选择【站点】/【管理站点】命令，打开【管理站点】对话框，如图 2-17 所示。在站点列表中选中要编辑的站点，然后单击 编辑(E)... 按钮打开【chap02 的站点定义为】对话框，按照向导提示一步一步地进行修改即可，这与创建站点的过程是一样的。

图2-17　【管理站点】对话框

当然，编辑站点使用【chap02 的站点定义为】对话框的【高级】选项卡会比较方便，通常对【chap02 的站点定义为】对话框的【本地信息】、【远程信息】和【测试服务器】等分类中的参数进行修改即可。

2.3.2　复制站点

根据实际需要，可能会在 Dreamweaver 中创建多个站点，但并不是所有站点都必须重新创建。如果新建站点和已经存在的站点有许多参数设置是相同的，可以通过"复制站点"的方法进行复制，然后再进行编辑即可。

复制站点的方法是，在【管理站点】对话框的站点列表中选中要复制的站点，然后单击 复制(P)… 按钮将复制一个站点，如图 2-18 所示，此时再对复制的站点进行编辑即可。

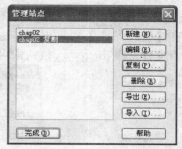

图2-18　复制站点

2.3.3　删除站点

有些站点已经不再需要，可以在 Dreamweaver 中将其删除。方法是，在【管理站点】对话框中选中要删除的站点，然后单击 删除(R) 按钮，这时将弹出提示对话框，如图 2-19 所示，单击 是(Y) 按钮将删除该站点。

在【管理站点】对话框中删除站点仅仅是删除了在 Dreamweaver CS3 中定义的站点信息，存在磁盘上的相对应的文件夹及其中的文件仍然存在。

图2-19　删除站点提示对话框

2.3.4　导出站点

如果重新安装操作系统，Dreamweaver CS3 站点中的信息就会丢失，这时可以采取导出站点的方法将站点信息导出。具体方法是，在【管理站点】对话框中选中要导出的站点，然后单击 导出(E)… 按钮打开【导出站点】对话框，设置导出站点文件的路径和文件名称，如图 2-20 所示，最后保存即可。导出的站点文件的扩展名为".ste"。

图2-20　【导出站点】对话框

2.3.5 导入站点

导出的站点只有导入到 Dreamweaver CS3 中才能发挥它的作用。导入站点的方法是，在【管理站点】对话框中单击 导入(I)... 按钮，打开【导入站点】对话框，选中要导入的站点文件，单击 打开(O) 按钮即可导入站点，如图 2-21 所示。

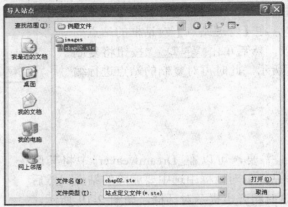

图2-21 【导入站点】对话框

2.4 实例——导入、编辑和导出站点

通过前面各节的学习，读者规划、创建和管理站点已经没有问题了。本节将综合运用前面所介绍的知识来导入一个站点，然后对该站点进行编辑，最后导出该站点。

导入、编辑并导出站点

1. 选择【站点】/【管理站点】命令，打开【管理站点】对话框。
2. 在【管理站点】对话框中单击 导入(I)... 按钮，打开【导入站点】对话框，选中要导入的站点文件 "myownsite.ste"，如图 2-22 所示。

图2-22 选中要导入的站点文件

3. 单击 打开(O) 按钮，弹出【选择站点 myownsite 的本地根文件夹：】对话框，文件夹设置完毕后单击 选择(S) 按钮导入站点，如图 2-23 所示。

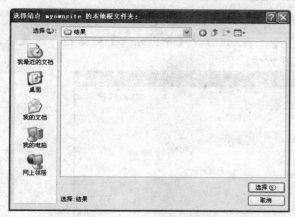

图2-23　导入站点

4. 选中站点"myownsite"，然后单击 [编辑(E)...] 按钮，打开【myownsite 的站点定义为】对话框，切换到【高级】选项卡，在【本地信息】分类中将【站点名称】选项修改为"myownsite2"，【本地根文件夹】选项修改为"D:\myownsite2\"，如图 2-24 所示。

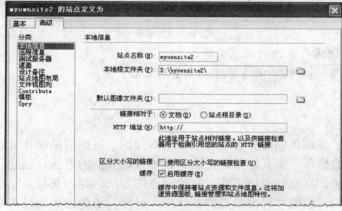

图2-24　修改站点本地信息

5. 在【测试服务器】分类中将【测试服务器文件】选项修改为"D:\myownsite2\"，如图 2-25 所示。

图2-25　修改站点测试服务器信息

6. 其他参数设置保持不变，最后单击 确定 按钮返回【管理站点】对话框。
7. 选中刚才编辑过的站点，单击 导出(E)... 按钮打开【导出站点】对话框，设置导出站点文件的路径和文件名称，如图 2-26 所示。

图2-26 导出站点

8. 单击 保存(S) 按钮保存导出的站点文件。
9. 最后单击 完成(D) 按钮关闭【管理站点】对话框。

小结

本章首先介绍了规划、创建和管理站点的基本知识，包括网站制作流程、网页布局的方式、网页色彩搭配的原理、定义站点的方法、设置首选参数的方法、创建文件夹和文件的方法、编辑站点的方法、复制站点的方法、删除站点的方法、导出和导入站点的方法等，最后通过实例介绍了导入、编辑并导出站点的具体操作过程。希望读者通过本章的学习，能够熟练掌握在 Dreamweaver CS3 中规划、创建和管理站点的基本知识。

习题

一、填空题

1. 【站点定义】对话框包括【基本】和_____两个选项卡。
2. 通过【站点】/_____命令可打开【管理站点】对话框，对站点进行编辑。
3. 在 Dreamweaver 中，可以通过设置_____来定义 Dreamweaver 的使用规则。
4. 新建文档默认的扩展名可以通过【首选参数】对话框的_____分类来设置。

二、选择题

1. 下列关于网站规划的说法，错误的是_____。
   A. 网站必须有一个明确的主题
   B. 网站栏目设置要合理
   C. 网站推广一定发生在网站发布之后
   D. 网站必须有自己的风格

2. 新建网页文档的快捷键是_____。

    A. Ctrl+C   B. Ctrl+N   C. Ctrl+V   D. Ctrl+O

3. 是否允许使用 Space（空格）键来输入多个连续的空格，可以通过【首选参数】对话框的_____分类来设置。

    A. 常规   B. 不可见元素   C. 复制/粘贴   D. 新建文档

4. 关于【首选参数】对话框的说法，错误的是_____。

    A. 可以设置是否显示欢迎屏幕

    B. 可以设置是否允许输入多个连续的空格

    C. 可以设置是否使用 CSS 而不是 HTML 标签

    D. 可以设置默认文档名

三、问答题

1. 常见的网页布局类型有哪些？

2. 举例说明通过【首选参数】对话框可以设置 Dreamweaver 的哪些使用规则。

四、操作题

在 Dreamweaver CS3 中定义一个名称为"MyPersonalSite"的站点，文件保存位置为"X:\ MyPersonalSite"（X 为盘符），要求在本地进行编辑和测试，并使用"ASP VBScript"服务器技术，然后创建"images"文件夹和"index.asp"主页文件。

第3章 创建和设置文档

文本是网页中最基本的元素和信息载体,是网页存在的基础。对网页文档格式进行合理的设置,不仅可使网页内容更加充实,而且可使页面更加美观。本章将介绍在 Dreamweaver CS3 中创建文档和设置文档文本格式的基本方法。

【学习目标】
- 掌握创建、打开、保存和关闭文档的方法。
- 掌握添加文档内容的方法。
- 掌握设置文档格式的方法。

3.1 文档基本操作

在站点中创建、打开、保存和关闭文档是 Dreamweaver CS3 最基本的操作,下面进行简要介绍。

3.1.1 创建文档

创建文档通常有以下几种方式。

一、 通过【文件】面板创建文档

用户可以通过下面两种方法之一来创建一个默认名为"untitled.htm"的文件,并在"untitled.htm"处输入新的文件名,如"index.htm",最后按 Enter 键确认即可,如图3-1 所示。

- 在【文件】面板中用鼠标右键单击根文件夹,在弹出的快捷菜单中选择【新建文件】命令。
- 单击【文件】面板组标题栏右侧的 按钮,在弹出的快捷菜单中选择【文件】/【新建文件】命令。

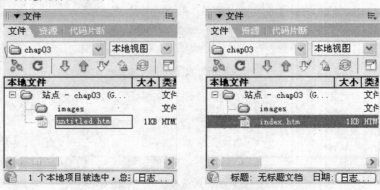

图3-1 从【文件】面板创建文档

二、　通过欢迎屏幕创建文档

在欢迎屏幕的【新建】或【从模板创建】列表中选择相应命令即可创建相应类型的文件，如选择【新建】/【HTML】命令，如图 3-2 所示，即可创建一个 HTML 文档。

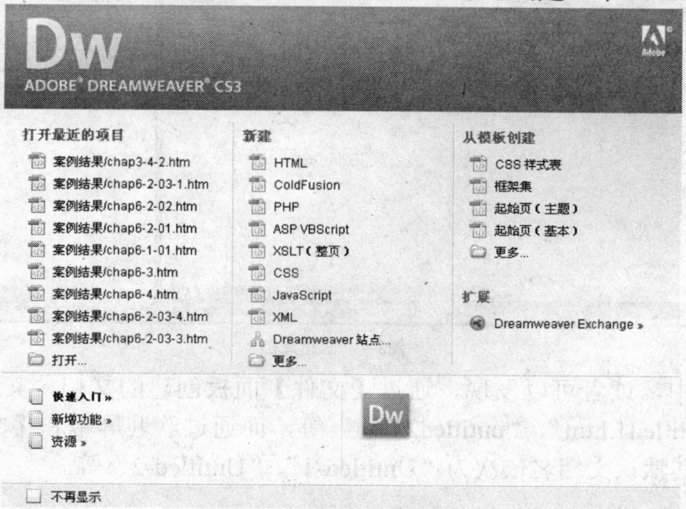

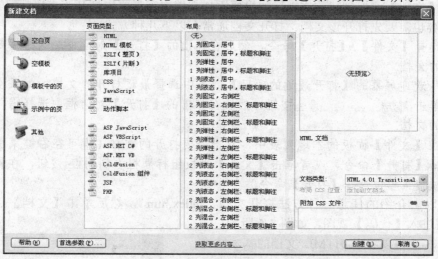

图3-2　通过欢迎屏幕创建文档

三、　通过菜单命令创建文档

从菜单栏中选择【文件】/【新建】命令，打开【新建文档】对话框，根据需要选择相应的选项创建文件，如选择【空白页】/【HTML】/【无】选项，如图 3-3 所示。

图3-3　【新建文档】对话框

在【新建文档】对话框的【文档类型】下拉列表中可以选择需要的文档类型，如"HTML 4.01 Transitional"。如果已经在【首选参数】对话框的【新建文档】分类中设置了【默认文档类型】为"HMTL 4.01 Transitional"，这里就不用再特意选择了。如果是根据 HTML 模板创建文档，此时【布局 CSS 位置】选项将变为可用，它包括【添加到文档头】、【新建文件】和【链接到现有文件】3 个选项，用户可以根据实际需要进行选择。设置完毕后单击 创建(R) 按钮即可创建文档，如图 3-4 所示。

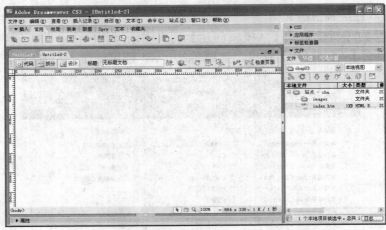

图3-4 创建文档

在实际操作中，读者可以发现，通过【文件】面板创建的文档，其默认文档名依次为"Untitled"、"untitled1.htm"、"untitled2.htm"等，而通过欢迎屏幕和【文件】/【新建】命令创建的文档，其默认文档名依次为"Untitled-1"、"Untitled-2"等。

3.1.2 打开文档

通过欢迎屏幕和菜单命令创建的文档，文档创建时就处于打开状态，可以直接在文档中添加内容，然后根据实际需要重新命名或保存。

通过【文件】面板创建的文档，如果要添加文档内容需要先打开该文档，编辑以前创建的文档内容也需要先打开该文档。打开文档通常有以下几种方式。

- 选择【文件】/【打开】命令，然后在弹出的【打开】对话框中选择需要打开的文档。
- 从欢迎屏幕的【打开最近的项目】列表中选择最近打开的文档，如果没有可单击 打开... 按钮，然后在弹出的【打开】对话框中选择需要打开的文档。
- 在【文件】面板的本地列表中，双击需要打开的文档（也可在右键菜单中选择【打开】命令，或者单击【文件】面板组标题栏右侧的 按钮，在弹出的快捷菜单中选择【打开】命令）。

通过以上介绍的任意一种方法打开文档"index.htm"，然后单击【文档】工具栏中的 代码 按钮进入【代码】视图，如图 3-5 所示。

从图 3-5 可以看出 HTML 文档的基本结构。HTML（Hyper Text Markup Language，超文本标记语言）是一种描述性语言，用来控制浏览器显示网页时的外观。使用 HTML 控制的文件在任何操作系统的浏览器上读起来都是一样的。HTML 文档通常由起始标记、文件头信息和文件主体 3 部分组成。其中文件主体是 HTML 文件的主要部分和核心内容。从【代码】视图中可以看到 HTML 文档的基本格式和通用的结构如下。

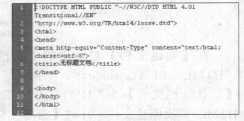

图3-5 HTML 文档的基本格式

```
<html>
<head>
…
<title>…</title>
</head>
<body>
…
</body>
</html>
```

其中，"<html>"和"</html>"是 HTML 文档的开始和结束标志；"<head>"和"</head>"是 HTML 文档的文件头信息开始和结束标志；"<body>"和"</body>"是 HTML 文档的主体内容开始和结束标志。

"<head>…</head>"标记出现在 HTML 文档的起始部分，在"<head>…</head>"标记之间使用频率最高的标记就是"<title>…</title>"标记，它用于定义显示在浏览器标题栏的文档标题。在 Dreamweaver CS3 中，可以通过菜单栏的【插入记录】/【HTML】/【文件头标签】中的命令插入部分文件头信息，如图 3-6 所示。实际上"<head>"标签中的内容都不会在网页主体上直接显示，而是通过其他方式起作用，如标题是在 HTML 头部分定义的，它不会在网页正文中显示，但会显示在浏览器的标题栏中。

图3-6　插入文件头标签

网页的主体是由标记符号"<body>"和"</body>"所定义的范围。其中还需要其他标签才能组成一个完整的部分，如段落标记"<p>"，字体标记"<font>"，图像标记"<img>"，超级链接标记"<a>"，表格标记"<table>"等。这些标签都有自己独特的属性，在 Dreamweaver CS3 中可以对它们进行属性设置。

3.1.3　保存文档

在编辑文档的过程要养成随时保存文档的习惯，以免出现意外造成文档内容的丢失。

如果对新建文档进行保存，可选择【文件】菜单中的【保存】命令或【另存为】命令，打开【另存为】对话框，在【保存在】下拉列表中选择要保存的文件夹，也可单击 按钮新建一个文件夹，在【文件名】文本框中输入文件名，在【保存类型】下拉列表中选择文档类型，如图3-7 所示，然后单击 保存(S) 按钮保存文件。

文档被保存以后，如果又对其进行了编辑，可以直接选择【文件】/【保存】命令进行保存，如果要换个名字保存，则选择【文件】/【另存为】命令进行保存。选择【文件】/【保存全部】命令可同时保存已打开的所有文档。

图3-7　【另存为】对话框

3.1.4 关闭文档

关闭文档的方法比较简单，选择【文件】/【关闭】命令可关闭当前文档；选择【文件】/【全部关闭】命令可关闭所有打开的文档。

3.2 添加文档内容

在文档中添加内容是一项非常重要的工作。添加文档内容的主要方法通常有：直接输入、导入其他文档、从其他文档中复制并在该文档中粘贴。下面对这些方法进行简要介绍。

3.2.1 直接输入

在文档中，可以通过键盘（包括软键盘）直接输入文本，也可以通过【插入记录】/【HTML】/【特殊字符】中的相应命令插入特殊字符。下面介绍直接输入文本的方法。

输入文本

1. 在"index.htm"文档中用键盘直接输入文本"奥运口号"。
2. 打开"智能 ABC 输入法"，并用鼠标右键单击▦图标，在弹出的快捷菜单中选择【特殊符号】命令，打开【特殊符号】软键盘，如图 3-8 所示。

图3-8　打开【特殊符号】软键盘

3. 依次将鼠标光标定位在"奥运口号"的左右两侧，并依次单击▦按钮插入"★"符号。
4. 单击▦图标，关闭软键盘。

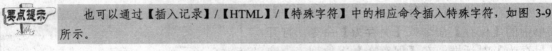

也可以通过【插入记录】/【HTML】/【特殊字符】中的相应命令插入特殊字符，如图 3-9 所示。

图3-9　插入特殊字符

3.2.2 导入

除了直接输入文本外，还可以通过导入的方法将 Word 文档中的内容导入到 Dreamweaver CS3 文档中。下面介绍导入 Word 文档的基本方法。

导入文本

1. 接上例。在 "index.htm" 文档中，将鼠标光标置于 "★奥运口号★" 文本的后面。
2. 选择【文件】/【导入】/【Word 文档】命令，打开【导入 Word 文档】对话框，选择本章素材文件 "例题文件\素材\奥运口号 1.doc"，在【格式化】下拉列表中选择需要的格式，如图 3-10 所示。

图3-10 【导入 Word 文档】对话框

3. 单击 打开⑩ 按钮，将 Word 文档内容导入到网页文档中，如图 3-11 所示。

★奥运口号★

为一届奥运会提出口号的做法在1984年美国洛杉矶奥运会之前并不普遍。"在历史中扮演你的角色"是洛杉矶奥运会组织者为鼓励当地居民而在宣传活动中使用的口号。从这届奥运会开始，口号作为一届奥运会重要的标志性核心内容，越来越受到国际奥委会和举办城市的重视。

图3-11 导入 Word 文档

 在导入 Word 文档时，最好将 Word 程序关闭，否则会弹出如图 3-12 所示的提示框。这时可以单击 切换到⑤... 按钮，然后关闭 Word 程序。

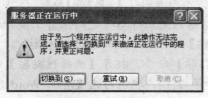

图3-12 提示框

3.2.3 复制和粘贴

除了直接输入和导入文本外，也可以将其他文档中的内容复制到 Dreamweaver 文档中。目前，Word 文档是使用最广泛的一种，因此复制和粘贴 Word 文档内容是最常见的操作，下面介绍复制和粘贴 Word 文档的基本方法。

🔑 复制和粘贴文本

1. 接上例。在 "index.htm" 文档中，将鼠标光标定位在第 2 段文本的后面，然后打开本章素材文件 "例题文件\素材\奥运知识2.doc"，全选并复制所有文本。
2. 在 Dreamweaver CS3 菜单栏中选择【编辑】/【粘贴】命令，把文本粘贴到网页文档中，如图 3-13 所示。

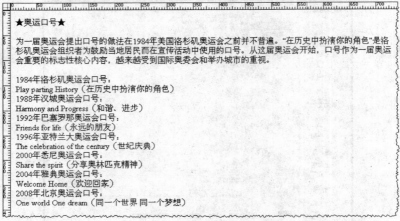

图3-13　粘贴文本

 直接使用该命令粘贴文本将按照【首选参数】对话框中的【复制/粘贴】分类设置的粘贴方式进行粘贴，其中勾选【保留换行符】复选框，如图 3-14 所示。

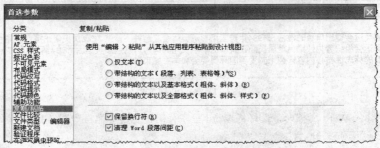

图3-14　【复制/粘贴】分类

3. 查看源代码，可以发现粘贴的文本行与行之间保留了换行符 "<br>"，如图 3-15 所示。
4. 选择【编辑】/【撤销粘贴】命令，取消对文本的粘贴。
5. 选择【编辑】/【选择性粘贴】命令，打开【选择性粘贴】对话框，在【粘贴为】栏中选择需要的选项，本例选择第 2 项，取消勾选【清理 Word 段落间距】复选框，如图 3-16 所示。

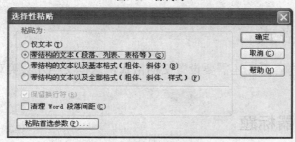

图3-15　源代码

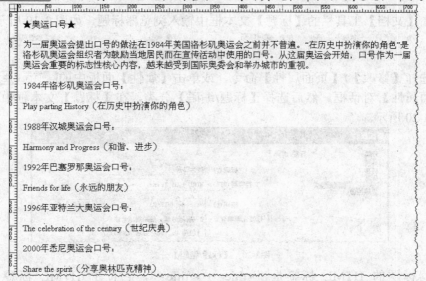

图3-16　【选择性粘贴】对话框

6.　单击 [确定] 按钮，将 Word 文档内容粘贴到网页文档中，如图 3-17 所示。

图3-17　选择性粘贴

7.　查看源代码，可以发现粘贴的文本行与行之间使用的是分段符 "<p>"，如图 3-18 所示。

　　从上面的操作可以看出，选择不同的粘贴选项以及是否勾选【清理 Word 段落间距】复选框，复制粘贴后的文本形式是有差别的，读者可通过实际练习加以体会。使用导入的方法会将 Word 文档中的所有内容导入到 Dreamweaver CS3 文档中，而使用复制和粘贴的方法可以选择需要的内容，不必导入全部内容，因此具有更大的灵活性。

```
9   <body>
10  ★奥运口号★
11  <p>为一届奥运会提出口号的做法在1984年美国洛杉矶奥运会之前并不普遍。"在历史中扮演你的角色"是洛杉
    矶奥运会组织者为鼓励当地居民而在宣传活动中使用的口号。从这届奥运会开始，口号作为一届奥运会重要的
    标志性核心内容，越来越受到国际奥委会和举办城市的重视。</p>
12  <p>1984年洛杉矶奥运会口号：</p>
13  <p>Play parting History（在历史中扮演你的角色）</p>
14  <p>1988年汉城奥运会口号：</p>
15  <p>Harmony and  Progress（和谐、进步）</p>
16  <p>1992年巴塞罗那奥运会口号：</p>
17  <p>Friends for  life（永远的朋友）</p>
18  <p>1996年亚特兰大奥运会口号：</p>
19  <p>The celebration of the century（世纪庆典）</p>
20  <p>2000年悉尼奥运会口号：</p>
21  <p>Share the  spirit（分享奥林匹克精神）</p>
22  <p>2004年雅典奥运会口号：</p>
23  <p>Welcome Home（欢迎回家）</p>
24  <p>2008年北京奥运会口号：</p>
25  <p>One world One dream（同一个世界 同一个梦想）</p>
26  </body>
```

图3-18　源代码

3.3　设置文档格式

在文档中添加了内容后，还需要设置文档格式，这样文档才会美观。下面介绍设置文档格式的基本方法。

3.3.1　设置浏览器标题

浏览器标题是指在浏览网页时显示在浏览器标题栏的文本。设置浏览器标题通常有以下两种方式。

(1) 在【文档】工具栏的【标题】文本框中输入浏览器标题，如图 3-19 所示。

图3-19　设置浏览器标题

(2) 选择【修改】/【页面属性】命令，或单击【属性】面板中的 页面属性... 按钮，打开【页面属性】对话框，然后选择【标题/编码】分类，在【标题】文本框中输入网页标题，如图 3-20 所示。

图3-20　【标题/编码】分类

浏览器标题的 HTML 标签是"<title>…</title>"，它位于 HTML 标签"<head>…</head>"之间，如图 3-21 所示。另外，通过【页面属性】对话框的【标题/编码】分类，还可以设置当前网页的文档类型和编码方式。

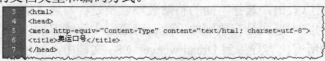

```
3   <html>
4   <head>
5   <meta http-equiv="Content-Type" content="text/html; charset=utf-8">
6   <title>奥运口号</title>
7   </head>
```

图3-21　浏览器标题的 HTML 标签是"<title>…</title>"

3.3.2 分段和换行

在 Word 等文本编辑软件中，通常按 Enter 键可以另起一个段落。同样，在 Dreamweaver CS3 文档窗口中，每按一次 Enter 键也会另起一个段落。按 Enter 键的操作通常称为"硬回车"，段落就是带有硬回车的文本组合。使用硬回车划分段落后，段落与段落之间会产生一个空行间距。如果希望文本换行后不产生段落间距，可以采取插入换行符的方法。选择【插入记录】/【HTML】/【特殊字符】/【换行符】命令，或按 Shift+Enter 组合键，可以插入换行符，段落与换行效果如图 3-22 所示。

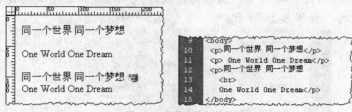

图3-22 段落和换行效果

段落的 HTML 标签是"<p>…</p>"。通过该标签中的 align 属性可对段落的对齐方式进行控制。align 属性值通常有 center、right 和 left，可分别使段落内的文本居中、居右、居左对齐。读者可使用以下格式定义文档段落。

段落内容

换行的 HTML 标签是"
"，换行仍然是发生在段落内的行为，只有"<p>…</p>"标签才能起到重新开始一个段落的作用。

3.3.3 设置文档标题格式

在设计网页时，一般都会加入一个或多个文档标题，用来对页面内容进行概括或分类。就像一篇文章有一个总的标题，在行文中可能还有小标题一样。文档标题和浏览器标题是不一样的，它们的作用、显示方式以及 HTML 标签都是不同的。下面介绍设置文档标题格式的基本方法。

⚷━ 设置文档标题格式

1. 接上例。将鼠标光标置于"index.htm"文档标题"★奥运口号★"所在行，然后在【属性】面板的【格式】下拉列表中选择"标题 1"，如图 3-23 所示。

图3-23 设置标题格式

2. 在【属性】面板中单击 页面属性… 按钮，打开【页面属性】对话框，然后在【分类】列表中选择【标题】分类，重新定义标题字体和"标题 1"的大小和颜色，如图 3-24 所示。

图3-24　重新定义"标题1"的字体、大小和颜色

3. 单击 确定 按钮关闭对话框，然后切换至源代码视图，会看到标题样式是使用 CSS 样式重新定义的，如图 3-25 所示。

图3-25　重新定义标题样式的 CSS 代码

 CSS（Cascading Style Sheet）可译为"层叠样式表"或"级联样式表"，是一组格式设置规则，用于控制 Web 页面的外观，下面章节中将详细介绍。

为了使文档标题醒目，Dreamweaver CS3 提供了 6 种标准的标题样式"标题 1"～"标题 6"，可以在【属性】面板的【格式】下拉列表中进行选择。当将标题设置成"标题 1"～"标题 6"中的某一种时，Dreamweaver CS3 会按其默认设置显示。如果在【首选参数】对话框的【常规】分类中勾选了【使用 CSS 而不是 HTML 标签】复选框，就可以通过【页面属性】对话框的【标题】分类来重新设置"标题 1"～"标题 6"的字体、大小和颜色属性。设置文档标题的 HTML 标签是"<h$_n$>标题文字</h$_n$>"，其中 n 的取值为 1～6，n 越小则字号越大，n 越大则字号越小。

如果在【首选参数】对话框的【常规】分类中没有勾选【使用 CSS 而不是 HTML 标签】复选框，那么【页面属性】对话框将是如图 3-26 所示的简化对话框。在该对话框中，没有【标题】分类，因此也就无法重新定义标题样式。

图3-26　未勾选【使用 CSS 而不是 HTML 标签】复选框时出现的【页面属性】对话框

对话框两种状态的主要区别在于后者不再使用 CSS 样式来定义网页的属性，而是使用 HTML 标签来表示。虽然不可能将 CSS 样式的好处一言概之，但一般情况下，如果有可能使用 CSS 样式标签来定义网页，就不要使用 HTML 标签。

3.3.4 添加空格

在文档中添加空格是最常用的操作，也是必不可少的。下面介绍添加空格的基本方法。

添加空格

1. 接上例。在 "index.htm" 中，将鼠标光标置于第 2 段文本的开始处。
2. 选择【编辑】/【首选参数】命令，打开【首选参数】对话框，在【常规】分类中取消勾选【允许多个连续的空格】复选框。
3. 按 Space 键，这时会发现不能添加空格（如果鼠标光标是在文本中间可以添加 1 个空格，但也不能连续添加）。
4. 选择【插入记录】/【HTML】/【特殊字符】/【不换行空格】命令，可以添加空格（建议选择两次该命令，添加两个空格）。
5. 在【插入】/【文本】面板中，单击最后的 📧 （字符）按钮右侧的箭头，在弹出的列表中单击 ⬆ （不换行空格）按钮也可以添加空格（建议单击两次添加两个空格）。
6. 将上面添加的 4 个空格删除，并在【首选参数】对话框的【常规】分类中勾选【允许多个连续的空格】复选框。
7. 按 Space 键 4 次，可以连续添加空格。

通过上面的操作可以看出，在【首选参数】对话框的【常规】分类中，是否勾选【允许多个连续的空格】复选框只对按 Space 键有影响，而对【插入记录】/【HTML】/【特殊字符】/【不换行空格】命令和在【插入】/【文本】面板中单击 ⬆ 按钮没有影响。另外，不换行空格在源代码中显示为 " "，如图 3-27 所示。

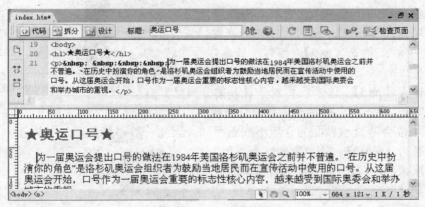

图3-27 插入不换行空格

3.3.5 设置页边距

网页文档中的内容都有一定的页边距，下面介绍设置页边距的基本方法。

设置页边距

1. 接上例。选择【修改】/【页面属性】命令，或在【属性】面板中单击 页面属性... 按
钮，打开【页面属性】对话框，如图 3-28 所示。

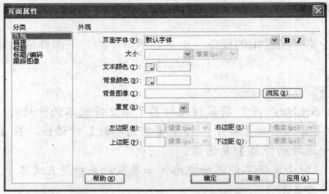

图3-28 【页面属性】对话框

 如果在【首选参数】对话框的【常规】分类中没有勾选【使用 CSS 而不是 HTML 标签】
复选框，那么【页面属性】对话框的【外观】分类内容将发生变化，可参考如图 3-26 所示的
简化对话框。

2. 将【上边距】、【下边距】选项设置为"20 像素"，【左边距】、【右边距】选项设置为
"10 像素"。

3. 单击 确定 按钮关闭对话框，然后切换至源代码
视图，会看到定义页边距时使用的 CSS 样式，如
图 3-29 所示。

在页边距的单位下拉列表中共有 9 种单位，这 9 种单
位可分为"相对值"和"绝对值"两类。相对值单位是相
对于另一长度属性的单位，因此它的通用性好一些。

图3-29 定义页边距时使用的 CSS 样式

- 【字体高（em）】：相对于字体的高度。
- 【字母 x 的高（ex）】：相对于任意字母"x"的
高度。
- 【像素（px）】：像素，相对于屏幕的分辨率。
- 【%】：百分比，相对于屏幕的分辨率。

绝对值单位会随显示界面的介质不同而不同，因此一般不是首选。

- 【毫米（mm）】：以"毫米"为单位。
- 【厘米（cm）】：以"厘米"为单位。
- 【英寸（in）】：以"英寸"为单位（1 英寸=2.54 厘米）。
- 【点数（pt）】：以"点"为单位（1 点=1/72 英寸）。
- 【12pt 字（pc）】：以"帕"为单位（1 帕=12 点）。

 除百分比以外，建议读者在制作网页时固定使用一种类型的单位，不要混用；否则会给
网页的维护带来不必要的麻烦。

3.3.6　设置文本的字体、大小和颜色

许多时候要根据实际需要设置网页中文本的字体、大小和颜色。下面介绍在 Dreamweaver CS3 中设置文本的字体、大小和颜色的基本方法。

设置文本的字体、大小和颜色

1. 接上例。选择【修改】/【页面属性】命令，打开【页面属性】对话框，在【外观】分类中定义页面文本的字体、大小和颜色，如图 3-30 所示。

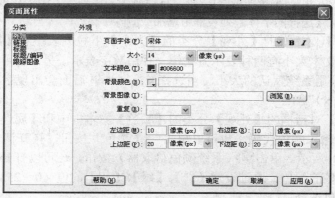

图3-30　定义页面文本的字体、大小和颜色

2. 单击 确定 按钮关闭对话框，这时文本的格式发生了变化，如图 3-31 所示。

图3-31　文本的格式发生了变化

3. 选择文档标题下面的第 1 段文本，在【属性】面板的【字体】下拉列表中选择"黑体"，在【大小】下拉列表中选择"16 像素"，在【颜色】文本框中输入"#0000FF"，如图 3-32 所示。

图3-32　设置选择文本的字体、大小和颜色

从上面的操作可以看出，设置文本的字体、大小和颜色通常有 3 种途径：第 1 种是通过【页面属性】对话框的【外观】分类，第 2 种是通过【属性】面板中的【字体】、【大小】和【颜色】选项，第 3 种是在【文本】菜单中选择【字体】、【大小】和【颜色】命令。但第 1 种途径与后 2 种是有区别的，在【页面属性】对话框中设置的字体、大小和颜色，将对当前

网页中所有的文本都起作用，而通过【属性】面板或【文本】菜单中的命令设置的字体、大小和颜色，只对当前网页中所选择的文本起作用。

在【页面属性】的对话框的【外观】分类的【页面字体】下拉列表和【属性】面板的【字体】下拉列表中，有些字体列表每行有 3~4 种不同的字体，这些字体均以逗号隔开。浏览器在显示时，首先会寻找第 1 种字体，如果没有就继续寻找下一种字体，以确保计算机在缺少某种字体的情况下，网页的外观不会出现大的变化。

如果【字体】下拉列表中没有需要的字体，可以选择【编辑字体列表…】选项打开【编辑字体列表】对话框进行添加，如图 3-33 所示。单击 ➕ 按钮或 ➖ 按钮，将会在【字体列表】中增加或删除字体列表，单击 ▲ 按钮或 ▼ 按钮，将会在【字体列表】中上移或下移字体列表。单击 ≪ 或 ≫ 按钮将会从【选择的字体】列表框中增加或删除字体。

在【页面属性】对话框的【外观】分类的【大小】下拉列表中和【属性】面板的【大小】下拉列表中，文本大小有两种表示方式：一种用数字表示，另一种用中文表示。如果选择"无"，则表示采用系统默认的大小。当选择数字时，其后面会出现字体大小单位列表，通常选择"像素（px）"。

在【页面属性】对话框的【外观】分类的【颜色】文本框中和【属性】面板的【颜色】文本框中可以直接输入颜色代码，也可以单击 ▣ （颜色）按钮，打开调色板直接选择相应的颜色，如图 3-34 所示。单击 ◉ （系统颜色拾取器）按钮，还可以打开【颜色】拾取器调色板，从中选择更多的颜色。通过设置【红】、【绿】、【蓝】的值（0~255），可以有"256×256×256"种颜色供选择。

图3-33 【编辑字体列表】对话框

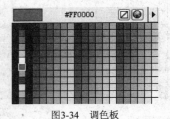

图3-34 调色板

3.3.7 设置文本样式

这里所说的文本样式主要是指粗体、斜体、下划线等样式。在 Dreamweaver CS3 文档中，首先选择要设置文本样式的文本，然后可以通过以下 3 种方式设置文本样式。

- 在【属性】面板中，单击 **B** 按钮或 *I* 按钮可以给文本设置粗体或斜体样式。
- 在【文本】/【样式】菜单中选择相应的命令也可以对文本设置样式，如下划线、删除线等。
- 在【插入】工具栏中，切换到【文本】选项卡，将出现【文本】工具面板，单击相应的按钮也可以设置粗体或斜体样式，如图 3-35 所示。

图3-35 【文本】工具面板

3.3.8　设置文本的对齐方式

文本的对齐方式通常有 4 种：左对齐、居中对齐、右对齐和两端对齐。可以通过依次单击【属性】面板中的 ☰ 按钮、☰ 按钮、☰ 按钮和 ☰ 按钮来实现，也可以通过【文本】/【对齐】菜单中的相应命令来实现。如果同时设置多个段落的对齐方式，则需要先选中这些段落。

3.3.9　设置文本的缩进和凸出

在文档排版过程中，有时会遇到需要使某段文本整体向内缩进或向外凸出的情况。选择【文本】/【缩进】（或【凸出】）命令，或者单击【属性】面板上的 ☱ 按钮（或 ☱ 按钮），可以使段落整体向内缩进或向外凸出。如果同时设置多个段落的缩进和凸出，则需要先选中这些段落。

3.3.10　应用列表

列表的类型通常有编号列表、项目列表、目录列表、菜单列表、定义列表等，最常用的是项目列表和编号列表。下面介绍设置列表的基本方法。

🔑　设置列表

1. 接上例。在 "index.htm" 文档中，选择第 2 段文本下面的所有文本。
2. 通过以下任意一种方式将所选文本设置为编号列表，如图 3-36 所示。

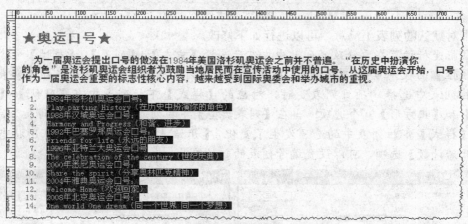

图3-36　设置编号列表

- 在【属性】面板中单击 ≔（编号列表）按钮。
- 选择【文本】/【列表】/【编号列表】命令。
- 在【插入】工具栏中，切换到【文本】选项卡，在【文本】工具面板中单击 ᵢᵢ（编号列表）按钮。

3. 将鼠标光标置于编号列表的第 2 行，然后在【属性】面板中单击 ☱（文本缩进）按钮使文本缩进，运用同样的方法设置其他行，如图 3-37 所示。

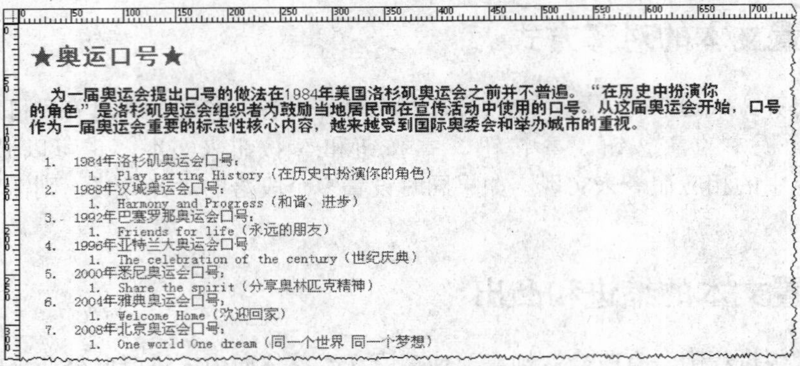

图3-37　设置文本缩进

4. 仍将鼠标光标置于编号列表的第 2 行，然后在【属性】面板中单击（项目列表）按钮，运用同样的方法设置其他行，如图 3-38 所示。

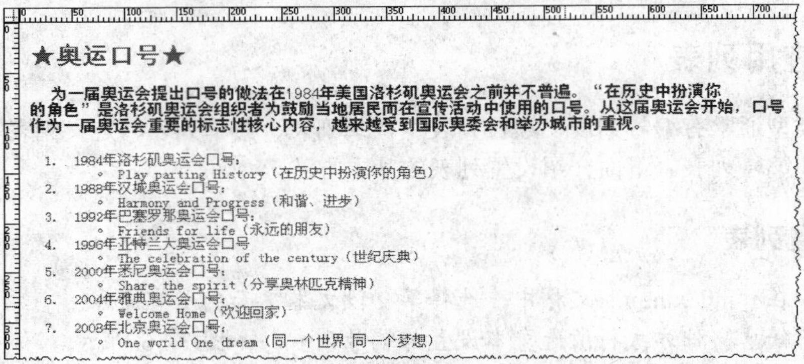

图3-38　嵌套列表

如果对默认的列表不满意，可以进行如下修改。

5. 将鼠标光标放置在要修改的列表中，然后选择【文本】/【列表】/【属性】命令，或在【属性】面板中单击 列表项目... 按钮，打开【列表属性】对话框。当在【列表类型】下拉列表中选择“项目列表”时，对应的【样式】下拉列表中有【默认】、【项目符号】和【正方形】3 个选项；当在【列表类型】下拉列表中选择“编号列表”时，对应的【样式】下拉列表中的选项发生了变化，【开始计数】选项也处于可用状态，通过【开始计数】选项，可以设置编号列表的起始编号，如图 3-39 所示。

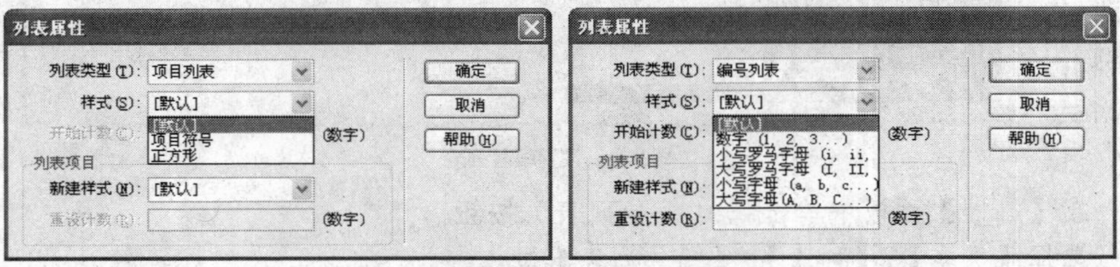

图3-39　【列表属性】对话框

上面介绍了如何设置列表以及如何设置嵌套列表和修改列表属性的方法。在设置嵌套列表时，子列表需要使用文本缩进命令才能实现。下面认识一下列表的 HTML 标签。

(1) 编号列表的 HTML 标签是“<ol>…</ol>”，“<li>…</li>”表示列表的内容，具体

格式如下。

```
<ol>
  <li>列表内容 1</li>
  <li>列表内容 2</li>
  …
</ol>
```

（2）项目列表的 HTML 标签是"<ul>…</ul>"，其格式与编号列表是一样的。列表是可以嵌套的，下面是一个编号列表嵌套项目列表的 HTML 代码。

```
<ol>
  <li>水果
   <ul>
     <li>苹果</li>
     <li>香蕉</li>
   </ul>
  </li>
  <li>蔬菜
   <ul>
     <li>青椒</li>
     <li>萝卜</li>
   </ul>
  </li>
  <li>其他</li>
</ol>
```

3.3.11　插入水平线

在制作网页时，经常需要插入水平线，使用图像处理技术可以制作水平线，在 Dreamweaver CS3 中，也可以直接插入水平线并设置其属性。如果掌握了 CSS 样式，制作的水平线效果会更美观。下面介绍插入水平线的基本方法。

☞　插入水平线

1. 接上例。将鼠标光标置于"index.htm"文档最后一行文本的后面，连续按 3 次 Enter 键，使鼠标光标重新移到下一段并同时取消对列表格式的继承。

2. 选择【插入记录】/【HTML】/【水平线】命令，插入水平线，如图 3-40 所示。

图3-40　插入水平线

3. 确保水平线处于选中状态，然后在【属性】面板中设置其属性，如图 3-41 所示。

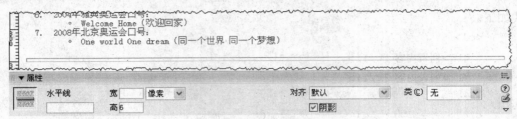

图3-41　设置水平线属性

在水平线【属性】面板中，可以设置水平线的 id 名称、宽度和高度、对齐方式、是否具有阴影效果等，如果设置了 CSS 类样式，还可以应用样式。这些属性的设置要根据实际需要而定。如果使用 CSS 高级样式来定义水平线的效果或使用其他脚本语言引用该水平线，就需要设置其名称，否则就不需要，包括使用 CSS 类样式和标签样式。水平线的 HTML 标签如下。

```
<hr align="center" width="500" size="5" id="line">
```

水平线的 HTML 标签是"<hr>"，如果仅仅插入一条水平线不设置任何属性，只需要使用"<hr>"即可。在上面的代码中，align 表示对齐方式，其值有 left（左对齐）、center（居中对齐）和 right（右对齐）。width 表示宽度，size 表示高度，id 表示水平线的 id 名称。

3.3.12　插入日期

许多网页在页脚位置都有日期，而且每次修改保存后都会自动更新该日期。那么，这是如何设置的呢？下面介绍插入日期的基本方法。

🔑　插入日期

1. 接上例。将鼠标光标置于"index.htm"文档水平线的下面。
2. 选择【插入记录】/【日期】命令，打开【插入日期】对话框，在【星期格式】下拉列表中选择"Thursday,"，在【日期格式】下拉列表中选择"1974-03-07"，在【时间格式】下拉列表中选择"22:18"，并勾选【储存时自动更新】复选框，如图 3-42 所示。

图3-42　【插入日期】对话框

> 要点提示　只有在【插入日期】对话框中勾选【储存时自动更新】复选框，在单击日期时才显示日期的【属性】面板，否则插入的日期仅仅是一段文本而已。

3. 单击 确定 按钮插入日期，如图 3-43 所示。
4. 如果对插入的日期格式不满意，可以选中日期，在【属性】面板中单击 编辑日期格式 按钮重新打开【插入日期】对话框进行设置，如图 3-44 所示。

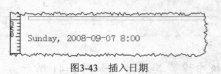

图3-43　插入日期

图3-44　日期的【属性】面板

3.4 实例——设置"奥运会主题曲"文档格式

通过前面各节的学习，读者对创建文档、添加文本和设置文本基本格式已经有了初步的了解。本节将综合运用前面所介绍的知识来创建一个文档并设置其格式，让读者进一步巩固所学内容。

🔑 设置"奥运会主题曲"文档格式

1. 创建一个 HTML 空白文档，并保存为"shili.htm"。
2. 在文档中添加文本。
(1) 打开本章素材文件"综合实例\素材\奥运会主题曲.doc"，并选择【编辑】/【全选】命令，将所有文本全部选择。
(2) 选择【编辑】/【复制】命令，将所选文本进行复制。
(3) 选择【编辑】/【选择性粘贴】命令，打开【选择性粘贴】对话框，在【粘贴为】栏中选择第 2 项，并取消勾选【清理 Word 段落间距】复选框，如图 3-45 所示。

图3-45 设置【选择性粘贴】对话框

(4) 单击 确定 按钮将文本粘贴到网页文档中。
3. 设置页面属性。
(1) 选择【修改】/【页面属性】命令，打开【页面属性】对话框。
(2) 在【外观】分类中设置文本的【大小】为"12 像素"，页边距均设置为"50 像素"。
(3) 在【标题/编码】分类中设置显示在浏览器标题栏的标题为"奥运会主题曲"。
4. 设置文本格式。
(1) 将鼠标光标置于文档标题"奥运会主题曲"所在行，并在【属性】面板的【格式】下拉列表中选择"标题 1"，然后单击 ≡（居中对齐）按钮使其居中显示。
(2) 将鼠标光标置于正文第 1 段文本开头，通过【插入记录】/【HTML】/【特殊字符】/【不换行空格】菜单命令（或按 Ctrl+Shift+Space 组合键）添加 4 个空格，如图 3-46 所示。

图3-46 添加空格

(3) 在第 1 段正文中，选中文本"歌名、词曲和演唱者"，并在【属性】面板中设置其【字体】为"黑体"、【大小】为"14 像素"、【颜色】为"#FF0000"，然后选择【文本】/【样式】/【下画线】命令，为文本添加下画线，如图 3-47 所示。

图3-47　设置文本属性

(4) 选择"1984 年洛杉矶奥运会主题曲"下面的 3 行文本，并在【属性】面板中单击 ☰ （项目列表）按钮，然后按照同样的方法设置其他同类文本，如图 3-48 所示。

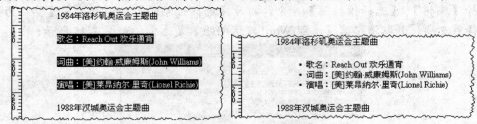

图3-48　设置项目列表

(5) 选择"1984 年洛杉矶奥运会主题曲"文本，并在【属性】面板中单击 **B** （粗体）按钮，然后按照同样的方法设置其他同类文本，如图 3-49 所示。

图3-49　设置粗体样式

(6) 将鼠标光标置于文档最后一行文本的后面，连续按两次 Enter 键，使鼠标光标重新移到下一段，然后选择【插入记录】/【HTML】/【水平线】命令，插入一条水平线。

(7) 将鼠标光标置于水平线的下面，然后选择【插入记录】/【日期】命令，打开【插入日期】对话框，在【星期格式】中选择"Thursday,"，在【日期格式】中选择"1974-03-07"，在【时间格式】中选择"10:18 PM"，并勾选【储存时自动更新】复选框。

5. 保存文件，最终效果如图 3-50 所示。

奥运会主题曲

下面对历届奥运会（1984-2008）的主题曲进行简要介绍，包括歌名、词曲和演唱者，希望广大爱好者能够喜欢。

1984年洛杉矶奥运会主题曲

- 歌名：Reach Out 欢乐通宵
- 词曲：[美]约翰·威廉姆斯(John Williams)
- 演唱：[美]莱昂纳尔·里奇(Lionel Richie)

1988年汉城奥运会主题曲

- 歌名：Hand in Hand 手拉手
- 作词：[美]汤姆·惠特洛克
- 作曲：[意]吉奥吉·莫洛德(Giorgio Moroder)
- 演唱：Koreana组合

1992年巴塞罗那奥运会主题曲

- 歌名：Barcelona 巴塞罗那
- 词曲：[英]Freddie Mercury
- 演唱：[西班牙]Freddie Mercury，Montserrat Caballe(卡巴耶)

1996年亚特兰大奥运会主题曲

- 歌名：Reach 登峰造极
- 词曲：黛安·沃伦(Diane Warren)，Gloria Estefan
- 演唱：格罗利娅·伊斯特芬(Gloria Estefan)

2000年悉尼奥运会主题曲

- 歌名：the Flame 圣火
- 词曲：[奥]约翰·夫曼(John Foreman)
- 演唱：[奥]蒂娜·艾莲娜(Tina Arena)

2004年雅典奥运会主题曲

- 歌名：Oceania 海洋
- 词曲：[冰岛]比约克(Bjork)
- 演唱：[冰岛]比约克(Bjork)

2008年北京奥运会主题曲

- 歌名：You and Me 我和你
- 词曲：陈其钢
- 演唱：[英]莎拉布莱曼(Sarah Brightman)，[中]刘欢

Sunday, 2008-09-07 11:37 AM

图3-50 "奥运会主题曲"网页

小结

本章主要介绍了创建文档和设置文档格式的基本知识，包括创建、打开、保存和关闭文档的方法，输入、导入和复制/粘贴文本的方法以及设置文档格式的方法，最后通过实例介绍了设置文本的基本方法。本章介绍的内容是最基础的知识，希望读者多加练习，为后续的学习打下基础。

习题

一、填空题

1. 选择【文件】/_____命令关闭所有打开的文档。
2. 通过【页面属性】对话框的_____分类，可以设置当前网页的页边距。
3. 在文档窗口中，每按一次_____键就会生成一个段落。
4. 文本的对齐方式通常有 4 种：【左对齐】、【居中对齐】、【右对齐】和_____。
5. 选择【插入记录】/【HTML】/_____命令，可在文档中插入水平线。

二、选择题

1. 通过下列途径不能创建新文档的是_____。
   A. 在【文件】面板中用鼠标右键单击根文件夹，在快捷菜单中选择相应命令
   B. 用鼠标左键单击【文件】面板标题栏的 按钮，在弹出的快捷菜单中选择相应命令
   C. 从欢迎屏幕的【打开最近的项目】列表中选择相应选项
   D. 从菜单栏中选择【文件】/【新建】命令
2. 对 HTML 代码"<p align="center">同一个世界
同一个梦想</p>"描述不正确的是_____。
   A. 文本"同一个世界同一个梦想"自成一个段落
   B. 文本"同一个世界同一个梦想"将居中对齐
   C. 文本"同一个世界同一个梦想"将分两行显示
   D. 文本"同一个世界同一个梦想"中间会有一个空格
3. 按_____组合键可在文档中插入换行符。
   A. Ctrl+Space   B. Shift+Space
   C. Shift+Enter   D. Ctrl+Enter
4. 下列关于设置文本格式的说法，错误的是_____。
   A. 只要按 Space 键就可以在文档中添加空格
   B. 在【文本】/【样式】菜单中选择相应的命令可以对文本添加下划线
   C. 如果同时设置多个段落的缩进和凸出，则需要先选中这些段落
   D. 只有在【插入日期】对话框中勾选【储存时自动更新】复选框才能确保对文档进行修改时自动更新日期
5. Dreamweaver CS3 提供的编号列表的样式不包括_____。
   A. 数字   B. 字母
   C. 罗马数字   D. 中文数字

三、问答题

1. 通过【页面属性】对话框和【属性】面板都可以设置文本的字体、大小和颜色，它们有何差异？
2. 列表的类型有哪些？

四、操作题

根据操作提示编辑"奥林匹克会歌"网页，如图 3-51 所示。

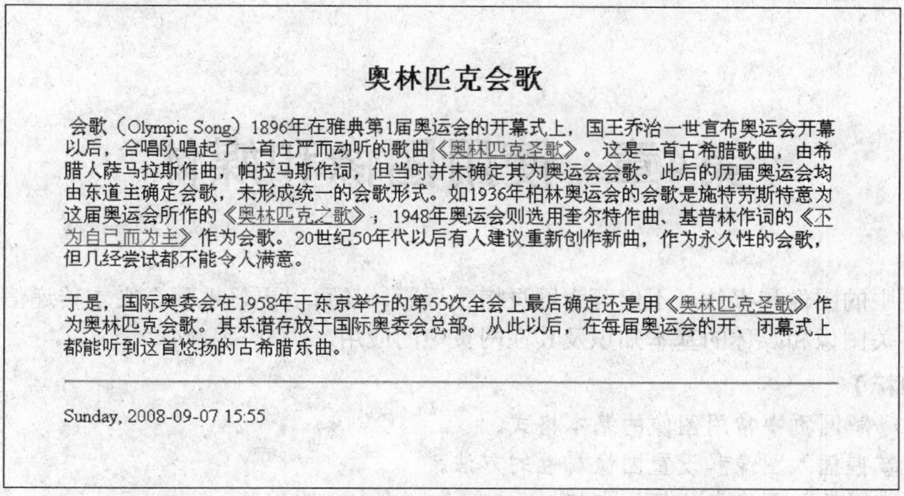

奥林匹克会歌

会歌（Olympic Song）1896年在雅典第1届奥运会的开幕式上，国王乔治一世宣布奥运会开幕以后，合唱队唱起了一首庄严而动听的歌曲《奥林匹克圣歌》。这是一首古希腊歌曲，由希腊人萨马拉斯作曲，帕拉马斯作词，但当时并未确定其为奥运会会歌。此后的历届奥运会均由东道主确定会歌，未形成统一的会歌形式。如1936年柏林奥运会的会歌是施特劳斯特意为这届奥运会所作的《奥林匹克之歌》；1948年奥运会则选用奎尔特作曲、基普林作词的《不为自己而为主》作为会歌。20世纪50年代以后有人建议重新创作新曲，作为永久性的会歌，但几经尝试都不能令人满意。

于是，国际奥委会在1958年于东京举行的第55次全会上最后确定还是用《奥林匹克圣歌》作为奥林匹克会歌。其乐谱存放于国际奥委会总部。从此以后，在每届奥运会的开、闭幕式上都能听到这首悠扬的古希腊乐曲。

Sunday, 2008-09-07 15:55

图3-51　编辑"奥林匹克会歌"网页

【操作提示】

1. 新建一个空白文档，并保存为"lianxi.htm"。
2. 打开本章素材文件"课后习题\素材\奥林匹克会歌.doc"，全选并复制所有文本。
3. 选择【编辑】/【选择性粘贴】命令，将 Word 文档内容粘贴到网页文档中，在【选择性粘贴】对话框的【粘贴为】栏中选择【带结构的文本以及基本格式（粗体、斜体）】单选按钮，并取消勾选【清理 Word 段落间距】复选框。
4. 设置【页面属性】对话框：在【外观】分类中设置所有页边距均为"50 像素"，在【标题/编码】分类中设置显示在浏览器标题栏的标题为"奥林匹克会歌"。
5. 在【属性】面板中设置标题"奥林匹克会歌"的格式为"标题2"，并使其居中显示。
6. 在【属性】面板中设置正文歌曲名称的颜色为"#FF0000"，并添加下画线效果。
7. 在正文后面插入一条水平线，并在水平线下面插入自动更新的日期，日期格式自定。
8. 保存文件。

第4章 使用图像和媒体

网页中的图像和媒体，不仅可为网页增色添彩，还可以更好地配合文本传递信息。本章将介绍有关图像和媒体的基本知识及其在网页中的应用。

【学习目标】

- 了解网页中常用图像的基本格式。
- 掌握插入图像和设置图像属性的方法。
- 掌握插入图像占位符的方法。
- 掌握设置网页背景颜色和背景图像的方法。
- 掌握插入 Flash 动画、图像查看器、ActiveX 视频的方法。

4.1 认识图像格式

网页中图像的作用基本上可分为两种：一种是起装饰作用，如背景图像；另一种是起传递信息的作用，它和文本的作用是一样的。目前，在网页中使用的最为普遍且被各种浏览器广泛支持的图像格式主要是 GIF 和 JPEG 格式，PNG 格式也在逐步地被越来越多的浏览器所接受。

4.1.1 GIF 图像

GIF 格式（Graphics Interchange Format，可交换图像格式，文件扩展名为 ".gif"）是由 Compuserve 公司提出的与设备无关的图像存储标准，也是在 Web 上使用最早、应用最广泛的图像格式，该格式只支持 256 色以内的图像，它具有图像文件小、下载速度快、下载时隔行显示、支持透明色以及多个图像能组成动画的特点，是网页制作中首选的图像格式。由于最多只支持 256 色，因此不适合于有晕光、渐变色彩等颜色细腻的图像和照片。将一个文件处理并保存为 GIF 格式后，不能通过直接打开来改变图片的大小，如果确实需要改变图像的大小，要重新打开最初的 24 位文件进行修改，然后再将其保存为 GIF 格式。

4.1.2 JPEG 图像

JPEG 格式（Joint Photographic Experts Group，联合图像专家组文件格式，文件扩展名为 ".jpg"）是目前互联网中最受欢迎的图像格式，该格式最多可以支持 16M 种颜色，因此照片、油画和一些细腻、讲究色彩浓淡的图像常采用 JPEG 格式。由于 JPEG 支持很高的压缩率，因此其图像的下载速度非常快。在多数图像处理软件中（如 Photoshop、Fireworks 和 Paintshop 等）都可以控制 JPEG 的文件大小，使其介于最低图像质量和最高图像质量之间。采用 JPEG 格式对图像进行压缩后，不能再打开图像对它重新进行编辑、压缩，如果需要重新编辑或改变图像的大小，应打开最初的 24 位文件，编辑后再保存为 JPEG 格式。

4.1.3　PNG 图像

PNG 格式（Portable Network Graphics，便携式网络图像，文件扩展名为".png"）是最近使用量逐渐增多的图像格式。该格式图像的优点是，在压缩方面能够像 GIF 格式的图像一样没有压缩上的损失，并能像 JPEG 那样呈现更多的颜色。而且 PNG 格式也提供了一种隔行显示方案，在显示速度上比 GIF 和 JPEG 更快一些。同时 PNG 格式图像又具有 JPEG 格式图像没有的透明度支持能力。不过 PNG 格式图像还没有普及到所有的浏览器，但在未来它有可能是一种非常受欢迎的图像格式。

4.2　应用图像

下面介绍在网页中插入图像以及设置图像属性的方法。

4.2.1　插入图像

在 Dreamweaver CS3 的【设计】视图中插入图像主要有以下几种途径。
- 选择【插入记录】/【图像】命令。
- 在【插入】/【常用】工具栏中单击 ▣·（图像）按钮或将其拖曳到文档中。
- 在【文件】面板中选中图像并拖曳到文档中。
- 在【资源】面板中选中图像并单击 插入 按钮或直接拖曳到文档中。

下面通过具体操作来学习插入图像的方法。

☝━ 插入图像

1. 将本章素材文件中"例题文件\素材"文件夹下的"images"文件夹复制到站点根文件夹下，然后新建一个网页文档"chap4-2-1.htm"。
2. 将鼠标光标置于文档中，选择【插入记录】/【图像】命令，打开【选择图像源文件】对话框，选择素材文件"例题文件\素材\wyx01.jpg"，如图 4-1 所示。

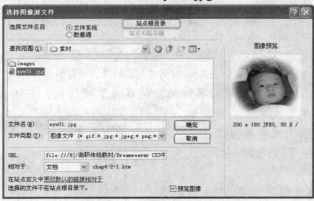

图4-1　【选择图像源文件】对话框

3. 单击 确定 按钮，弹出提示对话框，询问是否将图像文件复制到网站的根文件夹下，如图 4-2 所示。

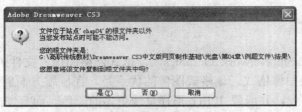

图4-2 提示对话框

 　　如果图像文件不在网站的根文件夹中，将弹出该对话框询问是否将图像文件复制到网站的根文件夹中。此时要单击 是(Y) 按钮；否则将本地网站文件夹上传到远程服务器后，就无法显示这幅图像了。

4. 单击 是(Y) 按钮，打开【复制文件为】对话框，在【保存在】下拉列表中选择站点根文件夹下的 "images" 文件夹，如图 4-3 所示。

图4-3 【复制文件为】对话框

 　　如果图像文件不在网站的根文件夹中，而定义站点时又设置了【默认图像文件夹】选项，如图 4-4 所示，那么文件将自动复制到该文件夹，而不会出现提示性的对话框。如果网站的分支非常多，则分支的图像文件会保存在相应的文件夹，而不会全部保存在一个图像文件夹中，因此通常不设置【默认图像文件夹】选项。

图4-4 【chap04 的站点定义为】对话框

5. 单击 保存(S) 按钮，弹出【图像标签辅助功能属性】对话框，如图 4-5 所示。
- 在【替换文本】文本框内可以输入图像的名称、描述或者其他信息。
- 在【详细说明】文本框中可以定义详细说明文件的位置。
- 通过单击对话框下方的链接可打开【首选参数】对话框，取消勾选【图像】复选项，如图 4-6 所示，以后就不会出现如图 4-5 所示的对话框。

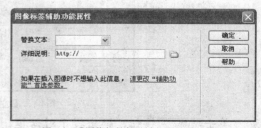

图4-5 【图像标签辅助功能属性】对话框

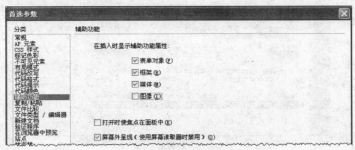

图4-6 【首选参数】对话框

6. 在如图 4-5 所示的对话框中，单击 [取消] 按钮插入图像。

以上介绍了通过菜单命令插入图像的方法，下面在上例基础上，接着介绍其他几种插入图像的方法。

(1) 在【插入】/【常用】工具栏中单击 图像 ·（图像）按钮（或将其拖曳到文档中），将打开【选择图像源文件】对话框，选择站点根文件夹中"images"文件夹下的"wyx02.jpg"，单击 [确定] 按钮，将图像插入到文档中，如图 4-7 所示。

(2) 按 [Enter] 键另起一段，然后在【文件】面板中选中站点"images"文件夹下的图像文件"wyx03.jpg"，如图 4-8 所示，并将其拖曳到文档中。

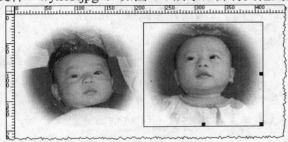

图4-7 插入图像

图4-8 选中图像文件"wyx03.jpg"

(3) 在【文件】面板组中，切换到【资源】选项卡，进入【资源】面板，单击面板左侧的 （图像）按钮，在文件列表框中选中图像文件"wyx04.jpg"并单击 [插入] 按钮（也可以直接将文件拖曳到文档中）。插入图像后的效果如图 4-9 所示。

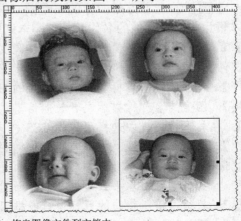

图4-9 拖曳图像文件到文档中

切换至【代码】视图查看图像源代码，如图 4-10 所示。

```
3    <html>
4    <head>
5    <meta http-equiv="Content-Type" content="text/html; charset=utf-8">
6    <title>无标题文档</title>
7    </head>
8
9    <body>
10   <p><img src="images/wyx01.jpg" width="200" height="180">
11   <img src="images/wyx02.jpg" width="200" height="180"></p>
12   <p>
13      <img src="images/wyx03.jpg" width="200" height="180">
14      <img src="images/wyx04.jpg" width="200" height="180">
15   </p>
16   </body>
17   </html>
```

图4-10　查看源代码

图像的 HTML 标签格式是"<img src="images/wyx04.jpg" width="200" height="180">"。其中,"<img>"是图像标签,属性"src"表示图像文件的路径,"width"表示图像的宽度,"height"表示图像的高度。

4.2.2　设置图像属性

插入图像后,可以根据需要设置图像属性,从而使图像更美观。设置图像属性,首先需要单击图像,此时图像四周会出现可编辑的缩放手柄,同时【属性】面板中也显示出关于图像的属性设置。如果此时【属性】面板隐藏,可以通过选择菜单栏中的【窗口】/【属性】命令将其显示;如果【属性】面板没有全部展开,单击【属性】面板右下角的箭头即可。下面通过具体操作来学习设置图像属性的方法。

🔑 设置图像属性

1. 接上例。将网页文档"chap4-2-1.htm"另存为"chap4-2-2.htm"。
2. 选中第 1 幅图像"images/wyx01.jpg",其【属性】面板如图 4-11 所示。

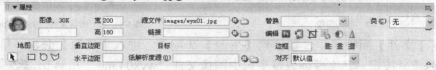

图4-11　图像【属性】面板

图像【属性】面板的左上方是图像的缩略图,缩略图右侧的数值是当前图像文件的大小,其下的文本框用来输入图像的名称和 id(脚本调用图像时会用到),其他参数如下。

- 【宽】和【高】:定义图像的显示宽度和高度,单位是"像素"。
- 【源文件】:图像文件的路径,可通过单击 📁 按钮来重新定义图像文件。
- 【链接】:超级链接的目标页面或定位点的 URL。
- 【替换】:图像的名称、描述或者其他信息。
- 【类】:在其下拉列表中选择可用的 CSS 样式名称。
- 【地图】:用于制作图像映射,有矩形、椭圆形、多边形 3 种形状。
- 【垂直边距】:图像在垂直方向与其他页面元素的间距。
- 【水平边距】:图像在水平方向与其他页面元素的间距。
- 【目标】:超级链接所指向的目标窗口或框架。
- 【边框】:图像边框的宽度,默认为无边框。
- ▤ ▥ ▦ 按钮:依次是左对齐、居中对齐、右对齐按钮。

- 【低解析度源】: 当前图像的低分辨率副本的路径。
- 【对齐】: 用于调整图像周围的文本或其他对象与图像的位置关系，通过设置此选项可以实现图文混排的目的。

  【默认值】: 该方式取决于用户浏览器所设置的排列方式。

  【基线】: 表示将网页元素的基线与所选图像的底边对齐。

  【顶端】: 表示将网页元素排列在所选图像所在行的最顶端。

  【中间】: 表示将网页元素的基线排列在所选图像的中间。

  【底部】: 表示将网页元素的基线排列在所选图像的底部。

  【文本上方】: 表示将所选图像的顶端与文本的最顶端对齐。

  【绝对中间】: 表示将元素排列在当前行的绝对中间。

  【绝对底边】: 表示将元素排列在当前行的绝对底边。

  【左对齐】: 表示将所选图像靠左边界排列，文本在右边围绕它排列。

  【右对齐】: 表示将所选图像靠右边界排列，文本在左边围绕它排列。

【编辑】栏中的按钮功能如下。

- ![Ps]（编辑）按钮: 单击该按钮，将在 Photoshop 中处理图像，结果在文档中即时生效。
- 按钮: 单击该按钮，将对输出的文件格式等参数进行优化设置。
- 按钮: 单击该按钮，将直接在 Dreamweaver 中对图像进行裁剪，图像裁剪后无法恢复到原始状态。
- 按钮: 有时用户会在 Dreamweaver 中手动改变图像的尺寸，如加宽或者缩小，并不是按比例缩放的，这时图像会发生失真，使用此功能，可以使图像尽可能地减少失真度。
- 按钮: 顾名思义，它是小型图像编辑器中的一个功能，可以改变图像显示的亮度和对比度。
- 按钮: 可以改变图像显示的清晰度。

3. 在【属性】面板中设置图像的替换文本、边距和边框，如图 4-12 所示。

图4-12　设置图像属性

4. 保存文件，效果如图 4-13 所示。

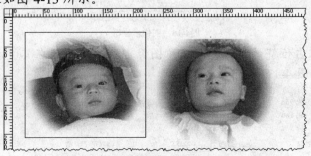

图4-13　重新设置图像属性后的效果

4.3 插入图像占位符

图像占位符作为临时代替图像的符号，是在网页设计阶段使用的重要占位工具。读者可以随意定义其大小，并且放置在预插入图像的位置，用自定义的颜色来代替图像。在有了合适的图像后，可以通过图像占位符【属性】面板的【源文件】文本框设置实际需要的图像文件，设置完毕后图像占位符将自动变成图像。下面介绍插入图像占位符的具体方法。

插入图像占位符

1. 新建网页文档"chap4-3.htm"。
2. 将鼠标光标置于文档中，然后选择【插入记录】/【图像对象】/【图像占位符】命令，或在【插入】/【常用】工具栏的【图像】下拉按钮组中单击（图像占位符）按钮，打开【图像占位符】对话框，如图 4-14 所示。
3. 在【名称】文本框中输入图像占位符的名称，在【宽度】和【高度】文本框中输入图像占位符的宽度和高度，在【颜色】文本框中设置图像占位符的颜色，在【替换文本】文本框中输入替换文本，如图 4-15 所示。

图4-14　【图像占位符】对话框

图4-15　设置【图像占位符】对话框

　在【名称】文本框中不能输入中文，可以是字母和数字的组合，但不能以数字开头。

4. 单击　确定　按钮插入图像占位符，如图 4-16 所示。

图4-16　图像占位符

5. 如果要修改图像占位符的属性，可选中图像占位符，然后在其【属性】面板中重新设置属性参数，如图 4-17 所示。

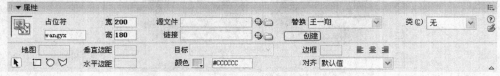

图4-17　图像占位符【属性】面板

4.4　设置网页背景

在浏览网页时，经常可以看到许多网页有背景。设置网页背景通常有两种方式：一种是设置背景颜色，另一种是设置背景图像。设置网页背景颜色，可以直接在 Dreamweaver CS3 中进行；设置网页背景图像首先需要利用图像处理软件制作背景图像，然后再在 Dreamweaver CS3 中将其设置为网页背景。

4.4.1　设置背景颜色

在 Dreamweaver CS3 中，可以通过【页面属性】对话框设置网页背景颜色。

设置背景颜色

1. 新建网页文档 "chap4-4-1.htm"，并在网页中输入文本，如图 4-18 所示。
2. 选择【修改】/【页面属性】命令，打开【页面属性】对话框，如图 4-19 所示。

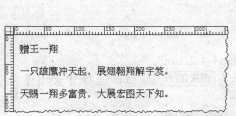

图4-18　输入文本

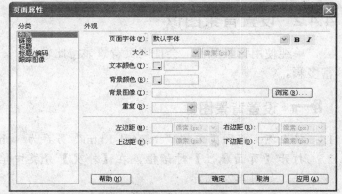

图4-19　【页面属性】对话框

3. 单击【背景颜色】右侧的 图标，打开调色板，在调色板中选取适合的颜色，如图 4-20 所示。
4. 也可以单击调色板右上角的 按钮打开【颜色】对话框，设置适合的颜色并单击 添加到自定义颜色(A) 按钮，如图 4-21 所示。

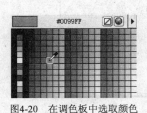

图4-20　在调色板中选取颜色

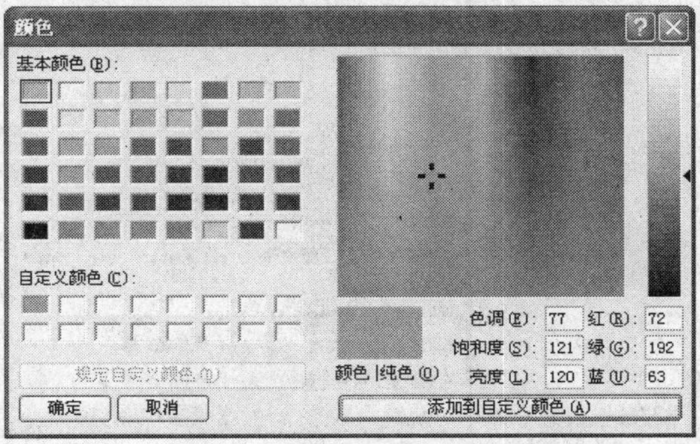

图4-21　选取自定义颜色

5. 单击 确定 按钮完成设置，最后得到的背景颜色为 "#48C03F"，如图 4-22 所示。

图4-22 设置背景颜色

6. 在【页面属性】对话框中单击 确定 按钮完成背景颜色的设置，如图 4-23 所示。

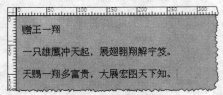

图4-23 设置网页背景颜色

4.4.2 设置背景图像

单纯使用背景颜色，会使网页背景显得比较单一。如果使用背景图像，网页会显得更丰富多彩。

🔑 设置背景图像

1. 接上例。将网页文档 "chap4-4-1.htm" 另存为 "chap4-4-2.htm"。
2. 打开【页面属性】对话框，在【外观】分类中单击 浏览(B)... 按钮，选择背景图像文件，如图 4-24 所示。

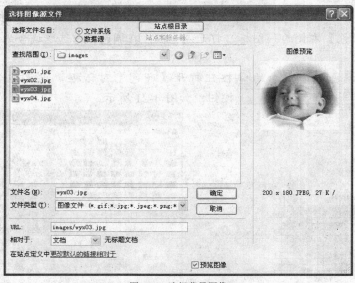

图4-24 选择背景图像

3. 单击 确定 按钮，然后在【重复】下拉列表中选择 "不重复"，如图 4-25 所示。

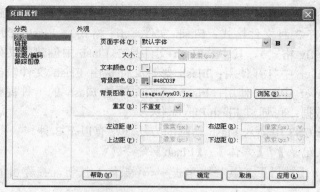

图4-25　设置背景图像重复方式

在【重复】下拉列表中共有 4 个选项，它们决定背景图像的平铺方式。

- 不重复：只显示一幅背景图像，不进行平铺。
- 重复：在水平、垂直方向平铺显示图像。
- 横向重复：只在水平方向上平铺显示图像。
- 纵向重复：只在垂直方向上平铺显示图像。

4. 在【页面属性】对话框中单击 确定 按钮，完成背景图像的设置，如图 4-26 所示。

5. 如果在【设计】视图中看不到背景颜色及背景图像的变化，可在【文档】工具栏中单击 按钮，在弹出的下拉列表中取消【CSS 布局背景】选项的勾选，如图 4-27 所示。

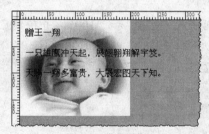

图4-26　背景图像

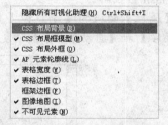

图4-27　取消【CSS 布局背景】选项

 　　在设置网页背景时，如果同时设置了背景颜色和背景图像，背景颜色通常平铺在最底层，然后是背景图像。背景图像平铺时会覆盖背景颜色；但在背景图像没有平铺的区域，会显示背景颜色。

4.5　插入媒体

　　媒体技术的发展使网页设计者能够轻松自如地在页面中加入声音、动画、影片等内容，使制作的网页充满了乐趣，更给访问者增添了几分欣喜。在 Dreamweaver CS3 中，媒体的内容包括 Flash 动画、图像查看器、Flash 视频、FlashPaper、Shockwave 影片、插件、Applet、ActiveX 等。下面介绍向网页中插入 Flash 动画、图像查看器和 ActiveX 视频的方法。

4.5.1　插入 Flash 动画

　　Flash 技术是实现和传递矢量图像和动画的首要解决方案。其播放器是 Flash Player，在常用计算机上，它可以作为 IE 浏览器的 ActiveX 控件，因此，Flash 动画可以直接在浏览器中播放。Flash 通常有 3 种文件格式：Flash 文件（.fla 格式）、Flash 影片文件（.swf 格式）和 Flash 视频文件（.flv 格式）。其中，Flash 文件是在 Flash 中创建的文件的源文件格式，不能直接在 Dreamweaver 中打开使用；Flash 影片文件是由 Flash 文件输出的影片文件，可在浏览器或 Dreamweaver 中打开使用；Flash 视频文件是 Flash 的一种视频文件，它包含经过编码的音频和视频数据，可通过 Flash Player 传送。

在 Dreamweaver CS3 中插入 Flash 动画的方法通常有以下 3 种。

- 选择【插入记录】/【媒体】/【Flash】命令。
- 在【插入】/【常用】工具栏中单击 ⚙· （媒体）按钮，在弹出的下拉按钮组中单击 按钮。
- 在【文件】/【文件】面板中选中文件，然后拖曳到文档中。

下面通过具体操作来学习插入 Flash 动画的方法。

⚓ 插入 Flash

1. 新建网页文档 "chap4-5-1.htm"。
2. 将鼠标光标置于文档中，然后选择【插入记录】/【媒体】/【Flash】命令，打开【选择文件】对话框，在对话框中选择要插入的 Flash 动画文件 "images/shouxihu.swf"。
3. 单击 确定 按钮，将 Flash 动画插入到文档中。根据文件的尺寸大小，页面中会出现一个 Flash 占位符。
4. 在【属性】面板的【宽】和【高】文本框中分别输入 "326" 和 "100"，并确保已勾选【循环】和【自动播放】两个复选框，如图 4-28 所示。

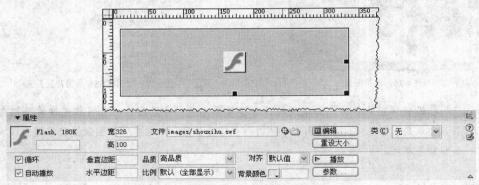

图4-28　设置 Flash 动画属性

下面对 Flash 动画【属性】面板中的相关选项简要说明如下。

- 【Flash】：为所插入的 Flash 文件命名，主要用于脚本程序的引用。
- 【宽】和【高】：用于定义 Flash 动画的显示尺寸，也可以通过在文档中拖曳缩放手柄来改变其大小。
- 【文件】：用于指定 Flash 动画文件的路径。
- 【循环】：勾选该复选框，动画将在浏览器端循环播放。
- 【自动播放】：勾选该复选框，文档在被浏览器载入时，Flash 动画将自动播放。
- 【垂直边距】和【水平边距】：用于定义 Flash 动画边框与该动画周围其他内

容之间的距离，以像素为单位。

- 【品质】：用来设定 Flash 动画在浏览器中的播放质量。
- 【比例】：用来设定 Flash 动画的显示比例。
- 【对齐】：设置 Flash 动画与周围内容的对齐方式。
- 【背景颜色】：用于设置当前 Flash 动画的背景颜色。
- ◎编辑...：单击该按钮，将在 Flash 中处理源文件，当然要确保有源文件 ".fla" 的存在。
- 重设大小：单击该按钮，将恢复 Flash 动画的原始尺寸。
- ▷ 播放：单击该按钮，将在设计视图中播放 Flash 动画。
- 参数...：单击该按钮，将设置使 Flash 能够顺利运行的附加参数。

5. 在【属性】面板中单击 ▷ 播放 按钮，在页面中预览 Flash 动画效果，如图 4-29 所示。此时 ▷ 播放 按钮变为 ■ 停止 按钮。

> **要点提示**　如果文档中包含两个以上的 Flash 动画，按下 Ctrl + Alt + Shift + P 组合键，所有的 Flash 动画都将进行播放。

6. 保存文件，此时可能会出现【复制相关文件】对话框，如图 4-30 所示，单击 确定 按钮加以确认。

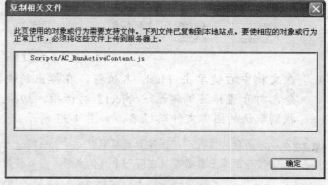

图4-29　在页面中预览 Flash 动画　　　　　　　图4-30　【复制相关文件】对话框

通过上面的操作可以看到，在页面中插入 Flash 动画后，在其【属性】面板中将显示该 Flash 动画的基本属性。若对这些属性参数的设置不满意，可以继续修改，直到满意为止。

4.5.2　插入图像查看器

图像查看器就像是在网页中放置一个看图软件，使图像一幅幅地展示出来。图像查看器是一种特殊形式的 Flash 动画，但它的插入和使用方法与 Flash 动画略有不同。下面介绍向网页中插入图像查看器的基本方法。

⚿　插入图像查看器

1. 新建网页文档 "chap4-5-2.htm"。
2. 选择【插入记录】/【媒体】/【图像查看器】命令，打开【保存 Flash 元素】对话框，为新的 Flash 动画命名，如图 4-31 所示。

图4-31　【保存 Flash 元素】对话框

3.　单击 保存⑤ 按钮，在文档中插入一个 Flash 占位符，在【属性】面板中定义其宽度和高度分别为 "200" 和 "180"，如图 4-32 所示。

图4-32　图像查看器【属性】面板

4.　在文档中右键单击 Flash 占位符，在弹出的快捷菜单中选择【编辑标签<object>】命令，打开【标签编辑器－object】对话框，切换至【替代内容】分类，然后在文本框内找到默认的图像文件路径名，如图 4-33 所示。

　　默认情况下，图像查看器只显示 "'img1.jpg','img2.jpg','img3.jpg'" 3 幅图像，而且它们必须与图像查看器存放在同一个文件夹里。可以修改图像路径，使其显示更多的图像。

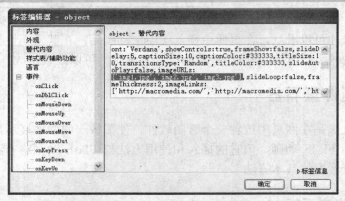

图4-33　【标签编辑器－object】对话框的【替代内容】分类

5.　修改图像文件路径，使其可以显示预先准备好的图像，如图 4-34 所示。

　　由于图像文件在源代码中出现了两次，因此在修改图像文件路径时，要修改代码中所有图像文件的路径，这主要是针对不同型号的浏览器而采用不同的标签。

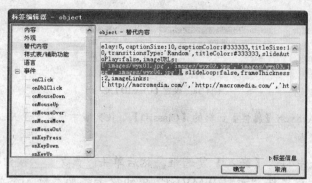

图4-34　修改图像文件路径

6. 单击 确定 按钮，然后在【属性】面板中单击 ▶ 播放 按钮，预览效果如图 4-35 所示。

7. 如果对图像查看器的参数设置不满意，可以在浮动面板组的【Flash 元素】面板中修改相关参数值，如图 4-36 所示。

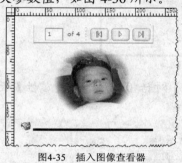
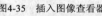

图4-35　插入图像查看器

图4-36　【Flash 元素】面板

在图像查看器中有播放按钮和导航条，这对于包含大量图像的网站来说，提供了一种非常有效的处理方式，既节省了网页的空间又丰富了网页的功能。

4.5.3　插入 ActiveX

ActiveX 的主要作用是在不发布浏览器新版本的情况下扩展浏览器的能力。如果浏览器载入了一个网页，而这个网页中有浏览器不支持的 ActiveX 控件，浏览器会自动安装所需控件。WMV 和 RM 是网络常见的两种视频格式。其中，WMV 影片是 Windows 的视频格式，使用的播放器是 Microsoft Media Player。下面介绍向网页中插入 ActiveX 来播放 WMV 视频格式文件的基本方法。

插入 ActiveX

1. 新建网页文档 "chap4-5-3.htm"。

2. 选择【插入记录】/【媒体】/【ActiveX】命令，系统自动在文档中插入一个 ActiveX 占位符，如图 4-37 所示。

图4-37　插入一个 ActiveX 占位符

3. 确保 ActiveX 占位符处于选中状态，然后在【属性】面板的【ClassID】下拉列表框中添加 "CLSID:22D6f312-b0f6-11d0-94ab-0080c74c7e95"，如图 4-38 所示，然后按 Enter 键确认。

图4-38 设置【ClassID】选项

要点提示 由于在 ActiveX【属性】面板的【ClassID】下拉列表中没有关于 Media Player 的设置，因此需要手动添加。

4. 在【属性】面板中勾选【嵌入】复选框，然后单击 参数... 按钮，打开【参数】对话框，根据本章素材文件"素材\WMV.txt"中的提示添加参数，添加后的效果如图 4-39 所示。

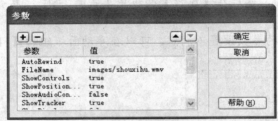

图4-39 添加参数

5. 参数添加完毕后，单击 确定 按钮关闭【参数】对话框，然后在【属性】面板中设置【宽】和【高】选项，如图 4-40 所示。

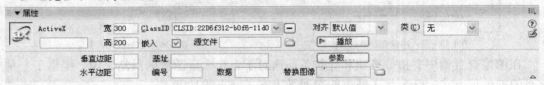

图4-40 设置属性参数

6. 最后保存文件，并按 F12 键预览，效果如图 4-41 所示。

图4-41 WMV 视频播放效果

在 WMV 视频的 ActiveX【属性】面板中，许多参数还没有设置，因此无法正常播放 WMV 格式的视频。这时需要做两项工作：一是添加"ClassID"；二是添加控制播放参数。对于控制播放参数，可以根据需要有选择地添加，其中，参数代码及其功能如下所示。

```
<!-- 播放完自动回至开始位置 -->
<param name="AutoRewind" value="true">
```

```
<!-- 设置视频文件 -->
<param name="FileName" value="images/shouxihu.wmv">
<!-- 显示控制条 -->
<param name="ShowControls" value="true">
<!-- 显示前进/后退控制 -->
<param name="ShowPositionControls" value="true">
<!-- 显示音频调节 -->
<param name="ShowAudioControls" value="false">
<!-- 显示播放条 -->
<param name="ShowTracker" value="true">
<!-- 显示播放列表 -->
<param name="ShowDisplay" value="false">
<!-- 显示状态栏 -->
<param name="ShowStatusBar" value="false">
<!-- 显示字幕 -->
<param name="ShowCaptioning" value="false">
<!-- 自动播放 -->
<param name="AutoStart" value="true">
<!-- 视频音量 -->
<param name="Volume" value="0">
<!-- 允许改变显示尺寸 -->
<param name="AllowChangeDisplaySize" value="true">
<!-- 允许显示右击菜单 -->
<param name="EnableContextMenu" value="true">
<!-- 禁止双击鼠标切换至全屏方式 -->
<param name="WindowlessVideo" value="false">
```

　　每个参数都有两种状态:"true"或"false"。它们决定当前功能为"真"或为"假",也可以使用"1"、"0"来代替"true"、"false"。

　　在代码"`<param name="FileName" value="images/shouxihu.wmv">`"中,"value"值用来设置影片的路径,如果影片在其他远程服务器,可以使用其绝对路径,如下所示。

```
value="mms://www.laohu.net/images/shouxihu.wmv"
```

　　MMS 协议取代 HTTP 协议,专门用来播放流媒体,当然也可以设置如下。

```
value="http://www.laohu.net/images/shouxihu.wmv"
```

　　除了当前的 WMV 视频,此种方式还可以播放 MPG、ASF 等格式的视频,但不能播放 RM、RMVB 格式。播放 RM 格式的视频不能使用 Microsoft Media Player 播放器,必须使用 RealPlayer 播放器。设置方法是:在【属性】面板的【ClassID】下拉列表中选择 "RealPlayer/clsid:CFCDAA03-8BE4-11cf-B84B-0020AFBBCCFA",勾选【嵌入】复选框,然后在【属性】面板中单击 ▢ 参数... ▢ 按钮,打开【参数】对话框,并根据本章素材文件 "素材\RM.txt"中的提示添加参数,最后设置【宽】和【高】为固定尺寸。

　　其中,参数代码如下所示。

```
      <!-- 设置自动播放 -->
      <param name="AUTOSTART" value="true">
      <!-- 设置视频文件 -->
      <param name="SRC" value="shouxihu.rm">
      <!-- 设置视频窗口,控制条,状态条的显示状态 -->
      <param name="CONTROLS" value="Imagewindow,ControlPanel,StatusBar">
      <!-- 设置循环播放 -->
      <param name="LOOP" value="true">
      <!-- 设置循环次数 -->
      <param name="NUMLOOP" value="2">
      <!-- 设置居中 -->
      <param name="CENTER" value="true">
      <!-- 设置保持原始尺寸 -->
      <param name="MAINTAINASPECT" value="true">
      <!-- 设置背景颜色 -->
      <param name="BACKGROUNDCOLOR" value="#000000">
```

对于 RM 格式的视频，使用绝对路径的格式稍有不同，下面是几种可用的形式。

```
<param name="FileName" value="rtsp://www.laohu.net/shouxihu.rm">
<param name="FileName" value="http://www.laohu.net/shouxihu.rm">
src="rtsp://www.laohu.net/shouxihu.rm"
src="http://www.laohu.net/shouxihu.rm"
```

在播放 WMV 格式的视频时，可以不设置具体的尺寸，但是 RM 格式的视频必须要设置一个具体的尺寸。当然，这个尺寸可能不是影片的原始比例尺寸，可以通过将参数"MAINTAINASPECT"设置为"true"来恢复影片的原始比例尺寸。

4.6 实例——设置"瘦西湖"网页

通过前面各节的学习，读者对网页中常用的图像格式、插入图像、设置图像属性、插入图像占位符、设置网页背景以及插入 Flash 动画、图像查看器和 ActiveX 控件的基本方法都有了一定的了解。本节将综合运用前面所介绍的知识来设置文档中的图像和媒体，让读者进一步巩固所学内容。

⚷ 设置"瘦西湖"网页

1. 将本章素材文件"综合实例\素材"文件夹中的内容复制到站点根文件夹下，然后打开网页文件"shili.htm"。
2. 设置网页背景图像。
   选择【修改】/【页面属性】命令打开【页面属性】对话框，在【外观】分类中单击 [浏览(B)...] 按钮设置网页背景图像为"images/bg.gif"，在【重复】下拉列表中选择【重复】选项，如图 4-42 所示。
3. 插入图像占位符。

(1) 将鼠标光标置于正文第 2 段的起始处，然后选择【插入记录】/【图像对象】/【图像占位符】命令打开【图像占位符】对话框，参数设置如图 4-43 所示。

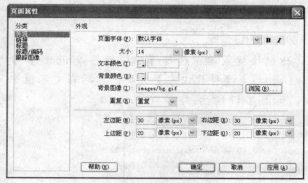

图4-42 设置背景图像   图4-43 【图像占位符】对话框

(2) 单击 确定 按钮插入图像占位符，然后在【属性】面板的【对齐】下拉列表中选择【左对齐】选项，使图像左对齐，如图 4-44 所示。

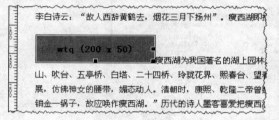

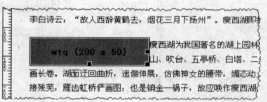

图4-44 设置图像占位符

4. 插入和设置图像。

(1) 将鼠标光标置于正文第 3 段的起始处，然后选择【插入记录】/【图像】命令插入图像 "images/ershisiqiao.jpg"。

(2) 在【属性】面板的【宽】和【高】文本框中分别输入 "150" 和 "113"，重新定义图像的显示大小。

(3) 在【替换】文本框中输入文本 "二十四桥"，以便图像不能正常显示时显示替换文本。

(4) 在【垂直边距】和【水平边距】文本框中输入 "2"，在【边框】文本框中输入 "3"，在【对齐】下拉列表中选择【左对齐】选项，图像【属性】面板如图 4-45 所示。

图4-45 设置图像属性

5. 插入图像查看器。

(1) 在文档最后添加一个空段落，并使其居中对齐，然后选择【插入记录】/【媒体】/【图像查看器】命令，打开【保存 Flash 元素】对话框，将新的 Flash 动画命名为 "sxh.swf"。

(2) 单击 保存(S) 按钮，在文档中插入一个 Flash 占位符，在【属性】面板中定义其宽和高分别为 "300" 和 "200"，如图 4-46 所示。

图4-46　图像查看器的【属性】面板

(3) 在文档中右键单击 Flash 占位符，在弹出的快捷菜单中选择【编辑标签<object>】命令，打开【标签编辑器－object】对话框，切换至【替代内容】分类，然后在文本框中找到默认的图像文件路径名并进行修改，如图 4-47 所示。

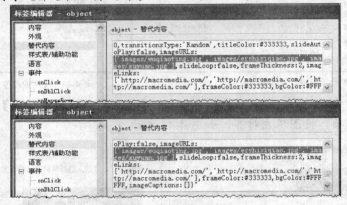

图4-47　修改图像文件路径

6. 保存文件，效果如图 4-48 所示。

图4-48　应用图像和媒体

小结

本章主要介绍了图像和媒体在网页中的应用和设置方法，概括起来主要包括网页常用图像格式、插入和设置图像的方法、插入图像占位符的方法、设置网页背景的方法以及插入 Flash 动画、图像查看器和 ActiveX 视频等媒体的方法。通过对这些内容的学习，希望读者能够掌握图像和媒体在网页中的具体应用及其属性设置的基本方法。

习题

一、填空题

1. _____作为临时代替图像的符号，是在网页设计阶段使用的重要占位工具。
2. 背景图像的重复方式有"不重复"、"重复"、"横向重复"及_____4 种。
3. 如果文档中包含两个以上的 Flash 动画，按_____组合键，所有的 Flash 动画都将进行播放。
4. _____可以使图像一幅幅地展示出来，是一种特殊形式的 Flash 动画。

二、选择题

1. 在网页中使用的最为普遍的图像格式是_____。
   A. GIF 和 JPEG　　B. GIF 和 BMP　　C. BMP 和 JPEG　D. BMP 和 PSD
2. 具有图像文件小、下载速度快、下载时隔行显示、支持透明色、多个图像能组成动画的图像格式是_____。
   A. JPEG　　　　　　B. BMP　　　　　　C. GIF　　　　　　D. PSD
3. 下列方式中不可直接用来插入图像的是_____。
   A. 选择【插入】/【图像】命令
   B. 在【插入】/【常用】面板的【图像】下拉按钮组中单击 ▣ 按钮
   C. 在【文件】/【文件】面板中选中文件，然后拖曳到文档中
   D. 选择【插入】/【图像对象】/【图像占位符】命令
4. 通过图像的【属性】面板不能完成的设置是_____。
   A. 图像的大小　　B. 图像的边距　　C. 图像的边框　　D. 图像的第 2 幅替换图像
5. 下列方式中不能插入 Flash 动画的是_____。
   A. 选择【插入记录】/【媒体】/【Flash】命令
   B. 在【插入】/【常用】/【媒体】面板中单击 ● 图标
   C. 在【文件】/【文件】面板中选中文件，然后拖曳到文档中
   D. 在【插入】/【常用】/【图像】下拉按钮组中单击 ▣ 按钮

三、问答题

1. 就本项目所学知识，简要说明实现图文混排的方法。
2. 如果要在网页中播放 WMV 格式的视频，必须通过【属性】面板做好哪两项工作？

四、操作题

将本章素材文件"课后习题\素材"文件夹下的内容复制到站点根文件夹下，然后根据操作提示在网页中插入图像和 Flash 动画，如图 4-49 所示。

九寨沟

九寨沟四季景色都十分迷人。春时嫩芽点绿，瀑流轻快；夏来绿荫围湖，莺飞燕舞；秋至红叶铺山，彩林满目；冬来雪裹山峦，冰瀑如玉。

春日来临，九寨沟冰雪消融，春水泛涨，山花烂漫，远山的白雪映衬着童话世界，温柔而慵懒的春阳吻接湖面，吻接春芽，吻接你感动自然的心境……这是多么美丽的季节，这是多么美丽的风景！

夏日，九寨沟掩映在苍翠欲滴的浓阴之中，五色的海子，流水梳理着翠绿的树枝与水草，银带般的瀑布抒发着四季中最为恣意的激情，温柔的风吹拂经幡，吹拂树梢，吹拂你流水一样自由的心绪。

秋天是九寨沟最为灿烂的季节，五彩斑斓的红叶，彩林倒映在明丽的湖水中。缤纷的落英在湖光流韵间漂浮。悠远的晴空湛蓝而碧净，自然中最美丽的景致充盈眼底。

冬日，九寨沟变得尤为宁静，尤为充满诗情画意，山峦与树林银装素裹，瀑布与湖泊冰清玉洁，蓝色湖面的冰层在日出日落的温差中，变幻着奇妙的冰纹，冰凝的瀑布间细细的水流发出沁人心脾的乐音。

九寨四时，景色各异，春之花草，夏之流瀑，秋之红叶，冬之白雪，无不令人为之叫绝，而这一切，又深居于远离尘世的高原深处，在那片宁静得能够听见人的心跳的净土融入春夏秋冬的绝美景色之中，其感受是用语言难以表白的。

图4-49 在网页中插入图像和 Flash 动画

【操作提示】

1. 在正文第 1 段的起始处插入图像 "images/jiuzhaigou.jpg"。

2. 设置图像宽度和高度分别为 "200" 和 "100"，替换文本为 "九寨沟"，边距和边框均为 "2"，对齐方式为 "左对齐"。

3. 在正文第 3 段的后面插入 Flash 动画 "fengjing.swf"。

4. 设置 Flash 动画的宽度和高度分别为 "300" 和 "200"，对齐方式为 "右对齐"，在网页加载时自动循环播放。

第5章　设置超级链接

在 Internet 中有大量的网站，每个网站又有大量的网页，这些网页通常是通过超级链接联系在一起的。因此，理解超级链接的概念和原理，对于制作网页非常重要。本章将介绍在 Dreamweaver CS3 中创建和设置超级链接的基本方法。

【学习目标】

- 了解超级链接的种类。
- 掌握设置文本和图像超级链接的方法。
- 掌握设置图像热点超级链接的方法。
- 掌握设置电子邮件超级链接的方法。
- 掌握设置锚记超级链接和空链接的方法。
- 掌握设置鼠标经过图像和导航条的方法。
- 掌握设置 Flash 文本和 Flash 按钮的方法。

5.1　认识超级链接

在创建超级链接前，下面首先来介绍超级链接的基本知识。

5.1.1　URL

在 Internet 中，每个网页都有唯一的地址，通常称为 URL（Uniform Resource Locator，统一资源定位符）。URL 的书写格式为"协议://主机名/路径/文件名"。例如，"http://www.laohu.net/bbs/index.asp"便是"老虎工作室论坛"的 URL。而"http://www.laohu.net"省略了路径和文件名，但服务器会将首页文件回传给浏览器。由此可以看出，URL 主要用来指明通信协议和地址以便取得网络上的各种服务，它包括以下几个组成部分。

- 通信协议：包括 HTTP、FTP、Telnet 和 Mailto 等协议。
- 主机名：指服务器在网络中的 IP 地址（如"210.77.35.118"）或域名（如"www.laohu.net"）。
- 所要访问文件的路径和文件名：主机名与路径及文件名之间以"/"分隔。

5.1.2　路径

在超级链接中，路径通常有以下 3 种表示方法。

- 绝对路径：就是被链接文档的完整 URL，包括所使用的传输协议。当创建的超级链接要连接到网站以外的其他某个网站的文件时，必须使用绝对路径，例如"http://www.dowebs.org/dobbs/index.aspx"。

- 文档相对路径：是指以当前文档所在位置为起点到被链接文档经由的路径。当创建的链接要连接到网站内部文件时，通常使用文档相对路径。与同一级文件夹内的文件链接只写文件名即可，如"index.aspx"；与下一级文件夹里的文件链接，直接写出文件夹名称和文件名即可，如"dobbs/index.aspx"；与上一级文件夹里的文件链接，在文件夹名和文件名前加上"../"即可，如"../dobbs/index.aspx"。"../"表示在文件夹层次结构中上移一级。

  通过文档相对路径构建链接的两个文件之间的相对关系，不会受到站点文件夹所处的服务器位置的影响，可以省略绝对地址中的相同部分。这种方式可以确保在站点文件夹所在的服务器地址发生改变的情况下，文件夹的所有内部链接都不会出现错误。

- 站点根目录相对路径：是指所有路径都开始于当前站点的根目录，以"/"开始，"/"表示站点根文件夹，如"/dobbs/index.aspx"。通常只有在站点的规模非常大、文件需要放置在几个服务器上，或者是在一个服务器上放置多个站点时才使用站点根目录相对路径。移动包含站点根目录相对路径链接的文档时，不需要更改这些链接。

以上这些路径都是网页的统一资源定位（URL），只不过后两种路径将 URL 的通信协议和主机名省略掉了，它们必须有参照物，一种是以文档为参照物，另一种是以站点根目录为参照物。而第 1 种路径没有参照物，它是比较完整的路径，也是标准的 URL。

5.1.3　链接目标

链接目标用于设置单击某个链接时，被链接文件打开的位置。例如，链接的页面在当前窗口中打开或在新建窗口中打开。通常，链接目标有以下 4 种形式。

- 【_blank】：将链接的文档载入一个新的浏览器窗口。
- 【_parent】：将链接的文档载入该链接所在框架的父框架或父窗口。如果包含链接的框架不是嵌套框架，则所链接的文档载入整个浏览器窗口。
- 【_self】：将链接的文档载入链接所在的同一框架或窗口。此目标是默认的，因此通常不需要特别指定。
- 【_top】：将链接的文档载入整个浏览器窗口，从而删除所有框架。

5.1.4　超级链接的分类

超级链接通常由源端点和目标端点两部分组成。

(1)　根据源端点的不同，超级链接可分为文本超级链接、图像超级链接和表单超级链接。
- 文本超级链接以文本作为超级链接源端点。
- 图像超级链接以图像作为超级链接源端点。
- 表单超级链接比较特殊，当填写完表单后，单击相应按钮会自动跳转到目标页。

(2)　根据目标端点的不同，超级链接可分为内部超级链接、外部超级链接、电子邮件超级链接和锚记超级链接。
- 内部超级链接是使多个网页组成一个网站的一种链接形式，目标端点和源端点是同一网站内的网页文档。

- 外部超级链接指的是目标端点与源端点不在同一个网站内，外部超级链接可以实现网站之间的跳转，从而将浏览范围扩大到整个网络。
- 电子邮件超级链接将会启动邮件客户端程序，可以写邮件并发送到链接的邮箱中。
- 利用锚记超级链接，在浏览网页时可以跳转到当前网页或其他网页中的某一指定位置。

5.2　创建超级链接

下面介绍创建不同类型超级链接的基本方法。

5.2.1　文本超级链接

在浏览网页的过程中，当鼠标经过某些文本时，这些文本会出现下划线或文本的颜色、字体会发生改变，这通常意味着它们是带链接的文本。用文本做链接载体，这就是通常意义上的文本超级链接，它是最常见的超级链接类型。在 Dreamweaver CS3 中，创建文本超级链接比较常用的方式主要有以下两种。

- 在【属性】面板的【链接】文本框中定义链接地址，在【目标】下拉列表中定义目标窗口。
- 选择【插入】/【超级链接】命令，或在【插入】/【常用】工具栏中单击 按钮，打开【超级链接】对话框进行设置。

对于文本超级链接，还可以通过【页面属性】对话框设置不同状态下的文本颜色以及下划线样式等。下面介绍创建文本超级链接和设置其状态的基本方法。

创建和设置文本超级链接

1. 分别创建 4 个网页文档"chap5-2-1.htm"、"chap5-2-1-1.htm"、"chap5-2-1-2.htm"、"chap5-2-1-3.htm"，并在其中输入相应的文本，如图 5-1 所示。

图5-1　创建网页文档

2. 在文档"chap5-2-1.htm"中，选中文本"赠孟浩然"，然后在【属性】面板中单击【链接】文本框后面的 按钮，打开【选择文件】对话框，通过【查找范围】下拉列表选择要链接的网页文件"chap5-2-1-1.htm"，在【相对于】下拉列表中选择【文档】选项，如图 5-2 所示。

在【相对于】下拉列表中有【文档】和【站点根目录】两个选项。

- 选择【文档】选项，将使用文档相对路径来链接，省略与当前文档 URL 相同的部分。如果在还没有命名保存的新文档中使用文档相对路径，那么 Dreamweaver 将临时使用一个以"file://"开头的绝对路径。通常，当网页是不包含应用程序的静态网页，且文档中不包含多重参照路径时，建议选择文档相对路径。因为这些网页可能在光盘或者不同的计算机中直接被浏览，文档之间需要保持紧密的联系，只有文档相对路径能做到这一点。
- 选择【站点根目录】选项，那么此时将使用站点根目录相对路径来链接，通常当网页包含应用程序，且文档中包含复杂链接及使用多重的路径参照时，需要使用站点根目录相对路径。

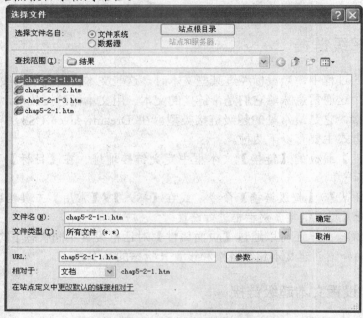

图5-2 【选择文件】对话框

3. 单击 确定 按钮返回到【属性】面板，然后在【目标】下拉列表中选择目标窗口打开方式，本例选择【_blank】选项，如图 5-3 所示。

图5-3 通过【属性】面板设置超级链接

4. 选中文本"渡荆门送别"，然后单击鼠标右键，在弹出的快捷菜单中选择【创建链接】命令打开【选择文件】对话框，通过【查找范围】下拉列表选择要链接的网页文件"chap5-2-1-2.htm"，在【相对于】下拉列表中选择【文档】选项，并单击 确定 按钮关闭对话框，最后在【属性】面板的【目标】下拉列表中选择【_blank】选项。

5. 选中文本"送友人"，然后将【属性】面板【链接】文本框右侧的◉图标拖曳到【文件】面板中的"chap5-2-1-3.htm"文件上，建立该文本到此文件的链接，然后在【属性】面板的【目标】下拉列表中选择【_blank】选项。

6. 在文本"送友人"后面按 Enter 键将鼠标光标移到下一段，然后选择【插入】/【超级链接】命令，或在【插入】/【常用】面板中单击  （超级链接）按钮，打开【超级链接】对话框。

7. 在【超级链接】对话框的【文本】文本框中输入网页文档中带链接的文本"更多"，在【链接】下拉列表中输入地址"http://www.libai.net"，在【目标】下拉列表中选择【_blank】选项，在【标题】文本框中输入当鼠标经过链接时的提示信息，本例输入"更多内容"。可以通过【访问键】选项设置链接的快捷键，也就是按下 Alt 键+26 个字母键的其中 1 个将焦点切换至文本链接，还可以通过【Tab 键索引】选项设置 Tab 键切换顺序，这里均不进行设置，如图 5-4 所示。

图5-4 【超级链接】对话框

8. 单击 确定 按钮，插入文本为"更多"的超级链接。

一个未被访问的链接与一个被激活的链接在外观上肯定会有所区别，链接被访问过了也会发生变化，提示用户这是一个已经被单击过的链接，所有这些都是链接的状态。通过 CSS 样式可以改变链接的字体，从而使不同的状态一目了然。下面通过【页面属性】对话框设置文本超级链接的状态。

9. 在【属性】面板中单击 页面属性... 按钮，打开【页面属性】对话框，切换至【链接】分类。

10. 单击【链接颜色】选项右侧的 图标，打开调色板，然后选择一种合适的颜色，也可直接在右侧的文本框中输入颜色代码，如"#0000FF"。

11. 用相同的方法为【已访问链接】、【变换图像链接】和【活动链接】选项设置不同的颜色。

12. 在【下划线样式】下拉列表中选择【仅在变换图像时显示下划线】选项，如图 5-5 所示。设置完成后单击 确定 按钮关闭对话框，最后保存文件。

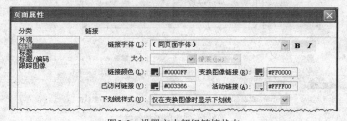

图5-5 设置文本超级链接状态

下面对【页面属性】对话框中的相关选项进行说明。

- 【链接字体】：设置链接文本的字体，另外，还可以对链接的字体进行加粗和斜体的设置。
- 【大小】：设置链接文本的大小。
- 【链接颜色】：设置链接没有被单击时的静态文本颜色。
- 【已访问链接】：设置已被单击过的链接文本的颜色。
- 【变换图像链接】：设置将鼠标光标移到链接上时文本的颜色。

- 【活动链接】: 设置对链接文本进行单击时的颜色。
- 【下划线样式】: 共有 4 种下划线样式，如果不希望链接中有下划线，可以选择【始终无下划线】选项。

在实际应用中，链接目标也可以是其他类型的文件，如压缩文件、Word 文件等。如果要在网站中提供资料下载，就需要为文件提供下载超级链接。下载超级链接并不是一种特殊的链接，只是下载超级链接所指向的文件是特殊的。

超级链接在网页设计中非常重要，并被广泛使用，而它在【代码】视图中却只有一个标签"<a>"，如图 5-6 所示。

```
28  <body>
29  <p>李白的诗</p>
30  <p><a href="chap5-2-1-1.htm" target="_blank">赠孟浩然</a></p>
31  <p><a href="chap5-2-1-2.htm">渡荆门送别</a></p>
32  <p><a href="chap5-2-1-3.htm">送友人</a></p>
33  <p><a href="http://www.libai.net" title="更多内容" target="_blank">更多</a></p>
34  </body>
35  </html>
```

图5-6 超级链接标签<a>

超级链接标签"<a>"的属性有 href、name、title、target、accesskey 和 tabindex，最常用的是 href 和 target。href 用来指定链接的地址，target 用来指定链接的目标窗口。这两个是创建超级链接时必不可少的部分。name 属性用来为链接命名，title 属性用来为链接添加说明文字，accesskey 属性用来为链接设置热键，tabindex 属性用来为链接设置 Tab 键索引。

5.2.2 图像超级链接

用图像作为链接载体，这就是通常意义上的图像超级链接，它能够使网页更美观、更生动。创建图像超级链接通常通过【属性】面板进行，方法是首先选中图像，然后在【属性】面板中设置链接地址和目标窗口，如图 5-7 所示。

图5-7 创建图像超级链接

图像超级链接不像文本超级链接那样会发生许多提示性的变化，图像本身不会发生改变，只是鼠标在指向图像超级链接时会变成手形（默认状态）。

在源代码中，图像超级链接的表示方法如下。

```
<a href="http://www.google.cn" target="_blank"><img src="images/logo_cn.gif"
alt="google" width="286" height="110"></a>
```

其中，"<img src="images/logo_cn.gif" alt="google" width="286" height="110">"表示的是图像信息，"<a href="http://www.google.cn">"表示的是链接指向的网址。

5.2.3　图像地图

图像地图（或称图像热区、图像热点）实际上就是为图像绘制一个或几个特殊区域，并为这些区域添加链接。图像热点工具位于【属性】面板的左下方，包括□（矩形热点工具）、○（椭圆形热点工具）、▽（多边形热点工具）3 种形式。日常所说的图像超级链接是指将一幅图像指向一个目标的链接，而使用图像地图技术形成的图像热点超级链接是在一幅图像中划分出几个不同的区域并分别指向不同目标的链接。下面具体介绍图像地图的创建方法。

创建和设置图像地图

1. 将本章素材文件 "例题文件\素材\images\fengjing.jpg" 复制到站点 "images" 文件夹下，然后新建网页文档 "chap5-2-3.htm"，并插入图像 "images/fengjing.jpg"，如图 5-8 所示。

图5-8　插入图像

2. 确保图像处于选中状态，然后在【属性】面板中单击左下方的□（矩形热点工具）按钮，并将鼠标光标移到图像上，按住鼠标左键绘制一个矩形区域，如图 5-9 所示。

图5-9　绘制矩形区域

3. 接着在【属性】面板中设置链接地址、目标窗口和替换文本，如图 5-10 所示。

图5-10　设置图像地图的属性参数

4. 运用类似的方法分别设置其他图像地图，设置链接地址分别为"http://www.pubu.com"、"http://www.yunwu.com"，目标窗口均为"_blank"，替换文本分别为"瀑布"、"云雾"，设置后的效果如图 5-11 所示。

图5-11　设置其他的图像地图

　　要编辑图像地图，可以利用【属性】面板中的 ▶ （指针热点工具）按钮。该工具可以对已经创建好的图像地图进行移动、调整大小或层与层之间的向上向下向左向右移动等操作。还可以将含有地图的图像从一个文档复制到其他文档或者复制图像中的一个或几个地图，然后将其粘贴到其他图像上，这样就将与该图像关联的地图也复制到新文档中。

5. 在【属性】面板中单击 ▶ （指针热点工具）按钮，并单击图像中"瀑布"处的热点区域使其处于选中状态，然后按住鼠标左键不放并稍微移动来调整热点区域的位置，如图 5-12 所示。

图5-12　调整热点区域的位置

6. 保存文件，并按 F12 键在浏览器中预览，当鼠标光标移到热点区域上时，鼠标光标变成手形并出现提示文字，如图 5-13 所示，当单击鼠标时会打开一个新的窗口并在其中显示相应的内容。

图5-13 在浏览器中预览

5.2.4 电子邮件超级链接

电子邮件超级链接与一般的文本和图像链接不同，因为电子邮件链接要将浏览者的本地电子邮件管理软件（如 Outlook Express、Foxmail 等）打开，而不是向服务器发出请求，因此它的添加步骤也与普通链接有所不同。下面介绍设置电子邮件超级链接的基本方法。

创建电子邮件超级链接

1. 新建网页文档 "chap5-2-4.htm"，并输入一段文本，如图 5-14 所示。
2. 将鼠标光标置于最后一行文本的 "（ ）" 中，然后选择【插入记录】/【电子邮件】命令，或在【插入】/【常用】面板中单击 （电子邮件链接）按钮，打开【电子邮件链接】对话框。

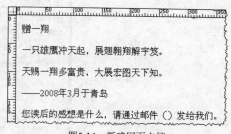

图5-14 新建网页文档

3. 在【文本】文本框中输入在文档中显示的信息，在【E-mail】文本框中输入电子邮箱的完整地址，这里均输入 "yx2008@163.com"，如图 5-15 所示。
4. 单击 确定 按钮，一个电子邮件链接就创建好了，如图 5-16 所示。

图5-15 【电子邮件链接】对话框

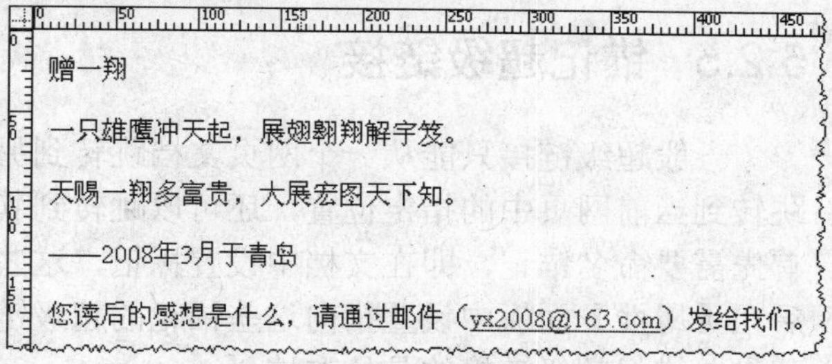

图5-16 电子邮件超级链接

81

如果已经预先选中了文本，在【电子邮件链接】对话框的【文本】文本框中会自动出现
该文本，这时只需在【E-mail】文本框中填写电子邮件地址即可。

　　如果要修改已经设置好的电子邮件链接的 E-mail，可以通过【属性】面板进行重新设置。

5.　将鼠标光标置于电子邮件链接文本上，此时在【属性】面板中显示已经设置的 E-mail，
　　如图 5-17 所示，用户可以对其进行修改以设置新的 E-mail。

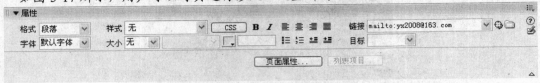

图5-17　电子邮件链接【属性】面板

　　　　"mailto:"、"@" 和 "." 这 3 个元素在电子邮件链接中是必不可少的。有了它们，才能
构成一个正确的电子邮件链接。
　　　　在设置电子邮件链接时，为了更快捷，可以先选中需要添加链接的图像或文本，然后在
【属性】面板的【链接】文本列表框中直接输入电子邮件地址，并在其前面加一个前缀
"mailto:"，最后按 Enter 键确认即可。如果想要添加更加复杂的电子邮件链接，也可以直接
在【属性】面板的【链接】文本列表框中输入相应的代码。

6.　保存文件并按 F12 键在浏览器中预览，单击电子邮件链接将打开默认的电子邮件程序，
　　【收件人】文本框中会自动出现已设置的 E-mail，如图 5-18 所示。

图5-18　启动邮件程序

5.2.5　锚记超级链接

　　一般超级链接只能从一个网页文档跳转到另一个网页文档，使用锚记超级链接不仅可以
跳转到当前网页中的指定位置，还可以跳转到其他网页中的指定位置。创建锚记超级链接，
首先需要命名锚记，即在文档中设置标记，这些标记通常放在文档的特定主题处或顶部，然
后在【属性】面板中设置指向这些锚记的超级链接来链接到文档的特定部分。下面介绍创建
和设置锚记超级链接的具体方法。

创建和设置锚记超级链接

1. 将本章素材文件"例题文件\素材\chap5-2-5.htm"复制到站点根文件夹下。

2. 打开网页文档"chap5-2-5.htm",将鼠标光标置于正文中的"一、激趣引入"的前面,然后选择【插入记录】/【命名锚记】命令,或在【插入】/【常用】面板中单击 按钮,打开【命名锚记】对话框。

3. 在【锚记名称】文本框中输入"a",单击 确定 按钮,在文档鼠标光标位置便插入了一个锚记,如图 5-19 所示。

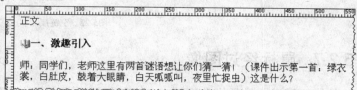

图5-19 命名锚记

4. 按照相同的步骤为正文中的"二、整体感知,认读生字"、"三、学习课文"、"四、小结"分别添加命名锚记"b"、"c"、"d",然后为文档标题"小蝌蚪找妈妈"添加命名锚记"top"。

5. 在文档顶部目录中选中标题"一、激趣引入",然后在【属性】面板的【链接】下拉列表中输入锚记名称"#a",或者直接将【链接】下拉列表后面的 图标拖曳到锚记名称"#a"上,如图 5-20 所示。

6. 在文档顶部目录中选中标题"二、整体感知,认读生字",然后选择【插入记录】/【超级链接】命令,打开【超级链接】对话框,这时选择的文本"二、整体感知,认读生字"自动出现在【文本】文本框中,然后在【链接】下拉列表中选择锚记名称"#b",如图 5-21 所示,单击 确定 按钮。

图5-20 设置锚记超级链接

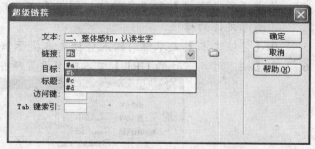

图5-21 【超级链接】对话框

7. 运用以上介绍的方法分别设置"三、学习课文"、"四、小结"的锚记超级链接。

8. 选中标题"二、整体感知,认读生字"后面<>中的文本"返回顶部",然后在【属性】面板的【链接】下拉列表中输入锚记名称"#top"。运用相同的方法分别为"三、学习课文"、"四、小结"后面<>中的文本"返回顶部"添加锚记超级链接。

如果链接的目标锚记位于当前网页中,需要在【属性】面板的【链接】文本框中输入一个"#"符号,然后输入链接的锚记名称,如"#a"。如果链接的目标锚记在其他网页中,则需要先输入该网页的 URL 地址和名称,然后再输入"#"符号和锚记名称,如"index.htm#a"、"http://www.yx.com/yx/20080326.htm#b"等。

5.2.6 空链接

空链接是一个未指派目标的链接。建立空链接的目的通常是激活页面上的对象或文本，使其可以应用行为。给页面对象添加空链接很简单，在【属性】面板的【链接】文本框中输入"#"即可，如图 5-22 所示。

图5-22 空链接

5.2.7 鼠标经过图像

鼠标经过图像是指在网页中，当鼠标经过或者单击图像时，图像的形状、颜色等属性会随之发生变化，如发光、变形或者出现阴影，使网页变得生动有趣。鼠标经过图像是基于图像的比较特殊的链接形式，属于图像对象的范畴。下面介绍设置鼠标经过图像的具体方法。

🔑 设置鼠标经过图像

1. 将本章素材文件"例题文件\素材\images"文件夹下的图像文件"edu1.jpg"和"edu2.jpg"复制到站点"images"文件夹下，然后新建网页文档"chap5-2-7.htm"。
2. 将鼠标光标置于文档中，然后选择【插入记录】/【图像对象】/【鼠标经过图像】命令，或在【插入】/【常用】面板中单击 🖼 （鼠标经过图像）按钮，打开【插入鼠标经过图像】对话框。
3. 在【图像名称】文本框内输入图像文件的名称，这个名称是自定义的。
4. 单击【原始图像】和【鼠标经过图像】文本框右边的 浏览... 按钮，添加这两个状态下的图像文件的路径。
5. 在【替换文本】文本框内输入替换文本提示信息。
6. 在【按下时，前往的 URL】文本框内设置所指向文件的路径名，如图 5-23 所示。

图5-23 【插入鼠标经过图像】对话框

7. 单击 确定 按钮插入鼠标经过图像，如图 5-24 所示。

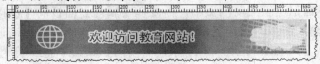

图5-24 插入鼠标经过图像

8.　保存文档并在浏览器中预览，当鼠标指在图像上面时，效果如图 5-25 所示。

图5-25　预览效果

由上面的操作可知，鼠标经过图像有以下两种状态。

- 原始状态：在网页中的正常显示状态。
- 变换图像状态：当鼠标经过或者单击图像时显示变化图像。

在设置鼠标经过图像时，两幅图像的尺寸大小必须是一样的。Dreamweaver 将以第 1 幅图像的尺寸大小作为标准，在显示第 2 幅图像时，将按照第 1 幅图像的尺寸大小来显示。如果第 2 幅图像比第 1 幅图像大，那么将缩小显示；反之，则放大显示。为避免第 2 幅图像可能出现的失真现象，在制作和选择两幅图像时，尺寸应保持一致。

一般要先在图像处理软件中将两种状态的图像文件制作好，分别保存到网站的图像文件夹内，然后才能创建鼠标经过图像。当包含"鼠标经过图像"的网页被浏览器下载时，会将这两种状态的图像一起下载。暂时不显示的图像被存放在浏览器的缓存中，当鼠标经过图像时，再从缓存中将变化的图像调出来，这样图像的变化就没有停滞的感觉，也节省了用户的等待时间。

5.2.8　导航条

导航条是由一组按钮或者图像组成的，这些按钮或者图像链接各分支页面，起到导航的作用。导航条也是基于图像的比较特殊的链接形式，属于图像对象的范畴。下面介绍设置导航条的具体方法。

🔑 设置导航条

1.　将本章素材文件"例题文件\素材\images"文件夹下的"nav"文件夹复制到站点"images"文件夹下，然后新建网页文档"chap5-2-8.htm"、"chap5-2-8-1.htm"、"chap5-2-8-2.htm"、"chap5-2-8-3.htm"、"chap5-2-8-4.htm"。

2.　将鼠标光标置于文档"chap5-2-8.htm"中，然后选择【插入记录】/【图像对象】/【导航条】命令，或在【插入】/【常用】面板中单击▦（导航条）按钮，打开【插入导航条】对话框。

3.　在【插入导航条】对话框的【项目名称】文本框内输入图像名称，如"nav01"，建议不用中文。

4.　单击【状态图像】文本框右侧的 浏览... 按钮，为状态图像设置路径。

5.　依次为【鼠标经过图像】、【按下图像】、【按下时鼠标经过图像】选项设置具体的文件路径，本例只设置【鼠标经过图像】选项的路径。

6.　在【替换文本】文本框内输入图像的提示信息，如"首页"。

7.　在【按下时，前往的 URL】文本框内设置所指向的文件路径。右侧下拉列表中只有【主窗口】一项，相当于链接的【目标】属性为"_top"。如果当前的文档包含框架，那么列表中会显现其他框架页。

8. 勾选【预先载入图像】复选框，浏览器读取页面信息时就会将全部图像一起下载到缓存里，这样导航条在变化时，便不会发生延迟。如果该选项未被勾选，则移动鼠标光标到翻转图上时可能会有延迟。

> **要点提示** 一般不勾选【页面载入时就显示"鼠标按下图像"】复选框。如果勾选该项，页面被载入时将显示按下图像状态而不是默认的一般图像状态。

9. 在【插入】下拉列表中选择"水平"或"垂直"方向，这里选择"水平"。

10. 勾选【使用表格】复选框，导航条将被放在表格内。

11. 单击对话框上方的 ⊞ 按钮，继续添加导航条中的其他图像，如图 5-26 所示。

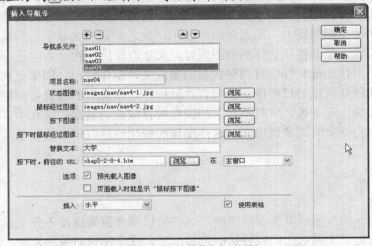

图5-26 【插入导航条】对话框

12. 创建完成后，单击 确定 按钮，关闭对话框，文档中就添加了具有图像翻转功能的导航条，如图 5-27 所示。

图5-27 插入的导航条及其在浏览器中的显示效果

导航条通常包括以下 4 种状态。

- 【状态图像】：用户还未单击图像或图像未交互时显现的状态。
- 【鼠标经过图像】：当鼠标光标移动到图像上时，元素发生变换而显现的状态。例如，图像可能变亮、变色、变形，从而让用户知道可以与之交互。
- 【按下图像】：单击图像后显现的状态。例如，当用户单击按钮时，新页面被载入且导航条仍是显示的；但被单击过的按钮会变暗或者凹陷，表明此按钮已被按下。
- 【按下时鼠标经过图像】：单击按钮后，鼠标光标移动到被按下元素上时显现的图像。例如，按钮可能变暗或变灰，可以用这个状态暗示用户：在站点的这个部分该按钮已不能被再次单击。

制作导航条时不一定要全部包括 4 种状态的导航条图像。即使只有"一般状态图像"和"鼠标经过图像"，也可以创建一个导航条，不过最好还是将 4 种状态的图像都包括，这样会使导航条看起来更生动一些。

如果要对导航条进行修改，通常有 3 种方法。

(1) 再次执行【插入记录】/【图像对象】/【导航条】命令，系统将弹出如图 5-28 所示的提示对话框，单击 确定 按钮打开【修改导航条】对话框进行修改即可。

(2) 直接执行菜单栏中的【修改】/【导航条】命令打开【修改导航条】对话框进行修改，如图 5-29 所示。

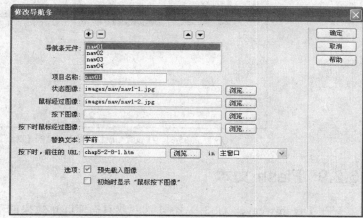

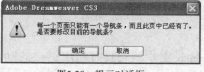

图5-28　提示对话框　　　　　　　　　　　　　图5-29　【修改导航条】对话框

(3) 通过【设置导航栏图像】行为进行修改。行为是 Dreamweaver CS3 有特色的功能之一，使用行为可以允许浏览者与网页进行简单的交互，从而以多种方式修改页面或引起某些任务的执行，详情可参考第 12 章。这里的设置方法是，在导航条中选中其中一个按钮，打开【行为】面板，在【行为】面板中单击 + 按钮，在弹出的下拉菜单中选择【设置导航栏图像】命令，打开【设置导航栏图像】对话框，如图 5-30 所示，在该对话框中可以重新设置图像的源文件及所指向的 URL。

图5-30　【设置导航栏图像】对话框

这个对话框和【插入导航条】对话框相比，又多了一个【高级】选项卡，如图 5-31 所示。如果焦点在当前的按钮，但其他的按钮同时也发生变化，那么就必须设置【变成图像文件】和【按下时，变成图像文件】这两项。由此看来，【设置导航栏图像】动作是导航条功能的一个补充和延伸，是为了方便在导航条创建后进行修改而设立的。

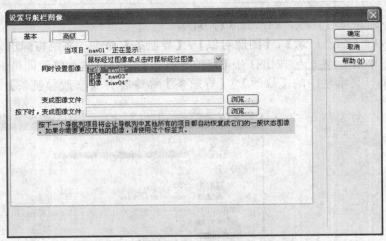

图5-31　【设置导航栏图像】对话框【高级】选项卡

5.2.9　Flash 文本

在 Dreamweaver CS3 中还可以创建具有 Flash 效果的 Flash 文本，它具有超级链接的功能。下面介绍创建 Flash 文本的基本方法。

创建 Flash 文本

1. 首先创建并保存网页文档 "chap5-2-9.htm"。
2. 将鼠标光标置于文档中，然后选择【插入记录】/【媒体】/【Flash 文本】命令，打开【插入 Flash 文本】对话框进行参数设置，如图 5-32 所示。

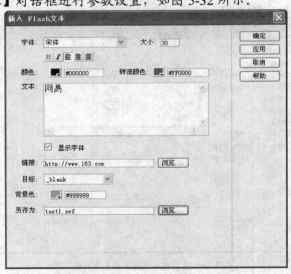

图5-32　【插入 Flash 文本】对话框

在【插入 Flash 文本】对话框中，【颜色】选项用于设置 Flash 文本的颜色，【转滚颜色】选项用于设置当鼠标光标移到 Flash 文本上时文本的显示颜色，【背景色】选项用于设置 Flash 文本的背景颜色，【另存为】选项用于设置 Flash 文本的保存路径和名称。

3. 单击 确定 按钮插入 Flash 文本并在浏览器中预
   览，如图 5-33 所示。

4. 选中 Flash 文本，在【属性】面板中可以修改 Flash
   文本的相关参数，如图 5-34 所示。

图5-33 插入 Flash 文本

图5-34 Flash 文本【属性】面板

  Flash 文本实际上是 Flash 动画，在指定的【另存为】位置可以找到相应的 Flash 动画文件。需要提醒读者的是，在保存路径中不能出现中文字符，即在硬盘上建立的文件夹，无论有多少层次，中间都不能出现中文字符，保存的文件名也不能含有中文字符；否则会出现如图 5-35 所示的提示对话框，提示将不能创建 Flash 文本。另外，保存的 Flash 动画文件如果使用的是相对路径，应该和网页文档放在同一目录下。

图5-35 提示对话框

5.2.10 Flash 按钮

  在 Dreamweaver CS3 中还可以创建具有 Flash 效果的 Flash 按钮，它也具有超级链接的功能。下面介绍创建 Flash 按钮的基本方法。

🔑 创建 Flash 按钮

1. 首先创建并保存网页文档 "chap5-2-10.htm"。
2. 将鼠标光标置于文档中，然后选择【插入记录】/【媒体】/【Flash 按钮】命令，打开
   【插入 Flash 按钮】对话框并进行参数设置，如图 5-36 所示。

图5-36 【插入 Flash 按钮】对话框

3. 单击 确定 按钮插入 Flash 按钮并在浏览器中预览，如图 5-37 所示。

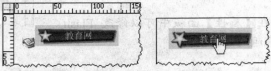

图5-37　插入 Flash 按钮及其预览效果

4. 选中 Flash 按钮，在【属性】面板中可以修改 Flash 按钮的相关参数。

Flash 按钮实际上也是 Flash 动画，在指定的【另存为】位置可以找到相应的 Flash 动画文件。另外，在保存路径和文件名中也不能含有中文字符。保存的 Flash 动画文件如果使用的是相对路径，应该和网页文档放在同一目录下。

5.2.11　脚本链接

超级链接不仅可以用来实现页面之间的跳转，也可以用来直接调用 JavaScript 语句。这种单击链接便执行 JavaScript 语句的超级链接通常称为 JavaScript 脚本链接。创建 JavaScript 脚本链接的方法是，首先选定文本或图像，然后在【属性】面板的【链接】文本框中输入"JavaScript:"，后面跟一些 JavaScript 代码或函数调用即可。

下面对经常用到的 JavaScript 代码进行简要说明。

- JavaScript:alert('字符串')：弹出一个只包含【确定】按钮的对话框，显示"字符串"的内容，整个文档的读取、Script 的运行都会暂停，直到用户单击"确定"为止。
- JavaScript:history.go(1)：前进，与浏览器窗口上的"前进"按钮是等效的。
- JavaScript:history.go(-1)：后退，与浏览器窗口上的"后退"按钮是等效的。
- JavaScript:history.forward(1)：前进，与浏览器窗口上的"前进"按钮是等效的。
- JavaScript:history.back(1)：后退，与浏览器窗口上的"后退"按钮是等效的。
- JavaScript:history.print()：打印，与在浏览器菜单栏中选择【文件】/【打印】命令是一样的。
- JavaScript:window.external.AddFavorite('http://www.laohu.net','老虎工作室')：收藏指定的网页。
- JavaScript:window.close()：关闭窗口。如果该窗口有状态栏，调用该方法后浏览器会警告："网页正在试图关闭窗口，是否关闭？"，然后等待用户选择是否关闭；如果没有状态栏，调用该方法将直接关闭窗口。

下面以创建收藏链接为例说明创建脚本链接的基本过程。

🔑 创建收藏链接

1. 创建网页文档"chap5-2-11.htm"，并在文档中输入文本"收藏本站"。
2. 选中文本"收藏本站"，然后在【属性】面板的【链接】文本框中输入 JavaScript 代码"JavaScript:window.external.AddFavorite('http://www.laohu.net','老虎工作室')"，如图 5-38 所示。

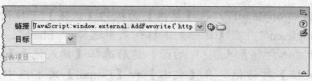

图5-38 创建收藏链接

3. 保存文档并在浏览器中预览网页，当单击"收藏本站"链接时，将弹出【添加收藏】对话框，如图 5-39 所示。

图5-39 【添加收藏】对话框

4. 单击 添加(A) 按钮，将当前页面的标题和网址添加到浏览器的收藏夹中。

5.3 实例——设置"上网导航"网页

通过前面各节的学习，读者对超级链接的基本知识有了一定的了解。本节将综合运用前面介绍的方法来设置文档中的超级链接，让读者进一步巩固所学内容。

设置"上网导航"网页

1. 将本章素材文件"综合实例\素材"文件夹中的内容复制到站点根文件夹下，然后打开网页文件"shili.htm"，如图 5-40 所示。

图5-40 设置超级链接

2. 选中文本"新浪"，在【属性】面板的【链接】下拉列表框中输入链接地址"http://www.sina.com.cn/"，在【目标】下拉列表中选择"_blank"。
3. 选中文本"音乐 mp3"，在【属性】面板的【链接】下拉列表框中输入链接地址"yinyue.htm"，在【目标】下拉列表中选择"_blank"。

4. 选中图像 "images/google.gif"，在【属性】面板的【链接】下拉列表框中输入链接地址 "http://www.google.cn/"，在【目标】下拉列表中选择 "_blank"。

5. 将鼠标光标置于文本 "联系我们："后面，然后选择【插入记录】/【电子邮件】命令打开【电子邮件链接】对话框，在【文本】和【E-mail】文本框中均输入电子邮箱地址 "lianxi@163.com"。

6. 选中文本 "前进"，在【属性】面板的【链接】下拉列表框中输入 JavaScript 脚本代码 "JavaScript:history.go(1)"。

7. 选中文本 "后退"，在【属性】面板的【链接】下拉列表框中输入 JavaScript 脚本代码 "JavaScript:history.go(-1)"。

8. 选中文本 "打印本页"，在【属性】面板的【链接】下拉列表框中输入 JavaScript 脚本代码 "JavaScript:history.print()"。

9. 选中文本 "关闭窗口"，在【属性】面板的【链接】下拉列表框中输入 JavaScript 脚本代码 "JavaScript:history.close()"。

小结

本章围绕超级链接对网页中各种与链接有关的元素进行了介绍，如文本超级链接、图像超级链接、图像地图、电子邮件超级链接、锚记超级链接、空链接等，并在此基础上介绍了鼠标经过图像、导航条、Flash 文本、Flash 按钮等功能。读者可以结合浏览的网页加深对超级链接内容的理解。

习题

一、填空题

1. 在超级链接中，路径通常有 3 种表示方法：_____、文档相对路径和站点根目录相对路径。

2. 空链接是一个未指派目标的链接，在【属性】面板【链接】文本框中输入____即可。

3. "mailto:"、"_____" 和 "." 这 3 个元素在电子邮件超级链接中是必不可少的。

4. 使用_____技术可以将一幅图像划分为多个区域，分别为这些区域创建不同的超级链接。

5. 使用_____超级链接不仅可以跳转到当前网页中的指定位置，还可以跳转到其他网页中的指定位置。

二、选择题

1. 表示打开一个新的浏览器窗口的是_____选项。
   A. 【_blank】　　　　B. 【_parent】　　　　C. 【_self】　　　　D. 【_top】

2. 下列_____项不在图像地图的 3 种形状之列。
   A. 矩形　　　　B. 圆形　　　　C. 椭圆形　　　　D. 多边形

3. 下列属于超级链接绝对路径的是_____。
   A. http://www.wangjx.com/wjx/index.htm
   B. wjx/index.htm
   C. ../wjx/index.htm

D. /index.htm

4. 如果要实现在一张图像上创建多个超级链接，可使用_____超级链接。

    A. 图像地图   B. 锚记   C. 电子邮件   D. 表单

5. 下列属于锚记超级链接的是_____。

    A. http://www.yixiang.com/index.asp

    B. mailto:edunav@163.com

    C. bbs/index.htm

    D. http://www.yixiang.com/index.htm#a

6. 下列命令不能够创建超级链接的是_____。

    A. 【插入】/【图像对象】/【鼠标经过图像】命令

    B. 【插入】/【媒体】/【导航条】命令

    C. 【插入】/【媒体】/【Flash 文本】命令

    D. 【插入】/【媒体】/【Flash 按钮】命令

三、问答题

1. 根据目标端点的不同，超级链接可分为哪几种？

2. 就本项目所学知识，简要说明图像超级链接与文本超级链接有什么不同。

四、操作题

    将"课后习题\素材"文件夹下的内容复制到站点根文件夹下，然后根据操作提示在网页中设置超级链接，如图 5-41 所示。

图5-41　在网页中设置超级链接

【操作提示】

1. 设置文本"迎客松"的链接目标为"yingkesong.htm"，目标窗口打开方式为"_blank"。

2. 设置第 1 幅图像的链接目标为"qisong.htm"，第 2 幅图像的链接目标为"guaishi.htm"，第 3 幅图像的链接目标为"yunhai.htm"，目标窗口打开方式均为"_blank"。

3. 在正文中的"1、奇松"、"2、怪石"、"3、云海"和"4、温泉"处分别插入锚记名称"1"、"2"、"3"、"4"。

4. 给副标题中的"奇松"、"怪石"、"云海"、"温泉"建立锚记超级链接，分别指到锚记"1"、"2"、"3"、"4"处。

第6章 使用表格布局页面

表格在网页中的应用非常广泛，它不但可以有序地组织数据，还可以精确地定位网页元素。在网页布局中，表格发挥了非常重要的作用。本章将介绍在 Dreamweaver CS3 中创建和编辑表格的基本方法。

【学习目标】

- 理解表格的构成和作用。
- 掌握表格的基本操作和属性设置方法。
- 掌握导入和导出表格的方法。
- 掌握排序表格的方法。
- 掌握使用表格进行网页布局的方法。

6.1 认识表格

表格可以将一定的内容按照特定的行、列规则进行排列。Dreamweaver CS3 中的表格功能很强大，用户可以方便地创建出各种规格的表格。下面来首先介绍表格的构成和作用。

6.1.1 表格的构成

表格是由行和列组成的，行和列又是由单元格组成的，所以单元格是组成表格的最基本单位。单元格之间的间隔称为单元格间距；单元格内容与单元格边框之间的间隔称为单元格边距（或填充）。表格边框有亮边框和暗边框之分，可以设置粗细、颜色等属性。单元格边框也有亮边框和暗边框之分，可以设置颜色属性，但不可设置粗细属性。如图 6-1 所示是一个 4 行 4 列的表格。

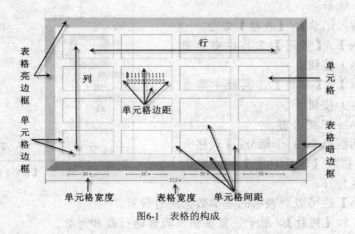

图6-1　表格的构成

理解了如图 6-1 所示的表格以后，就可以容易地计算出表格与各单元格的宽度。一个包括 n 列表格的宽度＝2×表格边框＋（n＋1）×单元格间距＋2n×单元格边距＋n×单元格宽度+2n×单元格边框宽度（1 个像素）。如果表格的边框为 "0"，则单元格边框宽度也为 "0"。如一个 4 行 4 列的表格，其表格边框是 20 像素，间距是 15 像素，边距是 10 像素，单元格宽度是 80 像素，单元格边框是固定值 1 像素，根据上述公式，其表格宽度=2×20＋(4＋1)×15＋2×4×10＋4×80+2×4×1，即 523 像素。

6.1.2　表格的作用

表格的作用很多，在网页制作中，主要体现在以下 3 个方面。

- 组织数据：这是表格最基本的作用，如成绩单、工资表、销售表等。
- 网页布局：这是表格组织数据作用的延伸，由简单地组织一些数据发展成组织网页元素，进行版面布局。
- 制作特殊效果：如制作细线边框、按钮等。若结合 CSS 样式，则可以制作出更多的效果。

6.2　创建表格

要想熟练地使用表格组织数据、布局页面、制作特殊效果，首先必须掌握表格的基本操作。下面介绍插入表格、选择表格和编辑表格的方法。

6.2.1　插入表格

首先介绍插入表格的基本方法。

☙ 插入表格

1. 在文档中将鼠标光标置于要插入表格的位置。
2. 通过下列任一种方式打开【表格】对话框，如图 6-2 所示。
   - 选择【插入记录】/【表格】命令。
   - 在【插入】/【常用】工具栏中单击 ▦（表格）按钮。
   - 在【插入】/【布局】工具栏中单击 ▦（表格）按钮。
   - 按 Ctrl+Alt+T 组合键。

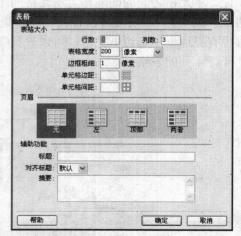

图6-2　【表格】对话框

【表格】对话框分为 3 个部分：【表格大小】栏、【页眉】栏和【辅助功能】栏，它们由 3 条灰色的线区分开。

在【表格大小】栏可以对表格的基本数据进行设置。

- 【行数】和【列数】：用于设置要插入表格的行数和列数。

- 【表格宽度】：用于设置表格的宽度，单位有"像素"和"%"。以"像素"为单位设置表格宽度，表格的绝对宽度将保持不变。以"%"为单位设置表格宽度，表格的宽度将随浏览器的大小变化而变化。
- 【边框粗细】：用于设置单元格边框的宽度，以"像素"为单位。
- 【单元格边距】：用于设置单元格内容与边框的距离，以"像素"为单位。
- 【单元格间距】：用于设置单元格之间的距离，以"像素"为单位。

在【页眉】栏可以对表格的页眉进行设置，共有 4 种标题设置方式。

- 【无】：表示表格不使用列或行标题。
- 【左】：表示将表格的第 1 列作为标题列，以便用户为表格中的每一行输入一个标题。
- 【顶部】：表示将表格的第 1 行作为标题行，以便用户为表格中的每一列输入一个标题。
- 【两者】：表示用户能够在表格中同时输入行标题和列标题。

在【辅助功能】栏可以设置表格的标题及对齐方式，还可以设置对表格的说明文字。

- 【标题】：用于设置表格的标题，该标题不包含在表格内。
- 【对齐标题】：用于设置表格标题相对于表格的显示位置。
- 【摘要】：用于设置表格的说明文字，该文本不会显示在浏览器中。

要点提示　　【表格】对话框中显示的各项参数值是最近一次所设置的数值大小，系统会将最近一次设置的参数保存到下一次打开这个对话框时为止。

3. 在【表格】对话框中进行参数设置，如图 6-3 所示。
4. 单击　确定　按钮插入表格，然后在表格单元格中输入数据，如图 6-4 所示。

图6-3　设置表格参数

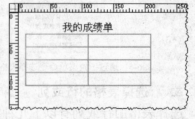

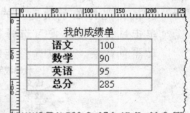

图6-4　插入表格并输入数据

　　由于在【表格】对话框的【页眉】栏中选择了【左】选项，这就意味着表格最左边的 1 列单元格是标题单元格，其中的文本居中对齐并以粗体显示。

　　在源代码中，标签"<table>"、"<caption>"、"<tr>"、"<th>"、"<td>"都是成对出现的。其中，"<table>"是表格标签，"<caption>"是表格标题标签，"<tr>"是行标签，"<th>"是标题单元格标签，"<td>"是数据单元格标签。

6.2.2 选择表格

要对表格进行编辑，首先必须选定表格。因为表格包括行、列和单元格 3 个组成部分，所以选择表格的操作通常包括选择整个表格、选择行或列、选择单元格等几个方面。

一、 选择整个表格

选择整个表格的方法，最常用的主要有以下几种。

- 单击表格左上角或单击表格中任何一个单元格的边框线，如图 6-5 所示。

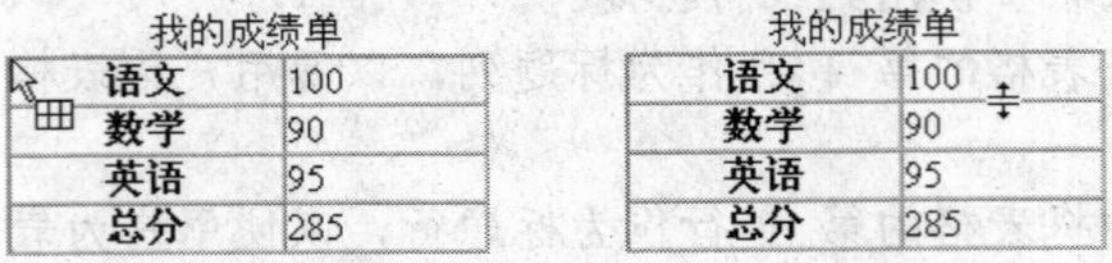

图6-5　通过单击选择表格

- 将鼠标光标置于表格内，选择【修改】/【表格】/【选择表格】命令，或在鼠标右键快捷菜单中选择【表格】/【选择表格】命令。
- 将鼠标光标移到预选择的表格内，表格上端或下端会弹出绿线的标志，单击绿线中的 按钮，从弹出的下拉菜单中选择【选择表格】命令，如图 6-6 所示。
- 将鼠标光标移到预选择的表格内，单击文档窗口左下角相应的 "<table>" 标签，如图 6-7 所示。

图6-6　通过下拉菜单命令选择表格

图6-7　通过<table>标签选择表格

二、 选择表格的行或列

选择表格的行或列有以下几种方法。

- 当鼠标光标位于欲选择的行首或列顶时，鼠标光标变成黑色箭头形状，这时单击鼠标左键，便可选择行或列，如图 6-8 所示。如果按住鼠标左键不放并移动黑色箭头，可以选择连续的行或列。 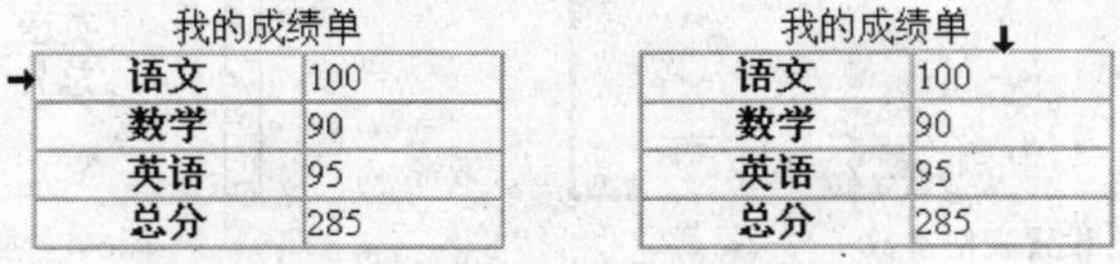

图6-8　选择行或列

- 按住鼠标左键从左至右或从上至下拖曳，将选择相应的行或列。
- 将鼠标光标移到欲选择的行中，单击文档窗口左下角的 "<tr>" 标签选择行。
- 将鼠标光标移到表格内，单击欲选择列的绿线标志中的 按钮，从弹出的下拉菜单中选择【选择列】命令。

有时需要选择不相邻的多行或多列，可以通过下面的方法来实现。

- 按住 Ctrl 键，依次单击欲选择的行或列。
- 按住 Ctrl 键，在已选择的连续行或列中依次单击欲去除的行或列。

三、 选择单元格

(1) 选择单个单元格的方法有以下两种。

- 将鼠标光标置于单元格内，然后按住 Ctrl 键，单击单元格可以将其选择。
- 将鼠标光标置于单元格内，然后单击文档窗口左下角的<td>标签将其选择。

(2) 选择相邻单元格的方法有以下两种。

- 在开始的单元格中按住鼠标左键并拖曳到最后的单元格。
- 将鼠标光标置于开始的单元格内，然后按住 Shift 键不放，单击最后的单元格。

(3) 选择不相邻单元格的方法有以下两种。

- 按住 Ctrl 键，依次单击欲选择的单元格。
- 按住 Ctrl 键，在已选择的连续单元格中依次单击欲去除的单元格。

6.2.3 编辑表格

插入表格后，经常要根据实际需要对表格进行编辑。编辑表格的方法主要有插入行或列、删除行或列、合并单元格、拆分单元格、复制和粘贴表格、移动表格等。

一、 插入行或列

在表格内插入行或列，首先需要将鼠标光标移到欲插入行或列的单元格内，然后可采取以下几种方法进行操作。

- 选择【修改】/【表格】/【插入行】命令，则在鼠标光标所在单元格的上面增加 1 行。同样，选择【修改】/【表格】/【插入列】命令，则在鼠标光标所在单元格的左侧增加 1 列，如图 6-9 所示。也可使用鼠标右键菜单命令进行操作。

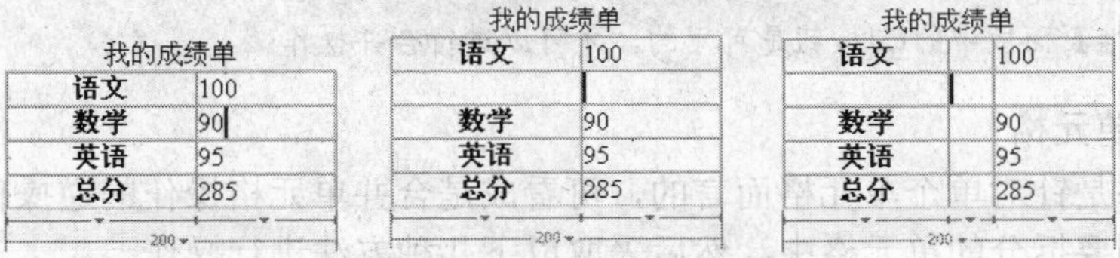

图6-9 插入行或列

- 选择【插入记录】/【表格对象】菜单中的【在上面插入行】、【在下面插入行】、【在左边插入列】、【在右边插入列】命令来插入行或列。
- 选择【修改】/【表格】/【插入行或列】命令，打开【插入行或列】对话框进行设置，如图 6-10 所示，加以确认后即可完成插入操作。也可在鼠标右键菜单中选择【表格】/【插入行或列】命令打开该对话框。

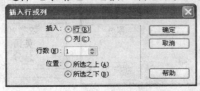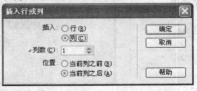

图6-10 【插入行或列】对话框

在如图 6-10 所示的对话框中，【插入】选项组包括【行】和【列】两个单选按钮，其初始状态选择的是【行】单选按钮，所以下面的选项就是【行数】，在【行数】选项的文本框内可以定义预插入的行数，在【位置】选项组可以定义插入行的位置是【所选之上】还是【所选之下】。在【插入】选项组如果选择的是【列】单选按钮，那么下面的选项就变成了【列数】，【位置】选项组后面的两个单选按钮就变成了【当前列之前】和【当前列之后】。

二、 删除行或列

如果要删除行或列，首先需要将鼠标光标置于要删除的行或列中，或者将要删除的行或列选中，然后选择【修改】/【表格】菜单中的【删除行】或【删除列】命令，将行或列删除。最简捷的方法就是利用选择表格行或列的方法选定要删除的行或列，然后按键盘上的 Delete 键。也可使用鼠标右键菜单进行以上操作。

三、 合并单元格

合并单元格是指将多个单元格合并为一个单元格。首先选择欲合并的单元格，然后可采取以下几种方法进行操作。

- 选择【修改】/【表格】/【合并单元格】命令。
- 单击鼠标右键，在弹出的快捷菜单中选择【表格】/【合并单元格】命令。
- 单击【属性】面板左下角的 ⊡ 按钮，合并单元格后的效果如图 6-11 所示。

图6-11　合并单元格

要点提示　不管选择多少行、多少列或多少个单元格，选择的部分必须是在一个连续的矩形内，只有【属性】面板中的 ⊡ 按钮是可用的，才可以进行合并操作。

四、 拆分单元格

拆分单元格是针对单个单元格而言的，可看成是合并单元格操作的逆操作。首先需要将鼠标光标定位到要拆分的单元格中，然后采取以下几种方法进行操作。

- 选择【修改】/【表格】/【拆分单元格】命令。
- 单击鼠标右键，在弹出的快捷菜单中选择【表格】/【拆分单元格】命令。
- 单击【属性】面板左下角的 ⊞ 按钮，弹出【拆分单元格】对话框，拆分后的效果如图 6-12 所示。

图6-12　拆分单元格

在【拆分单元格】对话框中，【把单元格拆分】选项组包括【行】和【列】两个单选按钮，这表明可以将单元格纵向拆分或者横向拆分。在【行数】（当【把单元格拆分】选项组选择【行】单选按钮时，下面将是【行】选项）或【列数】列表框中可以定义要拆分的行数或列数。

五、　复制或剪切

选择了整个表格、某行、某列或单元格后，选择【编辑】菜单中的【拷贝】或【剪切】命令，可以将其中的内容复制或剪切。选择【剪切】命令，会将被剪切部分从原始位置删除；而选择【拷贝】命令，被复制部分仍将保留在原始位置。

六、　粘贴表格

将鼠标光标置于要粘贴表格的位置，然后选择【编辑】/【粘贴】命令，便可将所复制或剪切的表格、行、列或单元格等粘贴到鼠标光标所在的位置。

(1)　复制/粘贴表格。当鼠标光标位于单个单元格内时，粘贴整个表格后，将在单元格内插入一个嵌套的表格。如果鼠标光标位于表格外，那么将粘贴一个新的表格。

(2)　复制/粘贴行或列。选择与所复制内容结构相同的行或列，然后使用粘贴命令，复制的内容将取代行或列中原有的内容，如图 6-13 所示。若不选择行或列，将鼠标光标置于单元格内，粘贴后将自动添加 1 行或 1 列，如图 6-14 所示。若鼠标光标位于表格外，粘贴后将自动生成一个新的表格，如图 6-15 所示。

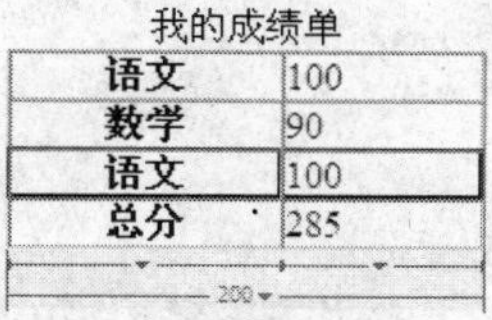

图6-13　粘贴相同结构的行或列 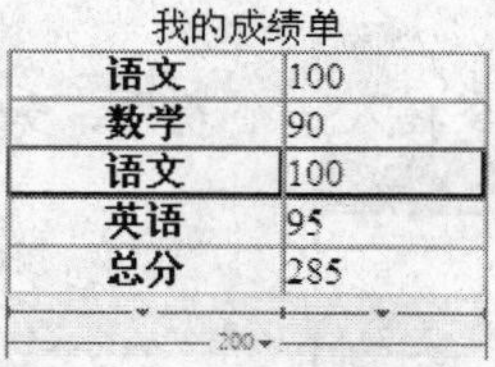　　　　图6-14　不选择行或列并粘贴 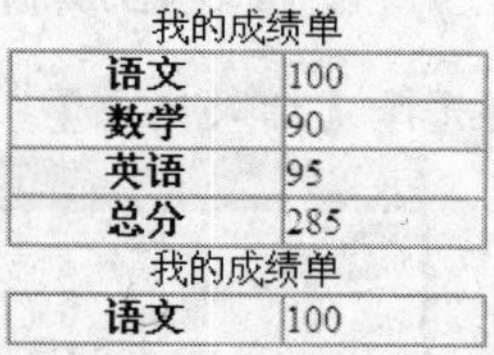　　　　图6-15　在表格外粘贴

(3)　复制/粘贴单元格。若被复制的内容是一部分单元格，并将其粘贴到被选择的单元格上，则被选择的单元格内容将被复制的内容替换，前提是复制和粘贴前后的单元格结构要相同，如图 6-16 所示。若鼠标光标在表格外，则粘贴后将生成一个新的表格，如图 6-17 所示。

图6-16　粘贴单元格 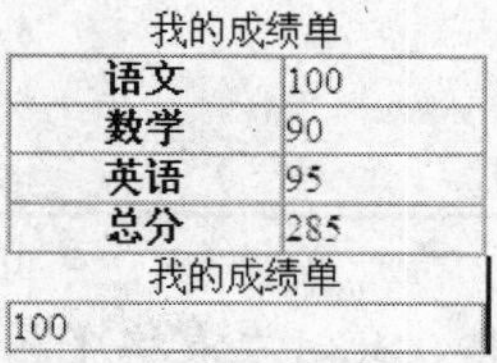　　　　　　　　　　图6-17　在表格外粘贴单元格

七、　移动表格内容

有时需要移动表格中数据的位置，使其更符合实际需要。在 Dreamweaver 中可以整行或整列地移动数据。首先需要选择要移动的行或列并执行剪切操作，然后移动鼠标光标插入点到目标位置，执行粘贴操作。粘贴的内容将位于插入点所在行的上方或插入点所在列的左方，如图 6-18 所示。

图6-18　移动表格内容

6.3　设置表格和单元格属性

在创建表格后，通常要设置表格属性，对行、列、单元格也可以根据需要进行属性设置，只有设置了这些属性，表格才会更美观、更符合实际要求。下面介绍设置表格和单元格属性的基本方法。

6.3.1　设置表格属性

在创建表格后，在表格的【属性】面板中会显示所创建表格的基本属性，如行数、列数、宽度、填充、间距、边框、对齐方式、背景颜色、背景图像、边框颜色等，此时可以进一步修改这些属性设置，使表格更完美。下面介绍设置表格属性的基本方法。

⚷　设置表格属性

1.　选择【插入记录】/【表格】命令插入一个表格，如图 6-19 所示。

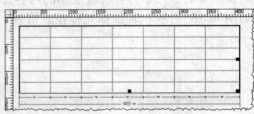

图6-19　插入表格

2.　选中表格，此时在表格【属性】面板中显示了表格的各项属性参数，如图 6-20 所示。

图6-20　表格【属性】面板

3.　在表格的【属性】面板中，重新设置填充、间距、边框、对齐方式和背景颜色，如图 6-21 所示。

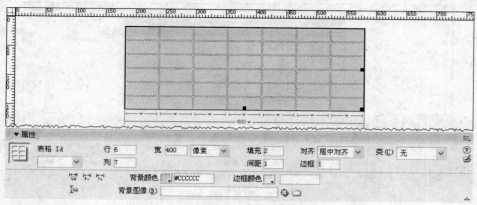

图6-21　修改表格属性

下面对表格【属性】面板中的相关参数说明如下。

- 　【表格 Id】：设置表格唯一的 Id 名称，在创建表格高级 CSS 样式时会用到。
- 　【行】和【列】：设置表格的行数和列数。
- 　【宽】：设置表格的宽度，以"像素"或"%"为单位。
- 　【填充】：设置单元格内容与单元格边框的距离，即单元格边距。
- 　【间距】：设置单元格之间的距离，也就是单元格间距。
- 　【对齐】：设置表格的对齐方式，如"左对齐"、"右对齐"、"居中对齐"等。
- 　【边框】：设置表格的边框宽度。如果设置为"0"，则表示没有边框。
- 　和按钮：清除行高和列宽。
- 　和按钮：根据当前值，将表格宽度转换成像素或百分比。
- 　【背景颜色】：设置表格的背景颜色。可以单击按钮，在弹出的拾色器中选择需要的颜色；也可以直接在右侧的文本框中输入颜色的值。
- 　【背景图像】：设置表格的背景图像。
- 　【边框颜色】：设置表格的边框颜色。

6.3.2　设置单元格属性

在表格中选择行、列或单元格，在【属性】面板中可以设置其属性。由于行和列是由单元格组成的，因此设置行、列的属性实质上也就是设置单元格的属性，它们的【属性】面板也是一样的。单元格【属性】面板主要分为上下两个部分，上面部分主要用于设置单元格中文本的属性，下面部分主要用于设置行、列或单元格本身的属性。下面介绍设置单元格属性的基本方法。

☞ 设置单元格属性

1. 接上例。在第 1 行的单元格中依次输入"周一"至"周日"。
2. 选中表格的第 1 行，然后在【属性】面板中设置水平对齐方式为"居中对齐"、垂直对齐方式为"居中"、宽度为"52"、高度为"30"、【背景颜色】为"#0000FF"，并勾选【标题】复选框，同时设置文本大小为"14 像素"、文本颜色为"#FFFFFF"，如图 6-22 所示。

图6-22　设置表格行属性

3. 在其他单元格中依次输入文本，如图 6-23 所示。

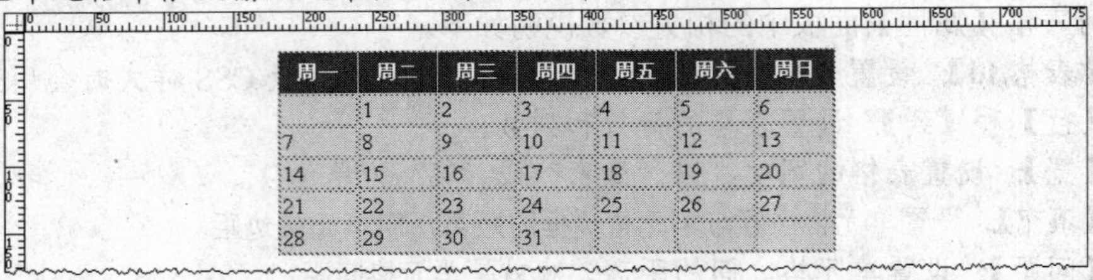

图6-23　输入文本

4. 选中表格的第 2 行～第 6 行，在其【属性】面板中设置【背景颜色】为 "#FFFFFF"，
   如图 6-24 所示。

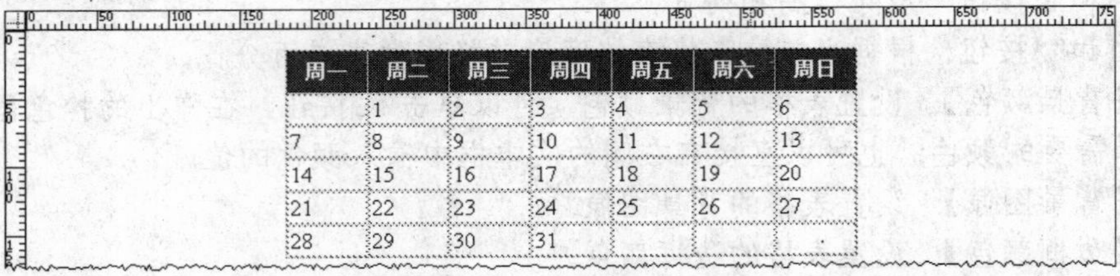

图6-24　设置背景颜色

5. 选中文本 "周日" 下面的 4 个单元格，在其【属性】面板中设置文本颜色为
   "#FF0000"。

6. 将鼠标光标置于文本 "18" 所在单元格，然后在其【属性】面板中设置【背景颜色】
   为 "#FF0000"，如图 6-25 所示。

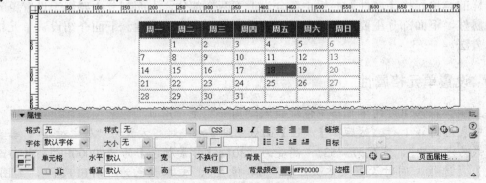

图6-25　设置单元格背景颜色

单元格【属性】面板的相关参数说明如下。

- 【水平】：设置单元格的内容在水平方向上的对齐方式，其下拉列表中有【默认】、【左对齐】、【居中对齐】和【右对齐】这 4 种排列方式。
- 【垂直】：设置单元格的内容在垂直方向上的对齐方式，其下拉列表中有【默认】、【顶端】、【居中】、【底部】和【基线】这 5 种排列方式。
- 【宽】和【高】：设置所选择单元格的宽度和高度。
- 【背景】：设置单元格的背景图像。
- 【背景颜色】：设置单元格的背景颜色。
- 【边框】：设置单元格边框的宽度，以"像素"为单位。

6.4　嵌套表格

嵌套表格是指在表格的单元格中再插入表格，其宽度受所在单元格的宽度限制，常用于控制表格内的文本或图像的位置。虽然表格可以层层嵌套，但在实践中不主张表格的嵌套层次过多，一般控制在 3～4 层即可。大的图像或者多的内容最好不要放在深层嵌入式表格中，这样网页的浏览速度会受影响。

如图 6-26 所示是一个嵌套表格，它嵌套了 3 个层次的表格。第 1 层是一个 3 行 3 列的表格，在这个表格的第 2 行第 1 列的单元格中嵌套了一个 4 行 1 列的表格，在其第 2 行的单元格中又嵌套了一个 3 行 1 列的表格。使用表格布局网页主要就是通过表格的嵌套来实现的，因此掌握表格嵌套的方法和注意事项是非常重要的。在使用表格进行网页布局时，表格的边框通常设置为"0"。

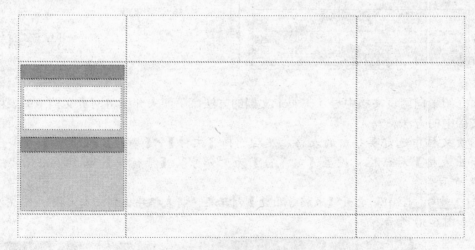

图6-26　嵌套表格

6.5　导入和导出表格

在 Dreamweaver 中可以将一些具有制表符、逗号、句号、分号或其他分隔符的已经格式化的数据导入到网页文档中，使它们成为表格数据；也可以将表格导出为文本文件保存。下面介绍导入和导出表格数据的基本方法。

导入和导出表格数据

1. 新建一个 HTML 文档 "chap6-5.htm"，然后选择【文件】/【导入】/【Excel 文档】命令，打开【导入 Excel 文档】对话框。

2. 选择要导入的 Excel 文件，本例选择素材文件 "例题文件\素材\chap6-5.xls"，设置【格式化】选项为第 2 项，如图 6-27 所示。

图6-27 【导入 Excel 文档】对话框

3. 单击 打开⑩ 按钮将文件导入到文档中，如图 6-28 所示。

图6-28 导入 Excel 文档

上面介绍了向网页文档中导入 Excel 文档的方法，下面来介绍将网页文档中的表格导出到文本文档中的方法。

4. 在网页文档中选定要导出的表格，然后选择【文件】/【导出】/【表格】命令，打开【导出表格】对话框，设置【定界符】为 "分号"，【换行符】为 "Windows"，如图 6-29 所示。

5. 单击 导出 按钮，打开【表格导出为】对话框，将表格导出到文本文档 "chap6-5.txt" 中，如图 6-30 所示。

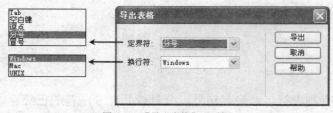

图6-29 【导出表格】对话框   图6-30 导出的文本文档

下面将导出的表格式数据再导入到网页文档中。

6. 将鼠标光标置于网页文档中表格的外面，然后选择【文件】/【导入】/【表格式数据】命令，打开【导入表格式数据】对话框，设置【数据文件】为刚创建的文本文档 "chap6-5.txt"，设置【定界符】为"分号"，其他参数设置如图 6-31 所示。

 要点提示　在导入表格式数据时，数据中的定界符须是半角。另外，【导入表格式数据】对话框中的定界符指的是要导入的数据文件中使用的定界符。

7. 单击 确定 按钮，将文本文档中的表格式数据导入到网页文档中，如图 6-32 所示。

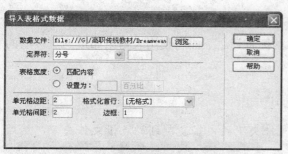

图6-31　【导入表格式数据】对话框

图6-32　将表格式数据导入到网页文档中

8. 保存文档。

6.6 排序表格

处理表格时经常需要对表格中的数据进行排序，Dreamweaver CS3 提供的表格排序功能很好地解决了这一问题。下面介绍排序表格的基本方法。

⚷ 排序表格

1. 将上节制作的网页文档"chap6-5.htm"保存为"chap6-6.htm"。
2. 选择第 2 个表格，然后选择【命令】/【排序表格】命令打开【排序表格】对话框，如图 6-33 所示。
3. 在【排序表格】对话框中，将【排序按】设置为"列 5"，【顺序】设置为"按数字顺序"、"降序"，如图 6-34 所示。

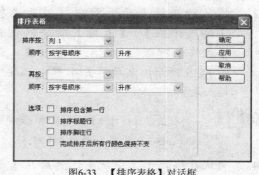

图6-33　【排序表格】对话框

图6-34　设置表格参数及排序效果

 要点提示　表格排序主要针对具有格式数据的表格，是根据表格列中的数据来排序的。另外，如果表格中含有经过合并生成的单元格，则表格将无法使用排序功能。

6.7 实例——使用表格布局"网上花店"页面

通过前面内容的学习，相信读者已经掌握了表格的基本操作。但表格在网页制作中的作用更重要的还是应用于网页布局上。它可以将网页中的文本、图像等内容有效地组合成符合设计效果的页面。下面以"网上花店"网页为例，介绍使用表格进行网页布局的基本方法。在本例中，将使用表格分别对页眉、主体和页脚进行布局。

6.7.1 制作页眉

网页的页眉部分一般包括网站名称、网站的标志等。下面将使用表格来布局网页页眉的内容。

制作页眉

1. 首先将本章素材文件"综合实例\素材"文件夹下的内容复制到站点根文件夹下，然后新建一个网页文档"shili.htm"。

2. 选择【修改】/【页面属性】命令，打开【页面属性】对话框，在【外观】分类中将文本的【大小】设置为"12像素"，页边距全部设置为"0"，在【标题/编码】分类的【标题】文本框中输入"网上花店"，然后单击 确定 按钮关闭对话框。

3. 将鼠标光标置于页面中，然后选择【插入记录】/【表格】命令，打开【表格】对话框并进行参数设置，如图 6-35 所示，然后单击 确定 按钮插入表格。

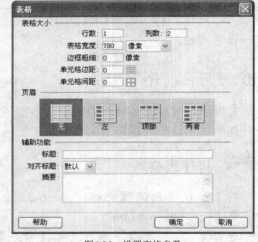

图6-35 设置表格参数

> **要点提示** 在使用表格进行页面布局时，通常将边框粗细设置为"0"，这样在浏览器中显示时就看不到表格边框了。但在 Dreamweaver CS3 文档窗口中，边框线可以显示为虚线框以利于页面布局。

4. 确认表格处于选中状态，然后在【属性】面板的【对齐】下拉列表中选择【居中对齐】选项，设置【背景图像】为"images/bg.gif"，如图 6-36 所示。

图6-36 设置表格属性

5. 将鼠标光标置于第 1 个单元格内，在单元格【属性】面板的【水平】下拉列表中选择【居中对齐】选项，在【宽】文本框中输入"204"，如图 6-37 所示。

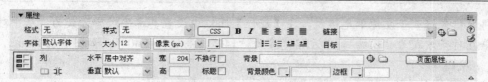

图6-37　设置单元格属性

6. 仍将鼠标光标置于第 1 个单元格内，然后选择【插入记录】/【图像】命令，将图像文件 "images/logo.gif" 插入到单元格中。

7. 在图像【属性】面板的【替换】文本框中输入 "网上商店"，在【垂直边距】和【水平边距】文本框中均输入 "2"，如图 6-38 所示。

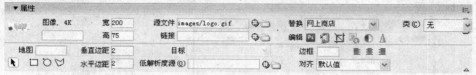

图6-38　设置图像属性

8. 将鼠标光标置于第 2 个单元格内，并在【属性】面板的【水平】下拉列表中选择【居中对齐】选项，然后输入文本 "欢迎光临馨华网上花店！"。

9. 选择文本 "欢迎光临馨华网上花店！"，在【属性】面板中，设置【字体】为 "隶书"、【大小】为 "36 像素"、【颜色】为 "#FFFFFF"，如图 6-39 所示。

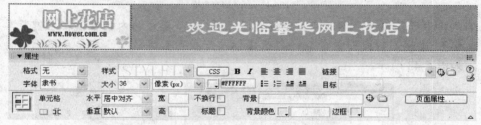

图6-39　设置文本属性

至此，页眉部分制作完成，下面制作主体部分。

6.7.2　制作主体

一般网页的主体部分占用的面积是最大的，因为它要显示网页的主要内容。在制作网页主体部分时，经常用到嵌套表格。下面将使用嵌套表格来布局网页主体部分的内容。

🗝 制作主体

下面首先使用嵌套表格对主体页面左栏的内容进行定位。

1. 选中整个页眉表格或者将鼠标光标置于页眉表格的最右侧，然后在页眉表格的下面插入一个 1 行 2 列的表格，表格属性参数设置如图 6-40 所示。

图6-40　设置表格属性参数

2. 将鼠标光标置于左侧单元格内，在【属性】面板中设置其水平对齐方式为"居中对齐"，垂直对齐方式为"顶端"，单元格宽度为"140"，高度为"400"，如图 6-41 所示。

图6-41　设置单元格属性参数

3. 选择【插入记录】/【表格】命令，在左侧单元格中插入一个 6 行 1 列的嵌套表格，如图 6-42 所示。

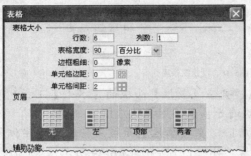

图6-42　插入嵌套表格

4. 在单元格中输入文本，然后将鼠标光标置于第 1 个单元格内，在鼠标右键菜单中选择【表格】/【插入行或列】命令，打开【插入行或列】对话框，在单元格上面再插入一行，如图 6-43 所示。

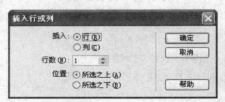

图6-43　插入行

5. 将鼠标光标置于"生日送花"单元格内，按住 Shift 键不放，单击"商务花篮"单元格，从而选中已添加文本的所有单元格，然后在【属性面板】中设置【水平】为"居中对齐"、【高】为"25"、【背景颜色】为"#CCCCCC"，如图 6-44 所示。

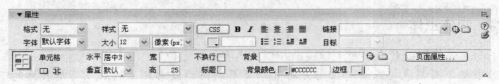

图6-44　设置单元格属性

6. 选中文本"生日送花"，然后在【属性】面板中设置【字体】为"黑体"、【大小】为"16 像素"，这时在【样式】下拉列表中自动出现了相应的样式名称"STYLE2"，如图 6-45 所示。

7. 运用同样的方法设置其他单元格文本的字体和大小，也可以直接在【样式】下拉列表中选择相应的样式名称"STYLE2"来设置，如图 6-46 所示。

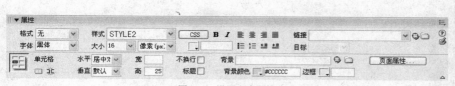

图6-45　设置文本属性

图6-46　应用文本样式

下面使用嵌套表格对主体页面右栏的内容进行定位。

8. 将鼠标光标置于主体页面右侧的单元格内，在【属性】面板中设置【水平】为"居中对齐"、【垂直】为"顶端"、【背景颜色】为"#FFFFFF"，如图 6-47 所示。

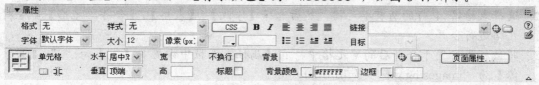

图6-47　设置单元格属性

9. 选择【插入】/【表格】命令，在右侧单元格中插入一个 7 行 4 列的嵌套表格，如图 6-48 所示。

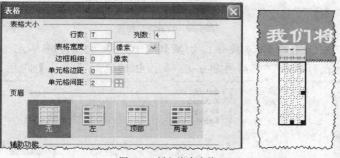

图6-48　插入嵌套表格

　　如果没有设置表格宽度，插入的表格列宽将以默认大小显示，当输入内容时表格将自动伸展。插入表格后，可以定义每行单元格的宽度、边距、间距等，这样也就等于定义了表格的宽度。

10. 将鼠标光标置于第 2 行的任意一个单元格中，并单击文档窗口左下角的"<tr>"标签来选择该行，然后在【属性】面板中设置单元格的宽度和高度均为"150"，效果如图 6-49 所示。

　　由于这是一个两层的嵌套表格，因此应该单击第 2 个"<table>"中的"<tr>"标签而不是第 1 个"<table>"中的"<tr>"标签。

11. 运用同样的方法设置第 5 行单元格的高度为"150"，然后设置第 3 行和第 6 行单元格的高度为"25"，水平对齐方式为"居中对齐"。

　　设置了表格中的任意一个单元格的宽度和高度后，和其在同一列的单元格的宽度、同一行的单元格的高度不必再单独设置。

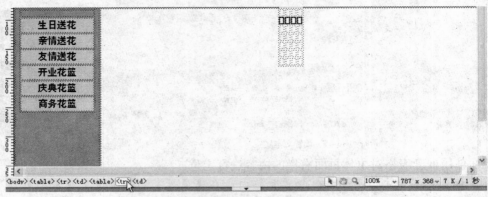

图6-49　选择行

12. 选择表格第 4 行的所有单元格，然后选择【修改】/【表格】/【合并单元格】命令对单元格进行合并。

13. 将鼠标光标置于合并后的单元格中，在【属性】面板中设置其【高】为 "2"，【背景图像】为 "images/bg.gif"，如图 6-50 所示。

图6-50　设置背景图像

14. 单击文档窗口左上角的 代码 按钮，切换到【代码】视图，将单元格源代码中的不换行空格符 " " 删除，然后再单击 设计 按钮切换到【设计】视图，如图 6-51 所示。

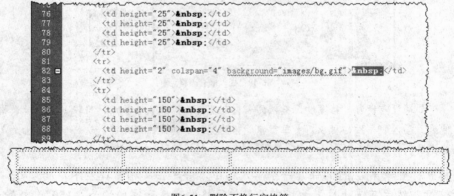

图6-51　删除不换行空格符

要点提示　　在设置行或列单元格的高度或宽度为较小数值时，为了达到实际效果，必须将源代码中的不换行空格符 " " 删除，这也是使用表格制作细线效果的一种技巧。

15. 在表格第 2 行的 4 个单元格中依次插入图像 "images/1-1.jpg"、"images/1-2.jpg"、"images/1-3.jpg" 和 "images/1-4.jpg"，并在每个图像下面的单元格中输入相应的文本。

16. 在表格第 5 行的 4 个单元格中依次插入图像 "images/2-1.jpg"、"images/2-2.jpg"、"images/2-3.jpg" 和 "images/2-4.jpg"，并在每个图像下面的单元格中输入相应的文本。

17. 选择表格的第 7 行，然后按 Delete 键将该行删除，结果如图 6-52 所示。

图6-52　主体右栏部分

至此，网页的主体部分制作完成，下面制作网页的页脚部分。

6.7.3　制作页脚

页脚部分会放一些导航、版权信息、联系方式等内容，一般会出现在多数网页中。下面使用表格来布局网页页脚的内容。

制作页脚

1. 将鼠标光标置于网页主体部分最外层表格的右侧，然后插入一个 2 行 1 列、宽为"780像素"的表格，设置其单元格【填充】和【边框】均为"0"，【间距】为"2"。
2. 在【属性】面板中设置表格的对齐方式为"居中对齐"，背景图像为"images/bg.gif"，如图 6-53 所示。

图6-53　设置表格属性

3. 将每行单元格的水平对齐方式均设置为"居中对齐"，高度为"30"，然后输入相应的文本，如图 6-54 所示。

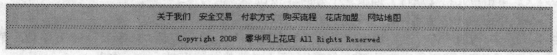

图6-54　输入文本

至此，页脚部分制作完成，最终效果如图 6-55 所示。

113

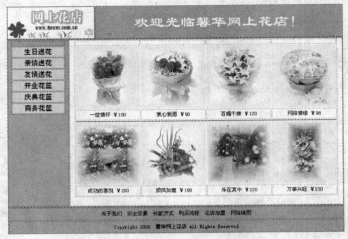

图6-55　网上花店网页

小结

本章首先介绍了表格的基本知识，包括表格的构成和作用，插入、选择和编辑表格，设置表格和单元格属性，嵌套表格，导入和导出表格以及排序表格等，最后通过实例介绍了使用表格对网页进行布局的基本方法。熟练掌握表格的各种操作和属性设置会给网页制作带来极大的方便，因此表格是需要重点学习和掌握的内容之一。

习题

一、填空题

1. 单击文档窗口左下角的_____标签可以选择表格。

2. 单击文档窗口左下角的_____标签可以选择单元格。

3. 一个包括 n 列表格的宽度＝2×_____＋（n＋1）×单元格间距＋2n×单元格边距＋n×单元格宽度+2n×单元格边框宽度（1 个像素）。

4. 设置表格的宽度可以使用两种单位，分别是"像素"和_____。

5. 将鼠标光标置于开始的单元格内，按住_____键不放，单击最后的单元格可以选择连续的单元格。

二、选择题

1. 下列操作不能实现拆分单元格的是_____。

　A. 选择【修改】/【表格】/【拆分单元格】命令

　B. 单击鼠标右键，在弹出的快捷菜单中选择【表格】/【拆分单元格】命令

　C. 单击单元格【属性】面板左下方的 ⯂ 按钮

　D. 单击单元格【属性】面板左下方的 ⬚ 按钮

2. 一个 3 列的表格，表格边框宽度是"2 像素"，单元格间距是"5 像素"，单元格边距是"3 像素"，单元格宽度是"30 像素"，那么该表格的宽度是_____像素。

　A. 138　　　　　　　B. 148　　　　　　　C. 158　　　　　　　D. 168

3. 下列关于表格的说法，错误的是_____。

    A. 插入表格时可以定义表格的宽度

    B. 表格可以嵌套，但嵌套层次不宜过多

    C. 表格可以导入但不能导出

    D. 数据表格可以排序

4. 下列关于单元格的说法，错误的是_____。

    A. 单元格可以删除

    B. 单元格可以合并

    C. 单元格可以拆分

    D. 单元格可以设置边框颜色

5. 下列关于表格属性的说法，错误的是_____。

    A. 表格可以设置背景颜色   B. 表格可以设置背景图像

    C. 表格可以设置边框颜色   D. 表格可以设置单元格边框粗细

三、问答题

1. 选择表格的方法有哪些？

2. 如何进行单元格的合并？

四、操作题

根据操作提示使用表格布局"儿童教育"网页，如图 6-56 所示。

图6-56 使用表格布局"儿童教育"网页

【操作提示】

1. 将本章素材文件"课后习题\素材"文件夹下的内容复制到站点根目录下，然后新建一个空白网页文档，并保存为"lianxi.htm"。

2. 设置页面属性。在【外观】分类中设置文本大小为"12 像素"，所有页边距均为"0"，在【标题/编码】分类中设置显示在浏览器标题栏的标题为"儿童教育"。

115

制作页眉部分。

3. 设置第 1 个表格为 1 行 2 列，宽度为 "780 像素"，填充、间距和边框均为 "0"，水平对齐方式为 "居中对齐"，背景图像为 "images/top_bg1.jpg"。其中，第 1 个单元格的水平对齐方式为 "右对齐"，高度为 "30"；第 2 个单元格的宽度为 "30"。

4. 设置第 2 个表格为 1 行 2 列，宽度为 "780 像素"，填充、间距和边框均为 "0"，水平对齐方式为 "居中对齐"，背景图像为 "images/top_bg2.jpg"。其中，第 1 个单元格的宽度为 "285"，高度为 "145"；第 2 个单元格的宽度为 "495"；插入的图像文件为 "images/top_pic1.jpg"。

   制作主体部分。

5. 设置最外层表格为 1 行 3 列，宽度为 "780 像素"，填充、间距和边框均为 "0"，水平对齐方式为 "居中对齐"。其中，左侧单元格的宽度为 "190"，高度为 "348"，垂直对齐方式为 "顶端"；中间单元格的宽度为 "397"，垂直对齐方式为 "顶端"，【背景颜色】为 "#FFBB0E"；右侧单元格的宽度为 "193"，垂直对齐方式为 "顶端"，【背景颜色】为 "#FFBB0E"。

6. 设置左侧单元格中的第 1 个嵌套表格为 9 行 2 列，宽度为 "100%"，填充、间距和边框均为 "0"，背景图像为 "images/left_btn.jpg"，第 1 列单元格的宽度为 "25"，高度为 "29"。设置左侧单元格中的第 2 个表格为 1 行 1 列，宽度为 "100%"，高度为 "87 像素"，填充、间距和边框均为 "0"，背景图像为 "images/left_bg.jpg"。

7. 设置中间单元格的第 1 层表格为 2 行 2 列，宽度为 "100%"，间距为 "2"，填充和边框为 "0"。其中每个单元格的宽度均为 "50%"，高度为 "170"，垂直对齐方式为 "顶端"，【背景颜色】为 "#FFFFFF"。4 个单元格中嵌入的内容格式是相同的，其中第 1 个表格为 1 行 1 列，宽度为 "100 像素"，【背景颜色】为 "#FFCC99"，单元格水平对齐方式为 "居中对齐"，高度为 "20"。在该表格后面加入一个换行符，然后插入第 2 个表格，设置其为 6 行 2 列，宽度为 "100%"，填充、间距和边框均为 "0"，其中第 1 列单元格的宽度为 "20"，高度为 "20"，水平对齐方式为 "居中对齐"，第 2 列单元格的水平对齐方式为 "左对齐"。

8. 设置右侧单元格中的第 1 个嵌套表格为 1 行 1 列，宽度为 "100%"，填充、间距和边框均为 "0"，单元格高度为 "44"，其中插入的图像为 "images/top_pic2.jpg"。设置右侧单元格中的第 2 个表格为 6 行 1 列，宽度为 "100%"，间距为 "8"，填充和边框均为 "0"，对齐方式为 "居中对齐"。单元格的水平对齐方式为 "居中对齐"，其中插入的图像文件依次为 "images/logo01.gif"、"images/logo02.gif"、"images/logo03.gif"、"images/logo04.gif"、"images/logo05.jpg"、"images/logo06.gif。

   制作页脚部分。

9. 设置页脚表格宽度为 "780"，填充为 "3"，间距和边框为 "0"，对齐方式为 "居中对齐"，背景图像为 "images/foot_bg.jpg"。其中，第 1 行单元格的高度为 "30"；第 2 行第 1 个单元格的宽度为 "25"、高度为 "30"，第 2 个单元格的宽度为 "200"、水平对齐方式为 "左对齐"、垂直对齐方式为 "居中"，第 3 个单元格的水平对齐方式为 "右对齐"、垂直对齐方式为 "居中"，第 4 个单元格的宽度为 "25"。

10. 保存文件。

第7章 使用框架布局页面

框架也是网页布局的工具之一，它能够将网页分割成几个独立的区域，每个区域显示独立的内容。框架的边框还可以隐藏，从而使其看起来与普通网页没有任何不同。本章将介绍在 Dreamweaver CS3 中，创建和设置框架的基本方法。

【学习目标】
- 了解框架的概念。
- 掌握创建和保存框架的方法。
- 掌握编辑框架的方法。
- 掌握设置框架和框架集属性的方法。
- 掌握设置框架中链接目标窗口的方法。
- 掌握为不支持框架的浏览器定义内容的方法。
- 掌握创建嵌入式框架的方法。

7.1 认识框架

框架是设计网页时经常用到的一种布局技术。利用框架可以将浏览器窗口分成多个区域，在每个区域显示不同的内容。各个区域之间可以毫无关联，这些区域有各自独立的背景、滚动条和标题等。通过在这些不同的区域之间设置超级链接，就可以在浏览器窗口中呈现出有动有静的效果。

框架集主要用来定义框架网页的布局结构与属性，其中包含显示在页面中的框架的数目、框架的尺寸、装入框架的页面来源以及其他一些可定义属性的相关信息。框架集页面不会在浏览器中显示，它只用来存放页面中框架的显示信息。

通常可以用框架来设置网页中固定的几个部分，如标题、导航按钮等，其他框架用来展现所选择的网页内容。由于导航按钮包含在一个独立的框架中，所以访问者单击导航按钮时，相应的内容就会显示在指定的框架中，但导航按钮不会发生任何变化，从而达到网页布局的相对统一，如图 7-1 所示。

图7-1 框架网页

7.2 创建和保存框架

框架是组织页面内容的常见方法。通过框架可以将网页的内容组织到相互独立的 HTML 页面内，而相对固定和经常变动的内容分别以不同的文件保存，这将会大大提高网页设计与维护的效率。下面介绍创建和保存框架的基本方法。

7.2.1 创建框架

当一个页面被划分为若干个框架时，Dreamweaver 就建立一个未命名的框架集文件，每个框架中包含一个文档。也就是说，一个包含两个框架的框架集实际上存在 3 个文件，一个是框架集文件，另外两个是分别包含于各自框架内的文件。

Dreamweaver CS3 中预先定义了很多种框架集，创建预定义框架集的方法如下。

- 选择【文件】/【新建】命令，打开【新建文档】对话框，切换到【示例中的页】选项卡，在【示例文件夹】列表中选择【框架集】选项，在右侧的【示例页】列表中选择相应的选项。
- 在欢迎屏幕中，选择【从模板创建】/【框架集】命令，如图 7-2 所示。
- 在当前网页中，单击【插入】/【布局】工具栏中 ▢▾（框架）按钮的 ▾（向下箭头），在弹出的下拉按钮组中单击相应的按钮，如图 7-3 所示。
- 在当前网页中，选择菜单栏中的【插入记录】/【HTML】/【框架】命令，其子菜单命令如图 7-4 所示。

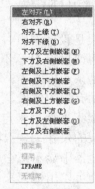

图7-2　欢迎屏幕　　　　　　　图7-3　【框架】工具按钮　　　　　图7-4　子菜单命令

下面通过具体操作体会使用预设的框架集创建框架的基本方法。

🔑　创建框架

1. 将本章素材文件"例题文件\素材"文件夹中的内容复制到站点根文件夹下。
2. 选择【文件】/【新建】命令，打开【新建文档】对话框。
3. 切换到【示例中的页】选项卡，然后在【示例文件夹】列表中选择【框架集】选项，在右侧的【示例页】列表中选择【上方固定，左侧嵌套】选项，如图 7-5 所示。

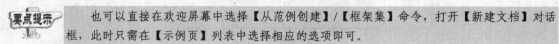

要点提示　　也可以直接在欢迎屏幕中选择【从范例创建】/【框架集】命令，打开【新建文档】对话框，此时只需在【示例页】列表中选择相应的选项即可。

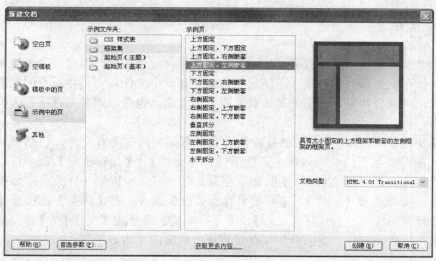

图7-5　新建框架集

4. 如果在【首选参数】对话框的【辅助功能】分类中勾选了【框架】复选项，单击 创建(R) 按钮时将弹出【框架标签辅助功能属性】对话框，在【框架】下拉列表中每选择一个框架，就可以在其下面的【标题】文本框中为其指定一个标题名称，如图 7-6 所示。

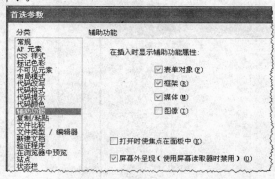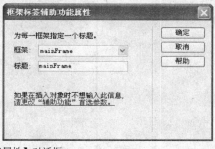

图7-6　【框架标签辅助功能属性】对话框

5. 如果在【首选参数】/【辅助功能】分类中没有勾选【框架】复选项，单击 创建(R) 按钮将直接创建如图 7-7 所示的框架网页。

图7-7　创建框架网页

　　上面创建的框架网页实际上是一个嵌套框架。大多数使用框架的网页都使用嵌套框架，并且在 Dreamweaver CS3 中大多数预定义的框架网页也使用嵌套框架。

7.2.2 保存框架

由于一个框架集包含多个框架，每一个框架都包含一个文档，因此一个框架集会包含多个文件。在保存框架网页的时候，不能只简单地保存一个文件，而是将所有的框架网页文档都保存下来。可以分别保存每个框架集页面或框架页面，也可以同时保存所有的框架文件和框架集页面。

选择【文件】/【保存全部】命令将依次保存框架集内的所有文件，包括框架集文件和框架文件；在需要保存的框架内单击，然后选择【文件】/【保存框架】命令可以对单个框架文件进行保存；选择【文件】/【框架另存为】命令可以给框架文件改名；如果要将框架保存为模板，可以选择【文件】/【框架另存为模板】命令；在【框架】面板或【设计】视图窗口中选择框架集，然后选择【文件】/【保存框架】命令或【文件】/【框架集另存为】命令可以保存框架集文件。下面介绍保存新建框架网页的基本方法。

⚷ 保存框架

1. 接上例。选择【文件】/【保存全部】命令，整个框架边框的内侧会出现一个阴影框，同时弹出【另存为】对话框。因为阴影框出现在整个框架集边框的内侧，所以要求保存的是整个框架集，如图 7-8 所示。

图7-8 保存整个框架集

2. 输入文件名"index.htm"，然后单击 保存(S) 按钮将整个框架集保存。
3. 接着出现第 2 个【另存为】对话框，要求保存标题为"mainFrame"的框架，输入文件名"main2.htm"进行保存。
4. 接着出现第 3 个【另存为】对话框，要求保存标题为"leftFrame"的框架，输入文件名"left2.htm"进行保存。
5. 接着出现第 4 个【另存为】对话框，要求保存标题为"topFrame"的框架，输入文件名"top2.htm"进行保存。

保存完毕后，进入框架集文件"index.htm"的【代码】视图，可以发现，定义框架集的 HTML 标签是"<frameset>…</frameset>"，其中含有"<frame>"标签，"<frame>"标签用于定义框架集中的框架，并为框架设置名称、源文件等属性。以下为源代码。

```
<frameset rows="80,*" cols="*" frameborder="NO" border="0" framespacing="0">
  <frame src="top.htm" name="topFrame" scrolling="NO" noresize title="topFrame" >
  <frameset cols="80,*" frameborder="NO" border="0" framespacing="0">
    <frame src="left.htm" name="leftFrame" scrolling="NO" noresize title="leftFrame">
    <frame src="main.htm" name="mainFrame" title="mainFrame">
  </frameset>
</frameset>
```

7.2.3　在框架中打开网页文档

新创建的每一个框架都是一个空文档，也可以在该框架内直接打开已经预先制作好的文档。下面介绍在框架中打开网页文档的基本方法。

在框架中打开网页文档

1. 接上例。将鼠标光标置于顶部框架内，选择【文件】/【在框架中打开】命令，打开文档"top.htm"。
2. 将鼠标光标置于左侧框架内，选择【文件】/【在框架中打开】命令，打开文档"left.htm"。
3. 将鼠标光标置于右侧框架内，选择【文件】/【在框架中打开】命令，打开文档"main.htm"。
4. 最后选择【文件】/【保存全部】命令再次将文档进行保存，结果如图 7-9 所示。

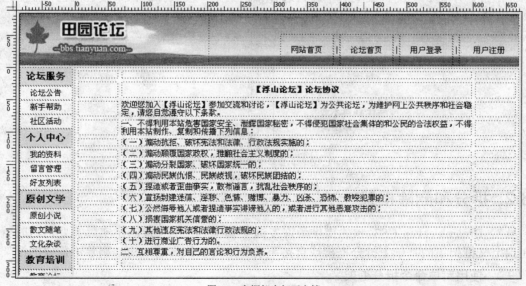

图7-9　在框架内打开文档

7.3　编辑框架

虽然 Dreamweaver CS3 已经预先提供了多种框架集，但并不一定能够满足实际需要，许多时候要根据实际情况对框架集进行编辑，包括选择框架和框架集、拆分框架和删除框架等。

7.3.1　选择框架和框架集

对框架或框架集进行操作前，通常需要对其进行选择。选择框架和框架集通常有两种方法：在【框架】面板中进行选择和在编辑窗口中进行选择。

一、　在【框架】面板中选择框架和框架集

选择【窗口】/【框架】命令，打开【框架】面板。【框架】面板以缩略图的形式列出了框架集及内部的框架，每个框架中间的文字就是框架的名称。在【框架】面板中，直接单击相应的框架即可选择该框架，单击框架集的边框即可选择该框架集。被选择的框架和框架集，其周围出现黑色细线框，如图 7-10 所示。

图7-10　在【框架】面板中选择框架和框架集

二、　在编辑窗口中选择框架和框架集

按住 Alt 键不放，在相应的框架内单击鼠标左键即可选择该框架，被选择的框架边框将显示为虚线。单击相应的框架集边框即可选择该框架集，被选择的框架集边框也将显示为虚线，如图 7-11 所示。

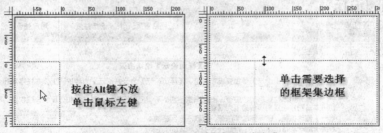

图7-11　在编辑窗口中选择框架和框架集

7.3.2　拆分和删除框架

虽然 Dreamweaver CS3 预先提供了许多框架集，但并不一定满足实际需要，这时就需要在预定义框架集的基础上拆分框架或直接手动自定义框架集的结构，删除不需要的框架。

一、　使用菜单命令拆分框架

在菜单栏中选择【修改】/【框架集】菜单中的【拆分左框架】、【拆分右框架】、【拆分上框架】或【拆分下框架】命令可以拆分框架，如图 7-12 所示。也可以在【插入】/【布局】工具栏中单击相应的【框架】按钮来拆分框架。这些命令可以用来反复对框架进行拆分，直至满意为止。

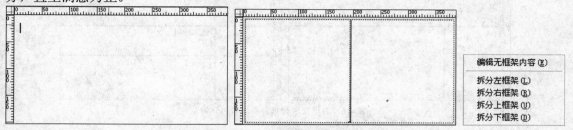

图7-12 【修改】/【框架集】/【拆分左框架】命令的应用

二、 手动自定义框架集

在菜单栏中选择【查看】/【可视化助理】/【框架边框】命令，显示出当前网页的边框，然后将鼠标光标置于框架最外层边框线上，当鼠标光标变为 ↔ 时，单击并拖曳鼠标到合适的位置即可创建新的框架，如图 7-13 所示。

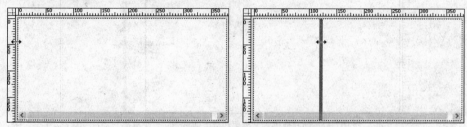

图7-13 拖曳框架最外层边框线创建新的框架

将鼠标光标置于最外层框架的边角上，当鼠标光标变为 ✛ 时，单击并拖曳鼠标到合适的位置，可以一次创建垂直和水平的两条边框，将框架分隔为 4 个框架，如图 7-14 所示。

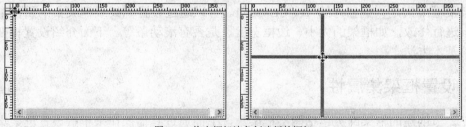

图7-14 拖曳框架边角创建新的框架

拖曳内部框架的边角，可以一次调整周围所有框架的大小，但不能创建新的框架，如图 7-15 所示。

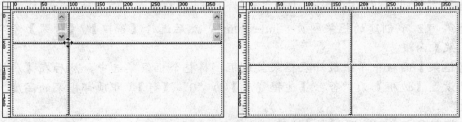

图7-15 拖曳内部框架边角调整框架大小

如要创建新的框架，可以先按住 Alt 键，然后拖曳鼠标光标，这样可以对框架进行垂直和水平的分隔，如图 7-16 所示。

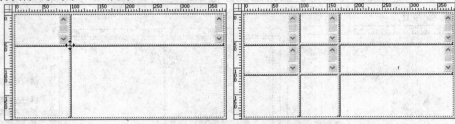

图7-16　对框架进行垂直和水平的分隔

三、　删除框架

如果要删除框架集内多余的框架，可以将其边框拖曳到父框架边框上或直接拖离页面，如图 7-17 所示。

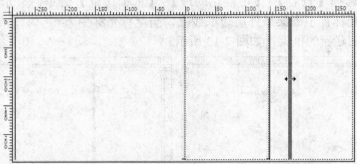

图7-17　向右拖曳到父框架边框上即可删除一个框架

7.4　设置框架属性

框架及框架集是一些独立的 HTML 文档。可以通过设置框架或框架集的属性来对框架或框架集进行修改，如框架的大小、边框宽度、是否有滚动条等。下面介绍设置框架集和框架属性的基本方法。

7.4.1　设置框架集属性

第 7.2 节创建的框架网页包括两层框架集，下面通过具体操作来了解设置框架集属性的方法及其属性参数的含义。

🔑　设置框架集属性

1.　打开第 7.2 节创建的框架网页 "index.htm"，然后选择【窗口】/【框架】命令，打开【框架】面板。
2.　在【框架】面板中单击最外层框架集边框，将整个框架集选中，然后在【属性】面板中，设置【边框】为 "否"，【边框宽度】为 "0"，【行】（即顶部框架的高度）为 "80 像素"。
3.　单击框架集底部预览图，然后设置相应参数，如图 7-18 所示。

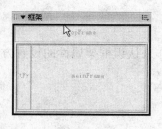 

图7-18 设置第1层框架集属性

4. 在【框架】面板中单击第 2 层框架集边框，将第 2 层框架集选中，然后在【属性】面板中设置第 2 层框架集属性，如图 7-19 所示。

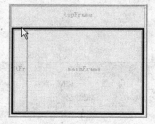 

图7-19 设置第2层框架集属性

5. 选择【文件】/【保存全部】命令保存文件。

下面对框架集【属性】面板中各项参数的含义进行简要说明。

- 【边框】：用于设置是否有边框，其下拉列表中包含【是】、【否】和【默认】3 个选项。选择【默认】选项，将由浏览器端的设置来决定是否有边框。
- 【边框宽度】：用于设置整个框架集的边框宽度，以"像素"为单位。
- 【边框颜色】：用于设置整个框架集的边框颜色。
- 【行】或【列】：用于设置行高或列宽，显示【行】还是显示【列】是由框架集的结构决定的。
- 【单位】：用于设置行、列尺寸的单位，其下拉列表中包含【像素】、【百分比】和【相对】3 个选项。

【像素】：以"像素"为单位设置框架大小时，尺寸是绝对的，即这种框架的大小永远是固定的。若网页中其他框架用不同的单位设置框架的大小，则浏览器首先为这种框架分配屏幕空间，再将剩余空间分配给其他类型的框架。

【百分比】：以"百分比"为单位设置框架大小时，框架的大小将随框架集大小按所设的百分比发生变化。在浏览器分配屏幕空间时，它比"像素"类型的框架后分配，比"相对"类型的框架先分配。

【相对】：以"相对"为单位设置框架大小时，框架在前两种类型的框架分配完屏幕空间后再分配，它占据前两种框架的所有剩余空间。

设置框架大小最常用的方法是将左侧框架设置为固定像素宽度，将右侧框架设置为相对大小。这样在分配像素宽度后，能够使右侧框架伸展以占据所剩余空间。

当设置单位为"相对"时，在【值】文本框中输入的数字将消失。如果想指定一个数字，则必须重新输入。但是，如果只有一行或一列，则不需要输入数字。因为该行或列在其他行和列分配空间后，将接受所有剩余空间。为了确保浏览器的兼容性，可以在【值】文本框中输入"1"，这等同于不输入任何值。

7.4.2 设置框架属性

第 7.2 节创建的框架网页包括 3 个框架，下面通过具体操作来认识框架属性的设置方法及各项属性参数的含义。

设置框架属性

1. 接上例。在【框架】面板中单击"topFrame"框架将其选中，然后在【属性】面板中设置相关参数，如图 7-20 所示。

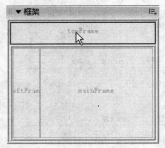

图7-20　设置"topFrame"框架属性

2. 在【框架】面板中单击"leftFrame"框架将其选中，然后在【属性】面板中设置相关参数，如图 7-21 所示。

图7-21　设置"leftFrame"框架属性

3. 在【框架】面板中单击"mainFrame"框架将其选中，然后在【属性】面板中设置相关参数，如图 7-22 所示。

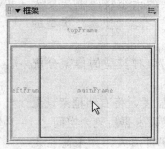

图7-22　设置"mainFrame"框架属性

4. 选择【文件】/【保存全部】命令保存文件。

下面对框架【属性】面板中各项参数的含义进行简要说明。

- 【框架名称】：用于设置链接指向的目标窗口名称。
- 【源文件】：用于设置框架中显示的页面文件。
- 【边框】：用于设置框架是否有边框，其下拉列表中包括【默认】、【是】和【否】3 个选项。选择【默认】选项，将由浏览器端的设置来决定是否有边框。
- 【滚动】：用于设置是否为可滚动窗口，其下拉列表中包含【是】、【否】、【自动】和【默认】4 个选项。
    【是】：表示显示滚动条。
    【否】：表示不显示滚动条。
    【自动】：将根据窗口的显示大小而定，也就是当该框架内的内容超过当前屏幕上下或左右边界时，滚动条才会显示，否则不显示。
    【默认】：将不设置相应属性的值，从而使各个浏览器使用默认值。
- 【不能调整大小】：用于设置在浏览器中是否可以手动设置框架的尺寸大小。
- 【边框颜色】：用于设置框架边框的颜色。
- 【边界宽度】：用于设置左右边界与内容之间的距离，以"像素"为单位。
- 【边界高度】：用于设置上下边框与内容之间的距离，以"像素"为单位。

7.5 在框架中设置超级链接

在没有框架的文档中，按照指向的对象窗口不同，链接目标可以分为"_blank"、"_parent"、"_self"、"_top"这 4 种形式。而在使用框架的文档中，又增加了与框架有关的目标，可以在一个框架内使用链接改变另一个框架的内容。下面介绍在框架网页中设置超级链接的方法。

⚷━ 在框架中设置超级链接

1. 接上例。在"topFrame"框架中选中文本"网站首页"，然后在【属性】面板的【链接】文本框中添加空链接"#"，设置【目标】选项为"_blank"。
2. 选中文本"论坛首页"，在【属性】面板的【链接】文本框中输入"main.htm"，设置【目标】选项为"mainFrame"，如图 7-23 所示。

图7-23 设置框架中链接的目标窗口

3. 分别选择文本"用户登录"和"用户注册"，然后在【属性】面板的【链接】文本框中输入空链接"#"，设置【目标】选项为"mainframe"。
4. 选择【文件】/【保存全部】命令保存文件。

要在一个框架中使用链接打开另一个框架中的内容，必须设置链接目标。在有框架的网页中，如"index.htm"，可以在【属性】面板的【目标】下拉列表中直接选择框架名称。如果是单独打开文档窗口编辑链接，如"top.htm"，框架名称将不显示在【目标】下拉列表中，此时将目标框架的名称直接输入【目标】文本框中即可。

7.6 编辑无框架内容

有些浏览器不支持框架技术，Dreamweaver CS3 提供了解决这种问题的方法，即编辑 "无框架内容"，以使不支持框架的浏览器也可以显示无框架内容。下面介绍具体设置方法。

🔑 编辑"无框架内容"

1. 接上例。选择【修改】/【框架集】/【编辑无框架内容】命令，进入如图 7-24 所示的文档窗口，在其中输入相应内容。

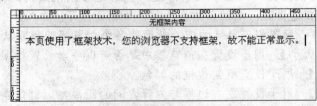

无框架内容

本页使用了框架技术，您的浏览器不支持框架，故不能正常显示。

图7-24 编辑无框架内容

2. 内容输入完毕后，再次选择【修改】/【框架集】/【编辑无框架内容】命令返回到普通视图。

3. 查看框架网页的源代码，可以发现添加了 "无框架内容" 的代码，如图 7-25 所示。

```
2   <html xmlns="http://www.w3.org/1999/xhtml">
3   <head>
4   <meta http-equiv="Content-Type" content="text/html; charset=utf-8">
5   <title>无标题文档</title>
6   </head>
7
8   <frameset rows="80,*" cols="*" frameborder="NO" border="0" framespacing="0">
9     <frame src="top.htm" name="topFrame" scrolling="NO" noresize title="topFrame" >
10    <frameset cols="150,*" frameborder="NO" border="0" framespacing="0">
11      <frame src="left.htm" name="leftFrame" scrolling="NO" noresize title="leftFrame">
12      <frame src="main.htm" name="mainFrame" scrolling="yes" title="mainFrame">
13    </frameset>
14  </frameset>
15  <noframes><body>
16  本页使用了框架技术，您的浏览器不支持框架，故不能正常显示。
17  </body></noframes>
18  </html>
```

图7-25 "无框架内容"的代码

4. 选择【文件】/【保存全部】命令保存文件。

7.7 创建浮动框架

浮动框架是一种较为特殊的框架形式，可以包含在许多元素当中，如层、单元格等。下面介绍创建浮动框架的基本方法。

🔑 创建浮动框架

1. 新建网页文档 "chap7-7.htm"。
2. 选择【插入记录】/【标签】命令，打开【标签选择器】对话框，然后展开【HTML 标签】分类，在右侧列表中找到 "iframe"，如图 7-26 所示。

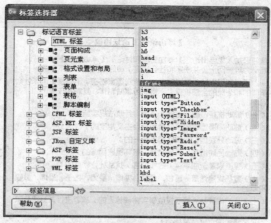

图7-26 【标签选择器】对话框

3. 单击 插入(I) 按钮打开【标签编辑器－iframe】对话框进行设置，如图 7-27 所示。

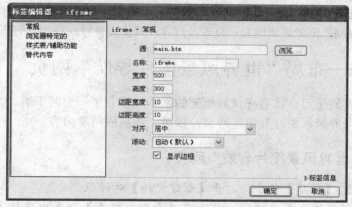

图7-27 【标签编辑器－iframe】对话框

4. 单击 确定 按钮返回到【标签编辑器】对话框，然后单击 关闭(C) 按钮关闭【标签编辑器】对话框，结果如图 7-28 所示。

图7-28 插入 iframe

5. 保存文档并在浏览器中预览，如图 7-29 所示。

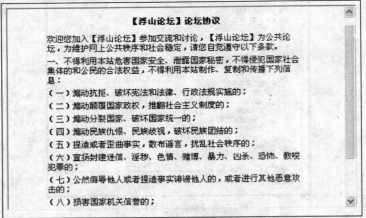

图7-29　在浏览器中预览

　　浮动框架中包含的文档通过定制的浮动框架显示出来，可通过拖曳滚动条来滚动显示。虽然显示区域有所限制，但能灵活地显示位置及尺寸，其优点使浮动框架具有不可替代的作用。

7.8　实例——布局"世界风景图片导航"网页

　　通过前面内容的学习，读者应该对框架的基本知识有了一定的了解。本节将综合运用框架知识来布局"世界风景图片导航"网页，以进一步巩固所学内容。

布局"世界风景图片导航"网页

1. 选择【文件】/【新建】命令，打开【新建文档】对话框。
2. 切换到【示例中的页】选项卡，然后在【示例文件夹】列表中选择【框架集】选项，在右侧的【示例页】列表中选择【上方固定，右侧嵌套】选项，
3. 单击 ·创建(R) 按钮创建一个"上方固定，右侧嵌套"的框架集网页，如图 7-30 所示。

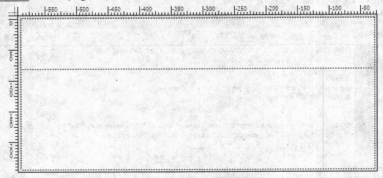

图7-30　创建框架集网页

4. 选择【窗口】/【框架】命令，打开【框架】面板，在【框架】面板中单击最外层框架集边框将整个框架集选中，然后选择【文件】/【框架集另存为】命令将框架集保存为"shili.htm"。
5. 确保最外层框架集处于选中状态，然后设置框架集属性，如图 7-31 所示。

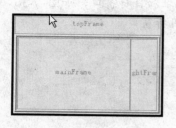
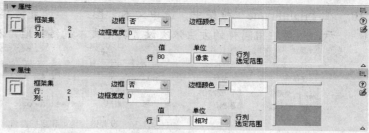

图7-31　设置第 1 层框架集属性

6.　选中第 2 层框架集，设置框架集属性，如图 7-32 所示。

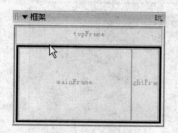
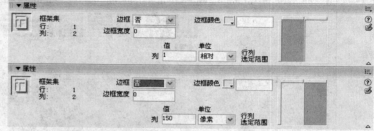

图7-32　设置第 2 层框架集属性

7.　选中"topFrame"框架，设置框架属性，如图 7-33 所示。

图7-33　设置"topFrame"框架属性

8.　选中"mainFrame"框架，设置框架属性，如图 7-34 所示。

图7-34　设置"mainFrame"框架属性

9.　选中"rightFrame"框架，设置框架属性，如图 7-35 所示。

图7-35　设置"rightFrame"框架属性

10. 在 "rightFrame" 框架中，选中文本 "图一"，设置链接地址和目标窗口，如图 7-36 所示，然后运用同样的方法依次设置其他文本的链接地址和目标窗口。

图7-36　设置链接地址和目标窗口

11. 选择【文件】/【保存全部】命令，保存文件，结果如图 7-37 所示。

图7-37　框架网页

小结

本章主要介绍了框架的基本知识。通过本章的学习，读者应该掌握创建、编辑和保存框架的基本方法，还要了解在什么情况下使用框架以及根据不同的情况设置框架集和框架的属性。另外，还要掌握在框架中设置超级链接和目标窗口、针对不支持框架技术的浏览器编辑无框架内容以及在网页中插入浮动框架的方法等。

习题

一、填空题

1. 一个包含两个框架的框架集实际上存在_____个文件。
2. 按住_____键，在欲选择的框架内单击鼠标左键可将其选中。
3. 定义框架的 HTML 标签是 "<frame>"，定义框架集的 HTML 标签是_____。
4. _____框架是一种较为特殊的框架形式，可以包含在许多元素当中，如层、单元格等。
5. 只有显示框架集的边框，才能设置边框的以下属性：宽度和_____。

二、选择题

1. 下面关于创建框架网页的描述，错误的是_____。
   - A. 在欢迎屏幕中选择【从范例创建】/【框架集】命令
   - B. 在当前网页中单击【插入】工具栏中的◫·（框架）按钮
   - C. 选择【查看】/【可视化助理】/【框架边框】命令显示当前网页的边框，然后手动设计
   - D. 选择【文件】/【新建】/【基本页】命令

2. 将一个框架拆分为上下两个框架，并且使源框架的内容处于下方的框架，应该选择的命令是_____。
   - A. 【修改】/【框架页】/【拆分上框架】
   - B. 【修改】/【框架页】/【拆分下框架】
   - C. 【修改】/【框架页】/【拆分左框架】
   - D. 【修改】/【框架页】/【拆分右框架】

3. 下面关于框架的说法，正确的有_____。
   - A. 可以对框架集设置边框宽度和边框颜色
   - B. 框架大小设置完毕后不能再调整大小
   - C. 可以设置框架集的边界宽度和边界高度
   - D. 框架集始终没有边框

4. 框架集所不能确定的框架属性是_____。
   - A. 框架的大小　　B. 边框的宽度　　C. 边框的颜色　　D. 框架的个数

5. 框架所不能确定的框架属性是_____。
   - A. 滚动条　　　　B. 边界宽度　　　C. 边框颜色　　　D. 框架大小

三、问答题

1. 如何删除不需要的框架？
2. 如何选取框架和框架集？

四、操作题

根据操作提示创建如图 7-38 所示的框架网页。

图7-38　框架网页

【操作提示】

1. 创建一个"左侧固定，下方嵌套"的框架网页，各部分的框架名称分别为"leftFrame"、"mainframe"和"bottomFrame"。

2. 保存整个框架集文件为"lianxi.htm"，保存底部框架为"bottom1.htm"，保存右侧框架为"main1.htm"，保存左侧框架为"left1.htm"。

3. 设置最外层框架集属性：设置左侧框架的宽度为"150 像素"，边框为"否"，边框宽度为"0"；设置右侧框架的宽度为"1"，单位为"相对"，边框为"否"，边框宽度为"0"。

4. 设置第 2 层框架集属性：设置右侧底部框架的高度为"45 像素"，边框为"否"，边框宽度为"0"；设置右侧顶部框架的宽度为"1"，单位为"相对"，边框为"否"，边框宽度为"0"。

5. 设置左侧框架源文件为"left.htm"，滚动条根据需要自动出现。

6. 设置右侧框架源文件为"main.htm"，滚动条根据需要自动出现。

7. 设置底部框架源文件为"bottom.htm"，无滚动条。

8. 最后保存全部文件。

第8章　使用 CSS 样式控制网页外观

CSS 样式表技术是当前网页设计中非常流行的样式定义技术，主要用于控制网页中的元素或区域的外观格式。使用 CSS 样式表可以将与外观样式有关的代码内容从网页文档中分离出来，实现内容与样式的分离，从而使文档清晰简洁，便于日后修改。本章将介绍 CSS 样式的基本知识以及使用 CSS 样式控制网页外观的基本方法。

【学习目标】
- 了解 CSS 样式的作用及其类型。
- 掌握创建和设置 CSS 样式的方法。
- 掌握附加样式表的方法。
- 掌握使用 CSS 样式控制网页外观的基本方法。

8.1　认识 CSS 样式

CSS（Cascading Style Sheet，可译为"层叠样式表"或"级联样式表"）是一组格式设置规则，用于控制 Web 页面的外观。通过使用 CSS 样式设置页面的格式，可将页面的内容与表现形式分离。页面内容存放在 HTML 文档中，用于定义表现形式的 CSS 规则存放在另一个文件中或 HTML 文档的某一部分，通常为文件头部分。将内容与表现形式分离，不仅可以使站点外观的维护更加容易，而且还可以使 HTML 文档代码更加简练，这样将缩短浏览器的加载时间。

下面通过分析一个具体的网页文档来领会 CSS 样式是如何将内容与表现形式分离的。图 8-1 所示是一个使用了 CSS 样式的网页文档。

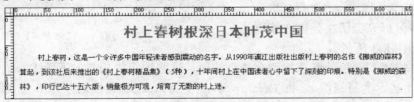

图8-1　应用了 CSS 样式的网页文档

查看其源代码，如图 8-2 所示。在这个文档的源代码中，"<style>…</style>"中间存放的是控制文档外观的 CSS 代码，位于文档的文件头部分，"<body>…</body>"中间是网页文档的内容，通过这种形式，较好地实现了 HTML 文档内容与表现形式的分离。

那么 CSS 样式可以实现哪些方面的功能呢？下面进行简要概括。
- 可以更加灵活地控制网页中文本的字体、颜色、大小、间距、风格及位置。
- 可以灵活地为网页中的元素设置各种效果的边框。
- 可以方便地为网页中的元素设置不同的背景颜色、背景图片及平铺方式。

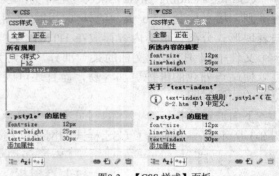

图8-2　查看源代码

- 可以更加精确地控制网页中各元素的位置，使元素在网页中浮动。
- 可以为网页中的元素设置各种滤镜，从而产生诸如阴影、辉光、模糊和透明等只有在一些图像处理软件中才能实现的效果。
- 可以与脚本语言相结合，使网页中的元素产生各种动态效果。

8.2　【CSS 样式】面板

在 Dreamweaver CS3 中，【CSS 样式】面板是新建、编辑和管理 CSS 样式的主要工具。在打开文档窗口的情况下，选择【窗口】/【CSS 样式】命令可以打开或关闭【CSS 样式】面板。在没有定义 CSS 样式前，【CSS 样式】面板是空白显示；在定义了 CSS 样式后，【CSS 样式】面板中会显示定义好的 CSS 规则。在【所有规则】列表中，每选择一个规则，在【属性】列表中将显示出相应的属性和属性值。在【CSS 样式】面板中，单击 全部 按钮，将显示文档所涉及的全部 CSS 样式；单击 正在 按钮，将显示文档中鼠标光标所在处正在使用的 CSS 样式，如图 8-3 所示。

图8-3　【CSS 样式】面板

在【CSS 样式】面板的底部排列有 7 个按钮，这些按钮的功能如下所述。

- （显示类别视图）：将 Dreamweaver 支持的 CSS 属性划分为 8 个类别，每个类别的属性都包含在一个列表中，单击类别名称旁边的 田 图标展开或折叠。
- （显示列表视图）：按字母顺序显示 Dreamweaver 所支持的所有 CSS 属性。
- （只显示设置属性）：仅显示已设置的 CSS 属性，此视图为默认视图。
- （附加样式表）：选择要链接或导入到当前文档中的外部样式表。
- （新建 CSS 规则）：新建 Dreamweaver 所支持的 CSS 规则。
- （编辑样式）：编辑当前文档或外部样式表中的样式。
- （删除 CSS 规则）：删除【CSS 样式】面板中的所选规则或属性，并从应用该规则的所有元素中删除格式（但不能删除对该样式的引用）。

8.3 CSS 样式的类型和规则

要熟练使用 CSS 样式，首先必须掌握 CSS 样式的类型和规则，下面进行简要介绍。

8.3.1 CSS 样式的类型

在【CSS 样式】面板中，单击底部的 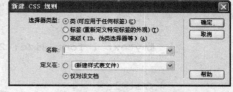（新建 CSS 规则）按钮，打开如图 8-4 所示的【新建 CSS 规则】对话框。在对话框中，根据选择器类型的不同，CSS 样式通常分为以下 3 类。

图8-4 【新建 CSS 规则】对话框

（1）类（可应用于任何标签）。利用该类选择器可创建自定义名称的 CSS 样式，能够应用在网页中的任何标签上。例如，可以在样式表中加入名为"pstyle"的类样式，代码如下。

```
<style type="text/css">
<!--
pstyle {
font-size: 12px;
line-height: 25px;
text-indent: 30px;
}
-->
</style>
```

在网页文档中可以使用 class 属性引用"pstyle"类，凡是含有"class="pstyle""的标签都应用该样式，class 属性用于指定元素属于何种样式的类。

`<p class="pstyle">…</p>`

（2）标签（重新定义特定标签的外观）。利用该类选择器可对 HTML 标签进行重新定义、规范或者扩展其属性。例如，当创建或修改"h2"标签（标题 2）的 CSS 样式时，所有用"h2"标签进行格式化的文本都将被立即更新，如下面的代码。

```
<style type="text/css">
<!--
h2 {
    font-family: "黑体";
    font-size: 24px;
    color: #FF0000;
    text-align: center;
}
-->
</style>
```

因此，重定义标签时应多加小心，因为这样做有可能会改变许多页面的布局。比如说，如果对"table"标签进行重新定义，就会影响到其他使用表格的页面的布局。

（3）高级（ID、伪类选择器等）。利用该类选择器会对标签组合（如"td h2"表示所有在表格单元中出现"h2"的标题）或者对含有特定 ID 属性的标签（如"#myStyle"表示所有属性值中有"ID="myStyle""的标签）应用样式。而"#myStyle1 a:visited,#myStyle2 a:link,#myStyle3…"表示可以一次性定义相同属性的多个 CSS 样式。

其中，ID 属性用于定义一个元素的独特的样式，如以下的 CSS 规则。

```
<style type="text/css">
<!--
#mytext { font-size: 24 }
-->
</style>
```

可以通过 ID 属性应用到 HTML 中：

```
<P ID= "mytext" >…</P>
```

整个文档中每个 ID 属性的值都必须是唯一的。其值必须以字母开头，然后紧接字母、数字或连字符。字母限于 A～Z 和 a～z。

8.3.2 CSS 样式的规则

样式表是由样式规则组成的，每个 CSS 样式规则由两部分组成：选择器和声明。选择器是标识已设置格式元素的术语，如 body、p、类名称或 ID；而声明则用于定义样式属性，大多数情况下为包含多个声明的代码块。即通过很多属性来定义一个元素，每个属性带一个值，共同描述选择器应该如何呈现。样式规则组成如下：

选择器 { 属性 : 值 }

单一选择器的复合样式声明应该用分号隔开：

选择器 { 属性 1 :值 1 ；属性 2 ：值 2 }

以下是一段定义"h2"元素的字体、大小、颜色和对齐方式等属性的 CSS 样式代码。

```
<head>
<title>无标题文档</title>
<style type="text/css">
<!--
h2 {
    font-family: "黑体";
    font-size: 24px;
    color: #FF0000;
    text-align: center;
}
-->
</style>
</head>
```

其中，"h2"是选择器，介于大括号"{}"之间的所有内容都是声明块。通常声明由两部分组成：属性和值。在上面定义的 CSS 规则中，已经为"h2"标签创建了特定样式。所有设置为"h2"标签的文本的字体为黑体、大小为 24px、颜色为红色、对齐方式为居中对齐。

任何 HTML 元素都可以是一个选择器，选择器仅仅是指向特别样式的元素。例如：

```
P { text-indent: 3em }
```

其中，选择器是 P。

(1) ID 选择器能够个别定义每个元素的成分。一个 ID 选择器的指定要在名字前面有指示符"#"。例如，ID 选择器可以指定如下：

```
#pstyle { text-indent: 3em }
```

这点可以参考 HTML 中的 ID 属性：

```
<P ID="pstyle" >文本缩进 3em</P>
```

(2) 关联选择器是一个由用空格隔开的两个或更多的单一选择器组成的字符串。这些选择器可以指定一般属性，而且因为层叠顺序的规则，它们的优先权比单一的选择器大，如下面的代码：

```
P EM { background: yellow }
```

这个值表示段落中的强调文本会是黄色背景，而标题的强调文本则不受影响。

为了减少样式表的重复声明，组合的选择器声明是允许的。例如，文档中的所有标题可以通过组合给出相同的声明，如下面的代码：

```
h1, h2, h3, h4, h5, h6 {
color: red;
font-family: sans-serif }
```

实际上，所有在选择器中嵌套的选择器都会继承外层选择器指定的属性值，除非另外更改。例如，一个"body"选择器定义的颜色值也会应用到段落的文本中。

设置的 CSS 规则可以单独存放在一个文件中，也可以存放在 HTML 文档的文件头部分，即外部样式表和内部样式表。外部样式表将 CSS 规则定义在一个独立的外部样式表文件中（扩展名为".css"），实现了 CSS 规则和 HTML 代码的独立分开存放，样式表文件可以利用文档头部分的链接或"@import"规则链接到网站中的一个或多个页面。内部样式表是将 CSS 规则定义在 HTML 网页文档内部，通常放在 HTML 文档头部的"<style>"和"</style>"之间。

8.4 创建 CSS 样式

在 Dreamweaver CS3 中，创建 CSS 样式的操作是一个完全可视化的过程。下面通过具体实例说明创建 CSS 样式的基本操作过程。

🔑 创建 CSS 样式

1. 新建网页文档"chap8-4.htm"，并输入一段文本，如图 8-5 所示。
2. 选择【窗口】/【CSS 样式】命令，打开【CSS 样式】面板。单击面板底部的 按钮，打开【新建 CSS 规则】对话框。
3. 在【选择器类型】选项组中选择要创建的 CSS 样式的类型，本例选择【标签（重新定义特定标签的外观）】选项，并在【标签】下拉列表中选择 HTML 标签"h1"，如图 8-6 所示。

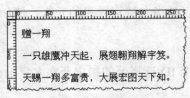

图8-5 输入文本

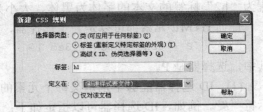

图8-6 【新建CSS规则】对话框

在【选择器类型】选项组中选择不同的选项，对话框的内容也有所不同。当选择【类】选项时，对话框中的【标签】变成了【名称】，如图8-7所示，当选择【高级】选项时，对话框中的【标签】变成了【选择器】，如图8-8所示。

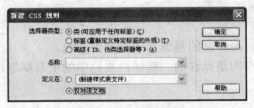

图8-7 选择【类】选项

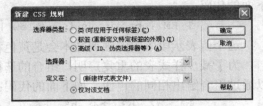

图8-8 选择【高级】选项

4. 在对话框中的【定义在】下拉列表中选择 CSS 样式的存放位置，本例选择【(新建样式表文件)】选项。

　　【新建 CSS 规则】对话框中的【定义在】选项右侧是两个单选按钮，它们决定了所创建的 CSS 样式的保存方式。

- 【仅对该文档】：将 CSS 样式保存在当前的文档中，包含在文档的头部标签 "<head>…</head>" 内。

- 【新建样式表文件】：将新建一个专门用来保存 CSS 样式的文件，它的文件扩展名为 "*.css"。

5. 单击 ☐ 确定 ☐ 按钮打开【保存样式表文件为】对话框，设置样式表文件的保存位置和名称，如图8-9所示。

6. 单击 ☐ 保存(S) ☐ 按钮，打开【h1 的 CSS 规则定义（在 8-4.css 中）】对话框，进行CSS 样式设置，如图8-10所示。

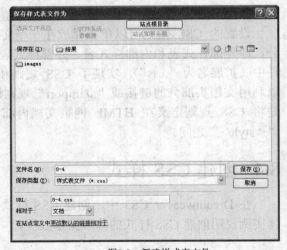

图8-9 新建样式表文件

7. 单击 ☐ 确定 ☐ 按钮，完成设置并关闭对话框。

　　上面创建的是"标签"类型的 CSS 样式，下面继续创建一个"类"类型的 CSS 样式。

8. 单击【CSS 样式】面板底部的 ☐ 按钮，打开【新建 CSS 规则】对话框，在【选择器类型】选项组中选择【类（可应用于任何标签）】选项，并在【名称】下拉列表中输入".pstyle"，在【定义在】下拉列表中选择"8-4.css"，如图8-11所示。

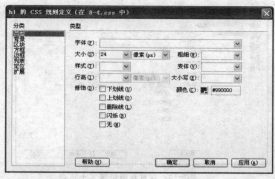

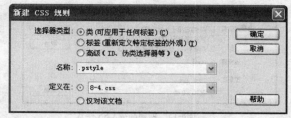

图8-10　【h1 的 CSS 规则定义（在 8-4.css 中）】对话框

图8-11　创建类样式

9. 单击 ⎡确定⎤ 按钮，打开【.pstyle 的 CSS 规则定义（在 8-4.css 中）】对话框，在【类型】分类中，设置文本【大小】为 "18 像素"，【颜色】为 "#006600"，如图 8-12 所示。

10. 切换到【方框】分类，设置其【宽】为 "290 像素"，如图 8-13 所示。

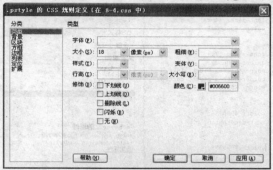

图8-12　定义文本的大小和颜色

图8-13　定义方框的宽度

11. 切换到【边框】分类，设置下边框的样式为 "点划线"，宽度为 "1 像素"，如图 8-14 所示。

图8-14　定义下边框的样式

12. 单击 ⎡确定⎤ 按钮，完成设置并关闭对话框。

下面继续创建关于超级链接状态的【高级】CSS 样式。

13. 单击【CSS 样式】面板底部的 按钮，打开【新建 CSS 规则】对话框，设置方法如图 8-15 所示。

14. 单击 ⎡确定⎤ 按钮，在【a:link 的 CSS 规则定义（在 8-4.css 中）】对话框的【类型】分类中设置【修饰】选项为 "无"，颜色为 "#990066"，如图 8-16 所示。

图8-15　创建高级 CSS 样式

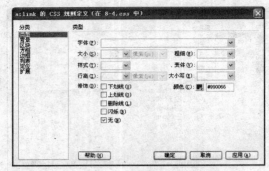

图8-16　设置超级链接文本状态

15. 运用同样的方法创建【高级】CSS 样式 "a:hover"，参数设置如图 8-17 所示。

16. 保存样式表文件，样式表文件源代码及其在【CSS 样式】面板中的显示状态如图 8-18 所示。

图8-17　设置超级链接文本悬停状态

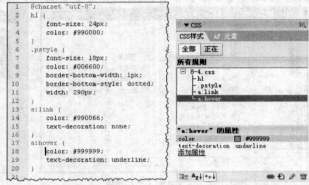

图8-18　样式表文件源代码及其在【CSS 样式】面板中的显示状态

　　本节创建了文档的 CSS 样式，其中涉及到了 CSS 规则定义对话框，8.5 节将对这些属性设置进行详细的介绍。另外，创建的样式只有应用到文档中的对象上，才会发挥 CSS 样式的作用，8.6 节将介绍如何应用这些样式。

8.5　CSS 样式的属性

　　Dreamweaver CS3 将 CSS 的属性分为 8 大类：类型、背景、区块、方框、边框、列表、定位和扩展，可以在 CSS 规则定义对话框中对其进行设置。下面分别进行介绍。

8.5.1　类型

　　类型属性主要用于定义网页中文本的字体、大小、颜色、样式及文本链接的修饰效果等，如图 8-19 所示。

　　【类型】分类对话框中包含了 9 种 CSS 属性，全部是针对网页中的文本的。

- 【字体】：属性名为 "font-family"，用于指定文本的字体，可以手动编辑字体列表。如果浏览器支持的话，能够使用几十种不同的字体。
- 【大小】：属性名为 "font-size"，可以对文字的尺寸进行无限的控制，支持 9 种尺寸度量单位，常用单位是 "像素(px)"。

- 【粗细】：属性名为 "font-weight"，用于为字体设置粗细效果，有【正常】（normal）、【粗体】（bold）、【特粗】（bolder）、【细体】（lighter）及 9 组具体粗细值等 13 种选项。

- 【样式】：属性名为 "font-style"，用于设置字体的风格，有【正常】（normal）、【斜体】（italic）、【偏斜体】（oblique）3 个选项。

图8-19　CSS 的【类型】分类对话框

- 【变体】：属性名为 "font-variant"，可以将正常文字缩小一半尺寸后大写显示。

- 【行高】：属性名为 "line-height"，用于控制行与行之间的垂直距离，有【正常】（normal）和【（值）】（value，常用单位为 "像素(px)"）两个选项。

- 【大小写】：属性名为 "text-transform"，可以使设计者轻而易举地控制字母的大小写，有【首字母大写】（capitalize）、【大写】（uppercase）、【小写】（lowercase）和【无】（none）等 4 个选项。

- 【修饰】：属性名为 "text-decoration"，用于控制链接文本的显示形态，有【下划线】（underline）、【上划线】（overline）、【删除线】（line-through）、【闪烁】（blink）、【无】（none，使上述效果均不发生）等 5 种修饰方式可供选择。

- 【颜色】：属性名为 "color"，用于设置文字的颜色。

图 8-19 给出的就是为 "a:hover"（变换图像链接）设置的 CSS 样式，所有带链接的文本都会使用这个 CSS 样式，效果如图 8-20 所示。

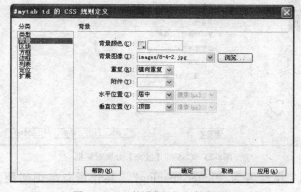

图8-20　"a:hover"（变换图像链接）的 CSS 样式效果

8.5.2 背景

背景属性主要用于设置背景颜色或背景图像，其属性对话框如图 8-21 所示。

图8-21　CSS 的【背景】分类对话框

【背景】分类对话框中包含以下 6 种 CSS 属性。

- 【背景颜色】：属性名为 "background-color"，用于设置背景的颜色。
- 【背景图像】：属性名为 "background-image"，用于为网页设置背景图像。
- 【重复】：属性名为 "background-repeat"，用于控制背景图像的平铺方式，有【不重复】（no-repeat，图像不平铺）、【重复】（repeat，图像沿水平、垂直方向平铺）、【横向重复】（repeat-X，图像沿水平方向平铺）和【纵向重复】（repeat-Y，图像沿垂直方向平铺）4 个选项。
- 【附件】：属性名为 "background-attachment"，用来控制背景图像是否会随页面的滚动而一起滚动，有【固定】（fixed，文字滚动时，背景图像保持固定）和【滚动】（scroll，背景图像随文字内容一起滚动）两个选项。
- 【水平位置】/【垂直位置】：属性名为 "background-position"，用来确定背景图像的水平/垂直位置。有【左对齐】（left，将背景图像与前景元素左对齐）、【右对齐】（right）、【顶部】（top）、【底部】（bottom）、【居中】（center）和【（值）】（value，自定义背景图像的起点位置，可对背景图像的位置做出更精确的控制）等选项。

图 8-21 所示的 CSS 样式参数设置，将普通的背景效果（图 8-22 中左侧单元格是没有设置 CSS 样式时的背景效果，背景图像自动平铺，反而影响了网页的美观）变为如图 8-22 所示的特殊背景效果。

图8-22 CSS 使用前后的对比效果

8.5.3 区块

区块属性主要用于控制网页元素的间距、对齐方式等，其参数面板如图 8-23 所示。该分类对话框中包含以下 7 种 CSS 属性。

- 【单词间距】：属性名为 "word-spacing"，主要用于控制文字间相隔的距离，有【正常】（normal）和【（值）】（value，自定义间隔值）两种选择方式（属性值）。当选择【（值）】选项时，可用的单位有 8 种。

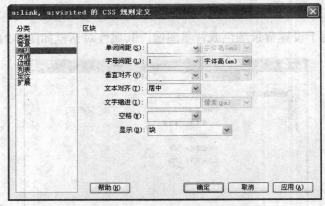

图8-23 CSS 的【区块】分类对话框

- 【字母间距】：属性名为 "letter-spacing"，其作用与单词间距类似，也有【正常】（normal）和【（值）】（value，自定义间隔值）两种选择方式。

- 【垂直对齐】: 属性名为 "vertical-align", 用于控制文字或图像相对于其母体元素的垂直位置。如果将一个 2 像素×3 像素的 GIF 图像同其母体元素文字的顶部垂直对齐, 则该 GIF 图像将在该行文字的顶部显示。该属性共有【基线】(baseline, 将元素的基准线同母体元素的基准线对齐)、【下标】(sub, 将元素以下标的形式显示)、【上标】(super, 将元素以上标的形式显示)、【顶部】(top, 将元素顶部同最高的母体元素对齐)、【文本顶对齐】(text-top, 将元素的顶部同母体元素文字的顶部对齐)、【中线对齐】(middle, 将元素的中点同母体元素的中点对齐)、【底部】(bottom, 将元素的底部同最低的母体元素对齐)、【文本底对齐】(text-bottom, 将元素的底部同母体元素文字的底部对齐) 及【(值)】(value, 自定义) 9 个选项。

- 【文本对齐】: 属性名为 "text-align", 用于设置块的水平对齐方式, 有【左对齐】(left)、【右对齐】(right)、【居中】(center) 和【两端对齐】(justify) 4 个选项。

- 【文字缩进】: 属性名为 "text-indent", 用于控制块的缩进程度。

- 【空格】: 属性名为 "white-space"。在 HTML 中, 空格是被省略的, 也就是说, 在一个段落标签的开头无论输入多少个空格都是无效的。要输入空格有两种方法, 一是直接输入空格的代码 " ", 再者是使用 "<pre>" 标签。在 CSS 中则使用属性 "white-space" 控制空格的输入。该属性有【正常】(normal)、【保留】(pre)、【不换行】(nowrap) 3 个选项。

- 【显示】: 属性名为 "display", 用于设置该区块的显示方式, 共有 19 种方式。分别是【无】(none)、【内嵌】(inline)、【块】(block)、【列表项】(list-item)、【追加部分】(run-in)、【内联块】(inline-block)、【紧凑】(compact)、【标记】(marker)、【表格】(table)、【内嵌表格】(inline-table)、【表格行组】(table-row-group)、【表格标题组】(table-header-group)、【表格注脚组】(table-footer-group)、【表格行】(table-row)、【表格列组】(table-column-group)、【表格列】(table-column)、【表格单元格】(table-cell)、【表格标题】(table-caption)、【继承】(inherit)。

如图 8-23 所示是为 "a:link,a:visited"(链接和已访问链接) 设置区块属性, 将每个链接文本作为 1 个块文本显示, 因此每个文本在单元格内就显示为 1 行, 如图 8-24 所示。

网上办公 网上课堂 校务公开 档案信息

网	上	办	公
网	上	课	堂
校	务	公	开
档	案	信	息

图8-24 为链接设置【区块】CSS 样式的前、后状态

8.5.4 方框

CSS 将网页中所有的块元素都看作是包含在一个方框中, 这个方框共分为 4 个部分, 如图 8-25 所示。

方框属性与第 8.5.5 小节的边框属性都是针对方框中的各部分的,【方框】分类对话框如图 8-26 所示, 其中包含以下 6 种 CSS 属性。

图8-25　方框组成示意图

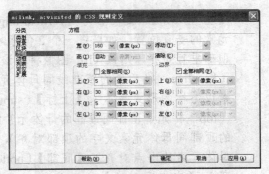

图8-26　【方框】分类对话框

- 【宽】：属性名为 "width"，用于确定方框本身的宽度，可以使方框的宽度不依靠它所包含内容的多少。
- 【高】：属性名为 "height"，用于确定方框本身的高度。
- 【浮动】：属性名为 "float"，用于设置块元素的浮动效果。
- 【清除】：属性名为 "clear"，用于清除设置的浮动效果。
- 【填充】：属性名为 "margin"，用于控制围绕边框的边距大小，包含了【上】（margin-top，控制上边距的宽度）、【右】（margin-right，控制右边距的宽度）、【下】（margin-bottom，控制下边距的宽度）、【左】（margin-left，控制左边距的宽度）4 个选项。
- 【边界】：属性名为 "padding"，用于确定围绕块元素的空格填充数量，包含了【上】（padding-top，控制上留白的宽度）、【右】（padding-right，控制右留白的宽度）、【下】（padding-bottom，控制下留白的宽度）、【左】（padding-left，控制左留白的宽度）4 个选项。

为了更好地看出方框的显示效果，先为上例中的 "a:link,a:visited" 添加背景颜色，然后按照如图 8-26 所示来设置方框属性，单击 应用(A) 按钮，将看到前后发生的变化，如图 8-27 所示。

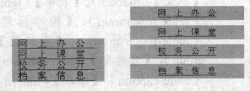

图8-27　为链接设置【方框】CSS 样式的前、后状态

8.5.5　边框

网页元素边框的效果是在【边框】分类面板中进行设置的，如图 8-28 所示。

【边框】分类对话框中共包括 3 种 CSS 属性。

- 【宽度】：属性名为 "border-width"，用于控制边框的宽度，包括【上】（border-top-width，顶边框的宽度）、【右】（border-right-width，右边框的宽度）、【下】（border-bottom-width，底边框的宽度）、【左】（border-left-width，左边框的宽度）4 个选项。
- 【颜色】：属性名为 "border-color"，用于设置各边框的颜色。如果想使边框的 4 条边显示不同的颜色，可以在设置中分别列出各种颜色，如顶边框的颜色（border-top-color: #FF0000）、右边框的颜色（border-right-color: #00FF00）、底边框的颜色（border-bottom-color: #0000FF）、左边框的颜色（border-left-

color: #FFFF00）。浏览器将第 1 种颜色理解为顶边框的颜色参数值，第 2 种颜色为右边框，然后是底边框，最后是左边框。

- 【样式】：属性名为 "border-style"，用于设定边框线的样式，共有【无】（none，无边框）、【虚线】（dotted，边框为点线）、【点划线】（dashed，边框为长短线）、【实线】（solid，边框为实线）、【双线】（double，边框为双线）、【槽状】（groove）、【脊状】（ridge）、【凹陷】（inset）、【凸出】（outset，前面 4 种选择根据不同颜色设置不同的三维效果）9 个选项。

在上例的基础上，根据如图 8-28 所示来设置的边框属性，将会得到按钮形状的链接，如图 8-29 所示。

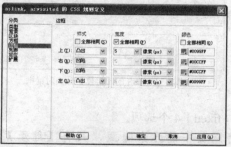

图8-28　CSS 的【边框】分类对话框

图8-29　为链接设置【边框】CSS 样式的前、后状态

8.5.6　列表

列表属性用于控制列表内的各项元素，其分类对话框如图 8-30 所示。

该分类对话框中包含了以下 3 种 CSS 属性。

- 【类型】：属性名为 "list-style-type"，用于确定列表内每一项前使用的符号，有【圆点】（disc）、【圆圈】（circle）、【方块】（square）、【数字】（decimal，十进制数值）、【小写罗马数字】（lower-roman）、【大写罗马数字】（upper-roman）、【小写字母】（lower-alpha）、【大写字母】（upper-alpha）和【无】（none）9 个选项。
- 【项目符号图像】：属性名为 "list-style-image"，其作用是将列表前面的符号换为图形。
- 【位置】：属性名为 "list-style-position"，用于描述列表的位置，有【外】（outside，在方框之外显示）和【内】（inside，在方框之内显示）两个选项。

列表属性不仅可以修改列表符号的类型（如图 8-31 所示），还可以使用自定义的图像来代替列表符号，这就使得文档中的列表格式有了更多的外观。

图8-30　CSS 的【列表】分类对话框

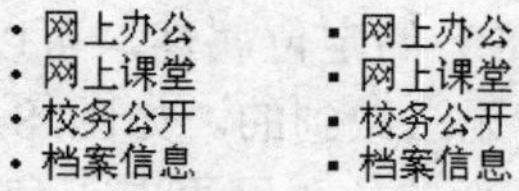

图8-31　未设置、设置方形符号的【列表】效果

8.5.7 定位

定位属性可以使网页元素随处浮动。这对于一些固定元素（如表格）来说，是一种功能的扩展；而对于一些浮动元素（如层）来说，却是有效地、用于精确控制其位置的方法，其分类对话框如图 8-32 所示。

【定位】分类对话框中主要包含以下 8 种 CSS 属性。

图8-32 CSS 的【定位】分类对话框

- 【类型】：属性名为 "position"，用于确定定位的类型，共有【绝对】（absolute，使用【定位】框中输入的坐标来放置元素，坐标原点为页面左上角）、【相对】（relative，使用【定位】框中输入的坐标来放置元素，坐标原点为当前位置）、【静态】（static，不使用坐标，只使用当前位置）和【固定】（fixed）4 个选项。

- 【显示】：属性名为 "visibility"，用于将网页中的元素隐藏，共有【继承】（inherit，继承母体要素的可视性设置）、【可见】（visible）和【隐藏】（hidden）3 个选项。

- 【宽】：属性名为 "width"，用于设置元素的宽度。

- 【Z 轴】：属性名为 "z-index"，用于控制网页中块元素的叠放顺序，可以为元素设置重叠效果。该属性的参数值使用纯整数，其值为 0 时，元素在最下层，适用于绝对定位或相对定位的元素。

- 【高】：属性名为 "height"，用于设置元素的高度。

- 【溢出】：属性名为 "overflow"。在确定了元素的高度和宽度后，如果元素的面积不能全部显示元素中的内容时，该属性便起作用了。该属性的下拉列表中共有【可见】（visible，扩大面积以显示所有内容）、【隐藏】（hidden，隐藏超出范围的内容）、【滚动】（scroll，在元素的右边显示一个滚动条）和【自动】（auto，当内容超出元素面积时，自动显示滚动条）4 个选项。

- 【定位】：为元素确定了绝对和相对定位类型后，该组属性决定元素在网页中的具体位置，包含有 4 个子属性，分别是【左】（"left"，控制元素左边的起始位置）、【上】（"top"，控制元素上面的起始位置）、【右】（right）和【下】（bottom）。

- 【剪辑】：属性名为 "clip"。当元素被指定为绝对定位类型后，该属性可以把元素区域剪切成各种形状，但目前提供的只有方形一种，其属性值为 "rect(top right bottom left)"，即 "clip: rect(top right bottom left)"，属性值的单位为任何一种长度单位。

通过 CSS 的定位属性，可以将两个表格由垂直排列变为水平并排，如果不设置表格的 CSS 样式是无法做到的。如图 8-33 和图 8-34 所示，通过为 "table2" 设置 CSS 样式，将 "table2" 重新定位于网页左上角的绝对坐标（240,15），从而与未设置 CSS 样式的表格 1 并排。此时"table1"随着文档内容的变化而上、下浮动，而"table2"由于使用绝对定位，因此是不动的。

图8-33　设置"#table2"的【定位】属性

图8-34　表格由垂直排列变为水平并排

以上的方法并不是唯一的，也可以使用"相对"定位来放置"table2"。此时两个表格将会同时随着文档内容的变化而变化。读者可以根据上面介绍的内容，自己试着多加练习，仔细领会其中的奥秘，并仔细观察绝对定位和相对定位的区别，分析什么时候适合使用绝对定位，什么时候适合使用相对定位，从而做出精美的网页。

8.5.8　扩展

【扩展】分类对话框包含两部分，如图 8-35 所示。

【分页】栏中两个属性的作用是为打印的页面设置分页符。

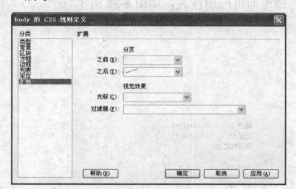

图8-35　CSS 的【扩展】分类对话框

- 【之前】：属性名为"page-break-before"。
- 【之后】：属性名为"page-break-after"。

【视觉效果】栏中两个属性的作用是为网页中的元素施加特殊效果。

- 【光标】：属性名为"cursor"，可以指定在某个元素上要使用的鼠标光标的形状，共有 15 种选择方式，分别代表鼠标光标在 Windows 操作系统里的各种形状。另外，该属性还可以指定鼠标光标图标的 URL 地址。
- 【过滤器】：属性名为"filter"，可以为网页元素设置多种特殊显示效果，如阴影、模糊、透明、光晕等。

8.6 CSS 样式的应用

下面介绍应用 CSS 样式的基本方法。

8.6.1 应用 CSS 样式

在 Dreamweaver CS3 中，可以使用多种方式来应用已经创建好的 CSS 样式。下面进行简要介绍。

一、通过【属性】面板

首先选中要应用 CSS 样式的内容，然后在【属性】面板的【样式】下拉列表中选择已经创建好的样式，如图 8-36 所示。一般情况下，在【CSS 样式】面板中创建的样式都会在【属性】面板的【样式】下拉列表中出现，所以需要应用 CSS 样式时，在这里直接选择即可。

图8-36 通过【属性】面板应用样式

二、通过菜单栏中的【文本】/【CSS 样式】命令

首先选中要应用 CSS 样式的内容，然后选择【文本】/【CSS 样式】命令，从下拉菜单中选择一种设置好的样式，这样就可以将所选择的样式应用到所选的内容上，如图 8-37 所示。

三、通过【CSS 样式】面板下拉菜单中的【套用】命令

首先选中要应用 CSS 样式的内容，然后在【CSS 样式】面板中选中要应用的样式，再在面板的右上角单击■按钮，或者直接单击鼠标右键，从弹出的下拉菜单中选择【套用】命令即可应用样式，如图 8-38 所示。

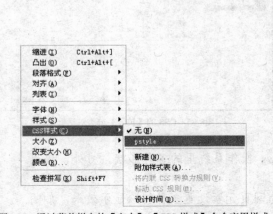

图8-37 通过菜单栏中的【文本】/【CSS 样式】命令应用样式

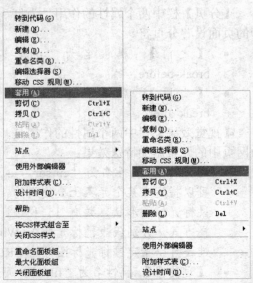

图8-38 通过【套用】命令

下面运用上面介绍的方法将 8.4 节创建的 CSS 样式应用到文档中的对象上。

应用 CSS 样式

1. 将文档 "chap8-4.htm" 保存为 "chap8-6-1.htm"
2. 将鼠标光标置于标题 "赠一翔" 所在行，然后在【属性】面板的【格式】下拉列表中选择 "标题 1"，如图 8-39 所示。

图8-39　应用标题样式

3. 将鼠标光标置于第 2 行，然后在【属性】面板的【样式】下拉列表中选择 "pstyle"，如图 8-40 所示。

图8-40　通过【属性】面板应用 CSS 样式

4. 将鼠标光标置于第 3 行，然后选择【文本】/【CSS 样式】/【pstyle】命令，如图 8-41 所示。
5. 选中第 3 行中的文本 "天赐一翔"，然后在【属性】面板的【链接】下拉列表框中输入 "#"，即添加空链接，此时创建的超级链接【高级】CSS 样式将发挥作用。
6. 保存文档，在浏览器中的预览效果如图 8-42 所示。

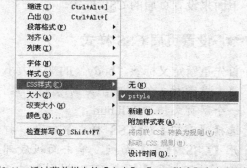

图8-41　通过菜单栏中的【文本】/【CSS 样式】命令应用样式

赠一翔

一只雄鹰冲天起，展翅翱翔解字发。

天赐一翔多富贵，大展宏图天下知。

赠一翔

一只雄鹰冲天起，展翅翱翔解字发。

天赐一翔多富贵，大展宏图天下知。

图8-42　在浏览器中的预览效果

8.6.2　附加样式表

外部样式表通常是供多个网页使用的，其他网页文档要想使用已创建的外部样式表，必须通过【附加样式表】命令将样式表文件链接或者导入到文档中。附加样式表通常有两种途径：链接和导入。在【CSS 样式】面板中单击 （附加样式表）按钮，打开【链接外部样式表】对话框，如图 8-43 所示。

在对话框中选择要附加的样式表文件，然后选择【导入】单选按钮，最后单击 确定 按钮将文件导入。通过查看网页的源代码可以发现，在文档的"<head>…</head>"标签之间有如下代码：

图8-43　【链接外部样式表】对话框

```
@import url("main.css");
```

如果选择【链接】单选按钮，则代码如下：

```
<link href="main.css" rel="stylesheet" type="text/css">
```

将 CSS 样式表引用到文档中，既可以选择【链接】方式也可以选择【导入】方式。如果要将一个 CSS 样式文件引用到另一个 CSS 样式文件中，只能使用【导入】方式。

8.7　实例——设置"环境保护"网页样式

通过前面各节的学习，读者应该对 CSS 样式的基本知识有了一定的了解。本节将以制作"环境保护"网页为例，介绍使用 CSS 样式控制网页外观的基本方法，让读者进一步巩固所学内容。本例将使用 CSS 样式分别对页眉、主体和页脚进行控制。

8.7.1　设置页眉 CSS 样式

下面来设置页眉的 CSS 样式。

设置页眉 CSS 样式

首先重新定义标签"body"的文本大小、对齐方式和边界。

1. 将本章素材文件"综合实例\素材"文件夹下的内容复制到站点根文件夹下，然后新建一个网页文档"shili.htm"。
2. 选择【窗口】/【CSS 样式】命令，打开【CSS 样式】面板，单击面板底部的 按钮打开【新建 CSS 规则】对话框，参数设置如图 8-44 所示。
3. 单击 确定 按钮，进入【body 的 CSS 规则定义】对话框，在【类型】分类中设置文本大小为"12 像素"，在

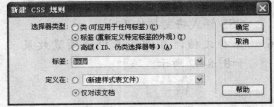

图8-44　【新建 CSS 规则】对话框

【区块】分类中设置文本对齐方式为"居中"，在【方框】分类中设置上边界为"0"，并勾选【全部相同】复选框。
4. 单击 确定 按钮，完成"body"的 CSS 规则定义。

下面开始设置页眉的 CSS 样式，包括基于表格的【高级】CSS 样式"#TopTable"以及针对表格两个单元格的类样式".TopTd1"和".TopTd2"。
5. 在网页中插入一个 1 行 2 列的表格，在【属性】面板中设置【表格 Id】为"TopTable"，【填充】、【间距】和【边框】均为"0"。

下面创建基于表格的【高级】CSS 样式 "#TopTable"。

6. 在表格被选中的状态下，在【CSS 样式】面板中单击 🖼 按钮，弹出【新建 CSS 规则】对话框，参数设置如图 8-45 所示，然后单击 [确定] 按钮，将样式表文件保存为 "css.css"。

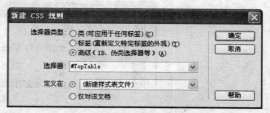

图8-45 【新建 CSS 规则】对话框

> **要点提示** 在定义 "body" 的 CSS 规则时，将代码保存到了文档中，使其只对该文档起作用以免影响其他文档，此处使用样式表文件可以让多个网页引用定义好的规则。

7. 在【#TopTable 的 CSS 规则定义（在 css.css 中）】对话框的【背景】分类中，设置【背景颜色】为 "#B0DC9F"；在【方框】分类中，设置方框【宽】为 "780 像素"，【高】为 "80 像素"，边界全部为 "0"，如图 8-46 所示，然后单击 [确定] 按钮关闭对话框。

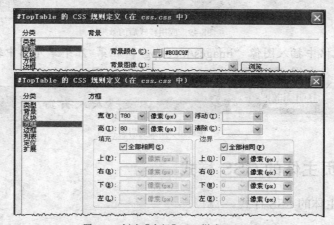

图8-46 创建【高级】CSS 样式 "#TopTable"

【方框】分类中的【填充】和【边界】栏与表格【属性】面板中的【填充】和【间距】选项是两个不同的概念，要设置表格的【填充】和【间距】属性可以通过【属性】面板进行设置，不能通过【方框】分类中的【填充】和【边界】进行设置。对表格应用【方框】中的【边界】属性只影响表格本身所在块元素周围的空格填充数量，与表格本身无关。

下面创建针对表格单元格的类样式 ".TopTd1" 和 ".TopTd2"。

8. 在【CSS 样式】面板中单击 🖼 按钮，打开【新建 CSS 规则】对话框，在【选择器类型】选项组中选择【类（可应用于任何标签）】单选按钮，在【名称】文本框中输入 ".TopTd1"，在【定义在】下拉列表中选择【css.css】选项，如图 8-47 所示。

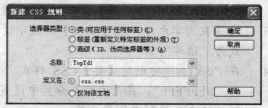

图8-47 创建【类】样式 ".TopTd1"

9. 单击 [确定] 按钮，进入【.TopTd1 的 CSS 规则定义（在 css.css 中）】对话框，在【方框】分类中设置【宽】为 "250 像素"，如图 8-48 所示，然后单击 [确定] 按钮关闭对话框。

图8-48　设置宽度

10. 选择表格的第 1 个单元格，在【属性】面板中设置【样式】为 "TopTd1"，将其样式应用到第 1 个单元格上。

11. 使用同样的方法创建【类】CSS 样式 ".TopTd2"，在【类型】分类中设置其【字体】为 "隶书"，文本【大小】为 "36 像素"，【行高】为 "80 像素"，【颜色】为 "#000000"；在【背景】分类中设置其【背景图像】为 "images/topbg.jpg"；在【区块】分类中设置【文本对齐】为 "居中"。然后将样式应用到第 2 个单元格上，如图 8-49 所示。

图8-49　应用样式后的效果

12. 在第 1 个单元格中插入图像 "images/logo.jpg"，在第 2 个单元格中输入文本 "保护环境，人人有责"，如图 8-50 所示。

图8-50　添加页眉内容

8.7.2　设置网页主体的 CSS 样式

下面设置网页主体的 CSS 样式。

设置网页主体的 CSS 样式

首先设置左侧栏目的 CSS 样式。

1. 接上例。在页眉下面继续插入一个 1 行 2 列的表格，设置【表格 Id】为 "MidTable"，【填充】、【边框】均为 "0"，【间距】为 "2"。

2. 在 "css.css" 中新建【高级】CSS 样式 "#MidTable"，设置【背景颜色】为 "#B0DC9F"，方框【宽】为 "780 像素"，【高】为 "300 像素"，边界全部为 "0"。

3. 选择左侧单元格，在【属性】面板中设置其水平对齐方式为 "居中对齐"，垂直对齐方式为 "顶端"。

4. 在 "css.css" 中创建【类】CSS 样式 ".MidTd1"，在【背景】分类中设置【背景颜色】为 "#FFFFFF"，在【方框】分类中设置【宽】为 "140 像素"，然后通过【属性】面板将该样式应用到左侧单元格。

5. 在左侧单元格中插入一个 6 行 1 列的表格，设置【表格 Id】为 "MidTd1Table"，【宽】为 "80%"，【填充】、【边框】均为 "0"，【间距】为 "5"。

6. 在 "css.css" 中创建【高级】CSS 样式 "#MidTd1Table td"，在【类型】分类中设置文本【大小】为 "16 像素"，【行高】为 "30 像素"；在【背景】分类中设置【背景颜色】为 "#CCCCCC"; 在【区块】分类中设置【文本对齐】为 "居中"; 在【边框】分类中设置右和下边框样式为 "实线",【宽度】为 "2 像素",【颜色】为 "#666666", 如图 8-51 所示。

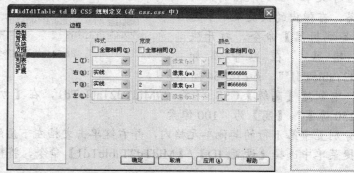

图8-51　创建【高级】CSS 样式 "#MidTd1Table td"

7. 在单元格中输入文本并添加空链接, 文本依次为 "绿色生活"、"生态旅游"、"自然生态"、"绿色提示"、"污染防治"、"环保产业"。

8. 在 "css.css" 中创建基于表格 "MidTd1Table" 的超级链接【高级】CSS 样式 "#MidTd1Table a:link,#MidTd1Table a:visited", 如图 8-52 所示, 在【类型】分类中设置文本【粗细】为 "粗体",【颜色】为 "#009933",【修饰】为 "无"。

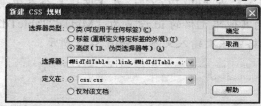

图8-52　创建【高级】CSS 样式 "#MidTd1Table a:link,#MidTd1Table a:visited"

9. 继续在 "css.css" 中创建基于表格 "MidTd1Table" 的超级链接【高级】CSS 样式 "#MidTd1Table a:hover", 在【类型】分类中设置文本【颜色】为 "#FF0000",【修饰】为 "下划线"。

下面设置右侧栏目的 CSS 样式。

10. 选择主体部分右侧的单元格, 在【属性】面板中设置其水平对齐方式为 "居中对齐", 垂直对齐方式为 "顶端"。

11. 在 "css.css" 中创建【类】CSS 样式 ".MidTd2", 在【背景】分类中设置背景颜色为 "#FFFFFF", 然后通过【属性】面板将该样式应用到右侧单元格。

12. 在右侧单元格中输入一段文本, 并按 Enter 键将鼠标光标移到下一段, 然后插入一个 2 行 4 列的表格, 设置【填充】、【边框】为 "0",【间距】为 "2", 效果如图 8-53 所示。

图8-53　在右侧单元格中添加内容

13. 在 "css.css" 中创建【高级】CSS 样式 "#MidTable .MidTd2 p", 在【类型】分类中设置文本【大小】为 "14 像素",【行高】为 "30 像素",【颜色】为 "#006600"; 在【区

块】分类中设置【文本对齐】为"左对齐"。

14. 将鼠标光标置于文本所在段，然后在【属性】面板中单击 ⊑ 按钮使文本缩进显示。

15. 将鼠标光标置于文本下面的表格的第 1 行的第 1 个单元格内，右键单击文档左下角的
    "<td>"标签，在弹出的快捷菜单中选
    择【快速标签编辑器】命令，打开快
    速 标 签 编 辑 器 ， 在 其 中 添 加
    "id="MidTd2TableTd1"'，如图 8-54 所示。

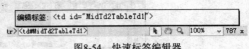

图8-54　快速标签编辑器

16. 在"css.css"中创建【高级】CSS 样式"#MidTd2TableTd1"，在【方框】分类中设置
    【宽】为"150 像素"，【高】为"100 像素"。

17. 将鼠标光标分别置于第 1 行的其他单元格内，并右键单击文档左下角的"<td>"标签，
    在弹出的快捷菜单中选择【设置 ID】/【MidTd2TableTd1】命令，将样式应用到这些单
    元格上。

18. 在第 1 行的 4 个单元格中分别插入图像"images/dandinghe.jpg"、"images/daxiongmao.jpg"、
    "images/hu.jpg"和"images/jinsihou.jpg"。

19. 运用同样的方法设置表格第 2 行的第 1 个单元格的 id 为"MidTd2TableTd2"，并在
    "css.css"中创建【高级】CSS 样式"#MidTd2TableTd2"，在【类型】分类中设置文本
    【大小】为"14 像素"，文本【粗细】为"粗体"，【行高】为"30 像素"；在【背景】
    分类中设置【背景颜色】为"#FFFFCC"；在【区块】分类中设置【文本对齐】为"居
    中"，最后将第 2 行的其他单元格的 id 设置为"MidTd2TableTd2"。

20. 在第 2 行的 4 个单元格中依次输入文本，如图 8-55 所示。

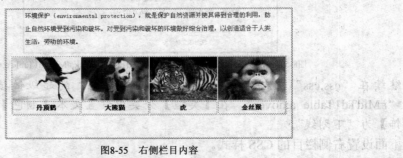

图8-55　右侧栏目内容

8.7.3　设置页脚的 CSS 样式

下面设置页脚的 CSS 样式。

🔑 设置页脚的 CSS 样式

1. 在主体页面表格的下面即页脚处插入一个 1 行 1 列的表格，设置【表格 Id】为
   "FootTable"，【填充】、【间距】和【边框】均为"0"。

2. 在"css.css"中创建【高级】CSS 样式"#FootTable"，在【类型】分类中设置【行高】
   为"40 像素"，在【背景】分类中设置【背景颜色】为"#B0DC9F"，在【区块】分类
   中设置【文本对齐】为"居中"，在【背景】分类中设置【背景颜色】为
   "#B0DC9F"，在【方框】分类中设置方框【宽】为"780 像素"。

3. 输入相应的文本，如图 8-56 所示。

版权所有　环境保护网　2008-2010

图8-56　页脚

4. 再次保存文件，最终效果如图 8-57 所示。

图8-57　设置环保网页样式

小结

　　本章主要介绍了 CSS 样式的基本知识，包括 CSS 样式的概念、类型和基本规则以及创建和应用 CSS 样式的基本方法，最后通过实例介绍了使用 CSS 样式控制网页外观的基本方法。熟练掌握 CSS 样式的基本操作将会给网页制作带来极大的方便，因此它是需要重点学习和掌握的内容之一。

习题

一、填空题

1. _____是"Cascading Style Sheet"的缩写，可译为"层叠样式表"或"级联样式表"。
2. 在 Dreamweaver 中，根据选择器的不同类型，CSS 样式被划分为 3 大类，即_____、"标签"和"高级"。
3. CSS 样式表文件的扩展名为_____。
4. 设置活动超级链接的 CSS 选择器是_____。
5. 应用_____，网页元素将依照定义的样式显示，从而统一了整个网站的风格。

二、选择题

1. 在【新建 CSS 规则】对话框的【选择器类型】选项组中，选择【类（可应用于任何标签）】表示_____。
   A. 用户自定义的 CSS 样式，可以应用到网页中的任何标签上
   B. 对现有的 HTML 标签进行重新定义，当创建或改变该样式时，所有应用了该样式的格式都会自动更新
   C. 对某些标签组合或者对含有特定 ID 属性的标签进行重新定义样式
   D. 以上说法都不对

2. 在【新建 CSS 规则】对话框的【选择器类型】选项组中，选择【标签（重新定义特定标签的外观）】表示_____。

A. 用户自定义的 CSS 样式，可以应用到网页中的任何标签上

B. 对现有的 HTML 标签进行重新定义，当创建或改变该样式时，所有应用了该样式的格式都会自动更新

C. 对某些标签组合或者对含有特定 ID 属性的标签进行重新定义样式

D. 以上说法都不对

3. 在【新建 CSS 规则】对话框的【选择器类型】选项组中，选择【高级（ID、伪类选择器等）】表示_____。

A. 用户自定义的 CSS 样式，可以应用到网页中的任何标签上

B. 对现有的 HTML 标签进行重新定义，当创建或改变该样式时，所有应用了该样式的格式都会自动更新

C. 对某些标签组合或者对含有特定 ID 属性的标签进行重新定义样式

D. 以上说法都不对

4. 下面属于【类】选择器的是_____。

A. #TopTable   B. .Td1   C. P   D. #NavTable a:hover

5. 下面属于【标签】选择器的是_____。

A. #TopTable   B. .Td1   C. P   D. #NavTable a:hover（　　）

三、问答题

1. 简要总结 3 种选择器各自的特点。

2. 应用 CSS 样式有哪几种方法？

四、操作题

根据操作提示设置网页 CSS 样式，如图 8-58 所示。

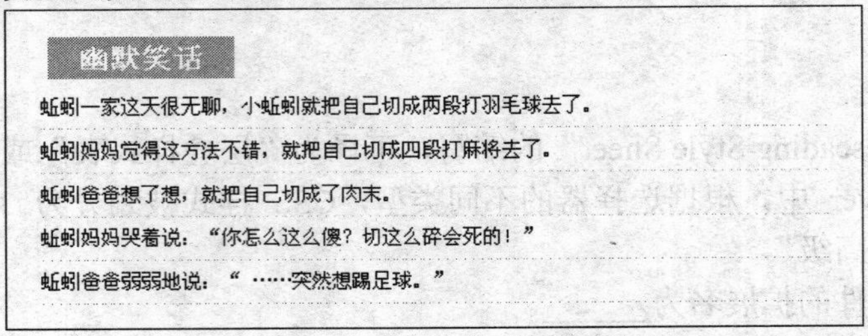

幽默笑话

蚯蚓一家这天很无聊，小蚯蚓就把自己切成两段打羽毛球去了。

蚯蚓妈妈觉得这方法不错，就把自己切成四段打麻将去了。

蚯蚓爸爸想了想，就把自己切成了肉末。

蚯蚓妈妈哭着说："你怎么这么傻？切这么碎会死的！"

蚯蚓爸爸弱弱地说："……突然想踢足球。"

图8-58　设置 CSS 样式

【操作提示】

1. 在文档中输入文本，标题使用"标题 2"格式，正文每行都按 Enter 键结束。

2. 针对该文档重新定义标签"h2"的属性：设置文本【颜色】为"#FFFFFF"，【背景颜色】为"#999999"，【文本对齐】为"居中"，方框【宽】为"120 像素"，【填充】和【边界】全部为"5 像素"。

3. 创建【类】样式".pstyle"，并应用到各个段落：设置文本【大小】为"14 像素"，【行高】为"30 像素"，方框【宽】为"550 像素"，边界全部为"0"，下边框的【样式】为"点划线"，【宽度】为"1 像素"，【颜色】为"#CCCCCC"。

第9章 使用 AP Div 布局页面

随着网页制作技术的发展，制作网页时，对于精确定位网页元素的要求越来越高。为此，AP 元素应运而生。AP 元素给网页设计者提供了页面元素最精确的布局定位方式。使用 AP 元素不仅可以任意安排网页上的各种元素，而且还可以使它们呈现出层叠的效果。本章将介绍 AP Div 的基本知识以及使用 AP Div 布局网页的基本方法。

【学习目标】
- 了解 AP Div 的概念。
- 掌握【AP 元素】面板的使用方法。
- 掌握创建 AP Div 的基本方法。
- 掌握 AP Div 的基本操作方法。
- 掌握设置 AP Div 属性的方法。
- 掌握 Div 标签的使用方法。
- 掌握使用 AP Div 和 Div 标签布局网页的方法。

9.1 AP Div 和【AP 元素】面板

下面主要介绍 AP Div 的概念、功能以及【AP 元素】面板的作用。

9.1.1 认识 AP Div

AP Div 是一种被定义了绝对位置的特殊 HTML 标签，它可以包含其他网页元素。AP Div 主要有以下几方面的功能。
- 由于 AP Div 是绝对定位的，它可以游离在文档之上，因此利用 AP Div 可以浮动定位网页元素。AP Div 可以包含文本、图像甚至其他 AP Div。
- AP Div 的 z 轴属性使多个 AP Div 可以发生堆叠，也就是多重叠加的效果。
- 可以控制 AP Div 的显示和隐藏，使网页的内容变得更加丰富。

9.1.2 了解【AP 元素】面板

在对 AP Div 进行各种操作和管理时，会经常用到【AP 元素】面板，它与【属性】面板配合使用，可以方便快捷地对 AP Div 进行各种操作。选择【窗口】/【AP 元素】命令，可以打开【AP 元素】面板，如图 9-1 所示。

在【AP 元素】面板中可以实现以下功能。
- 双击 AP Div 的名称，可以对 AP Div 进行重命名。

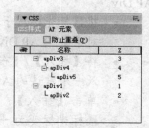

图9-1 【AP 元素】面板

- 单击 AP Div 后面的数字可以修改 AP Div 的 z 轴顺序，数字大的将位于上面。
- 勾选【防止重叠】复选框可以禁止 AP Div 重叠。
- 在 AP Div 的名称前面有一个 图标，单击该图标可显示或隐藏 AP Div。
- 单击 AP Div 名称可以选定 AP Div，按住 Shift 键不放，依次单击 AP Div 名称可以选中多个 AP Div。
- 按住 Ctrl 键不放，将某一个 AP Div 拖曳到另一个 AP Div 上，可以形成嵌套的 AP Div。

【AP 元素】面板的主体部分分为 3 列。

- 第 1 列为显示与隐藏栏。在 图标的下方，用于设置相应 AP Div 的显示和隐藏。可以将文档窗口中的 AP Div 全部隐藏，也可以选择显示某个 AP Div。在默认状态下，面板中的 AP Div 为显示或继承状态。
- 第 2 列为名称栏，它与【属性】面板中【CSS-P 元素】选项的作用是相同的。在想要更改名称的 AP Div 的名称上双击，就可以更改其名称。
- 第 3 列为 z 轴栏，它与【属性】面板中的 z 轴选项是相同的，显示文档窗口中的 AP Div 的堆叠顺序。单击要操作的 AP Div 名称，按住鼠标左键进行拖曳，可以改变它们的堆叠顺序，此时 z 轴的堆叠顺序也相应改变，也可以直接输入数字来改变 AP Div 的堆叠顺序。

在【AP 元素】面板中，选择单个 AP Div 只需在其名称上单击即可。按住 Shift 键，在多个 AP Div 上单击，就可以选择多个想要进行操作的 AP Div。另外，在选中一个 AP Div 后，按住 Ctrl 键，将它拖曳至想要嵌套的 AP Div 的上面，就可以将它嵌套入此 AP Div 中，成为此 AP Div 的子 AP Div。

将 AP Div 转换为普通的表格时，由于表格中的单元格是不可以重叠的，所以在转换之前，必须重新调整 AP Div 的位置，使其不重叠。在【AP 元素】面板中，勾选【AP 元素】面板中的【防止重叠】复选框，在文档窗口中调整 AP Div 的位置时，就可以防止 AP Div 的相互重叠。

9.2 创建 AP Div

下面主要介绍创建 AP Div 的方法以及修改 AP Div 默认设置的方法。

9.2.1 创建基本的 AP Div

在 Dreamweaver CS3 中创建 AP Div 非常便捷，通常可以使用以下任意一种方法来创建 AP Div。

- 将鼠标光标置于文档窗口中欲插入 AP Div 的位置，选择【插入记录】/【布局对象】/【AP Div】命令，插入一个默认的 AP Div，如图 9-2 所示。
- 将【插入】/【布局】面板上的 （绘制 AP Div）按钮拖曳到文档窗口中，插入一个默认的 AP Div，如图 9-3 所示。
- 单击【插入】/【布局】面板上的 按钮，将鼠标光标移至文档窗口中，当鼠标光标变为 ╋ 形状时，拖曳鼠标光标，绘制一个自定义大小的 AP Div，如图 9-4 所示。如果想一次绘制多个 AP Div，在单击 按钮后，按住 Ctrl 键不放，连续进行绘制即可。

创建好 AP Div 以后，将鼠标光标置于 AP Div 内，然后在其中插入一幅图像，如图 9-4 所示。

图9-2　在文档中插入 AP Div

图9-3　在文档窗口中绘制 AP Div

图9-4　在 AP Div 内插入图像

9.2.2　创建嵌套的 AP Div

AP Div 的嵌套就是指在一个 AP Div 中创建另一个 AP Div，且包含另一个 AP Div。网页制作者在利用 AP Div 对网页进行布局时，通常会通过嵌套将 AP 元素组织起来。

制作嵌套的 AP Div 通常有两种方式：一种是在 AP Div 内部新建嵌套 AP Div；另一种是将已经存在的 AP Div 添加到另外一个 AP Div 内，从而使其成为嵌套的 AP Div。

一、绘制嵌套 AP Div

首先选择【编辑】/【首选参数】命令，打开【首选参数】对话框，选择【分类】列表中的【AP 元素】分类，勾选右侧面板中的【在 AP div 中创建以后嵌套】复选框，然后在【插入】/【布局】工具栏上单击 按钮，在现有 AP Div 中拖曳，则绘制的 AP Div 就会嵌套在现有 AP Div 中。

二、插入嵌套 AP Div

将鼠标光标置于所要嵌套的 AP Div 中，确定插入点，然后选择【插入记录】/【布局对象】/【AP Div】命令，插入一个嵌套的 AP Div，如图 9-5 所示。

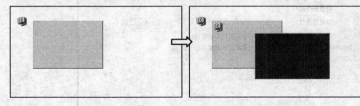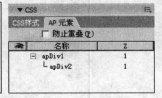

图9-5　插入嵌套 AP Div

三、使用【AP 元素】面板制作嵌套 AP Div

在【AP 元素】面板中选择一个 AP Div，按住 Ctrl 键，将其拖曳到另一个 AP Div 上面，形成嵌套 AP Div。

AP Div 的嵌套和重叠不一样。嵌套的 AP Div 与父 AP Div 是有一定关系的，而重叠的 AP Div 除了视觉上会有一些联系外，其他根本没有什么关系。

在【AP 元素】面板中可以看到，嵌套 AP Div 呈树状结构，而且子 AP Div 与父 AP Div 的 z 轴顺序是一样的。不过嵌套 AP Div 与嵌套表格不一样：表格嵌套时，子表格是完全包含在父表格里的；而嵌套的 AP Div 并不意味着子 AP Div 必须在父 AP Div 里面，它不受父 AP Div 的限制。当移动子 AP Div 位置时，父 AP Div 并不发生任何变化，但当移动父 AP Div

时，子 AP Div 会随着父 AP Div 发生位移，并且位移量都一样，也就是说二者的相对位置不发生变化。

嵌套 AP Div 之间还存在着继承关系。选定子 AP Div，打开其【属性】面板，在【可见性】下拉列表中有【default】（默认）、【inherit】（继承）、【visible】（可见）和【hidden】（隐藏）4 个选项，如图 9-6 所示。

图9-6　AP Div 的【属性】面板

继承的作用就是可以使子 AP Div 的可见性永远和父 AP Div 保持一致以及保持子 AP Div 与父 AP Div 的相对位置不变，这在动态网页制作中有很大作用，因为动态网页的很多效果是通过 Javascript 控制 AP Div 的可见性及位置变化来实现的。对于嵌套 AP Div 而言，当父 AP Div 的位置变化时，子 AP Div 的位置也会随之变化；当父 AP Div 的可见性改变时，子 AP Div 的可见性也随之改变。当然，实现这种动画效果离不开 JavaScript 的支持。

9.2.3　修改 AP Div 的默认设置

当插入 AP Div 时，其属性是默认的，但这些默认属性不是固定不变的，随时可以进行修改。下面介绍修改 AP Div 默认属性的方法。

选择【编辑】/【首选参数】命令，打开【首选参数】对话框，在其中的【分类】列表框中选择【AP 元素】分类，如图 9-7 所示。

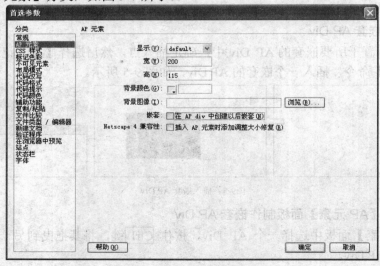

图9-7　【首选参数】对话框

此时可以看到 AP Div 有以下默认属性。

- 【显示】：用于设置 AP Div 是否可见。在其下拉列表中，【default】选项表示可见，【inherit】选项表示继承父 AP Div 的该属性，【visible】选项表示可见，【hidden】选项表示隐藏。
- 【宽】和【高】：用于设置默认 AP Div 的宽度和高度。

- 【背景颜色】：用于设置默认 AP Div 的背景颜色。
- 【背景图像】：用于设置默认 AP Div 的背景图像。
- 【嵌套】：勾选右侧的【在 AP div 中创建以后嵌套】复选框，在 AP Div 出现重叠时，将采用嵌套的方式。
- 【Netscape 4 兼容性】：在文档的文件头中插入 JavaScript 代码以修正 Netscape 4 浏览器中的一个已知问题，该问题使 AP Div 在访问者调整浏览器窗口大小时失去它们的定位坐标。

修改 AP Div 的默认属性后，下一次插入 AP Div 时，其默认的属性会变为修改后的数值。

9.3　编辑 AP Div

在创建了 AP Div 后，许多时候要根据实际需要对其进行编辑操作，包括选择 AP Div、缩放 AP Div、移动 AP Div、对齐 AP Div、设置 AP Div 的可见性和 z 轴顺序等。

9.3.1　选择 AP Div

要想对 AP Div 进行编辑，首先必须选定 AP Div。选定 AP Div 有以下几种方法。

- 单击文档中的 图标来选定 AP Div，如果该图标没有显示，请在【首选参数】/【不可见元素】分类中勾选【AP 元素的锚点】复选框。
- 将鼠标光标置于 AP Div 内，然后在文档窗口底部的标签条中选择"<div#apDiv1>"标签。
- 单击 AP Div 的边框线。
- 在【AP 元素】面板中单击 AP Div 的名称。
- 如果要选定两个以上的 AP Div，只要按住 Shift 键，在文档窗口中逐个单击 AP Div 手柄，或在【AP 元素】面板中逐个单击 AP Div 的名称，就可将 AP Div 同时选定。

以上几种方法都可以方便地选定 AP Div。选定 AP Div 以后，就可以在【属性】面板中查看其各项参数的属性。

9.3.2　缩放 AP Div

缩放 AP Div 仅改变 AP Div 的宽度和高度，不改变 AP Div 中的内容。在文档窗口中可以缩放一个 AP Div，也可同时缩放多个 AP Div，使它们具有相同的尺寸。

缩放单个 AP Div 有以下几种方法。

- 选定 AP Div，然后拖曳缩放手柄（AP Div 周围出现的小方块）来改变 AP Div 的尺寸。拖曳下手柄改变 AP Div 的高度，拖曳右手柄改变 AP Div 的宽度，拖曳右下角的缩放点同时改变 AP Div 的宽度和高度，如图 9-8 所示。
- 选定 AP Div，然后按住 Ctrl 键，每按一次方向键，AP Div 就会改变一个像素值。
- 选定 AP Div，然后同时按住 Shift + Ctrl 组合键，每按一次方向键，AP Div 就会改变 10 个像素值。

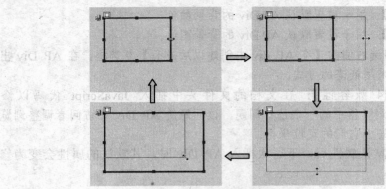

图9-8　拖曳缩放手柄改变 AP Div 的大小

那么如何对多个 AP Div 的大小进行统一调整呢？下面通过具体操作来进行说明。

同时调整多个 AP Div 的宽度

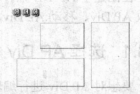

图9-9　在文档中插入 3 个 AP Div

1. 新建网页文档"9-3-2.htm"，在其中插入 3 个大小不等的 AP Div，如图 9-9 所示。
2. 按住 Shift 键，将 3 个 AP Div 逐一选定，然后选择【窗口】/【属性】命令，打开它们的【属性】面板，如图 9-10 所示。
3. 在【属性】面板中的【宽】选项的文本框内输入数值"80"，按 Enter 键确认。此时文档窗口中所有 AP Div 的宽度全部变成了 80 像素，如图 9-11 所示。

图9-10　多个 AP Div 的【属性】面板

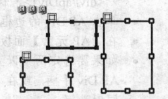

图9-11　统一调整所有 AP Div 的宽度

 还可以使用【修改】/【排列顺序】/【设成宽度相同】命令来统一宽度，利用这种方法将以最后选定的 AP Div 的宽度为标准。由本例可知，如对多个 AP Div 进行统一调整，只需设置它们共同的属性便可。

9.3.3　移动 AP Div

要想精确定位 AP Div，许多时候要根据需要移动 AP Div。移动 AP Div 时，首先要确定 AP Div 是可以重叠的，也就是不勾选【AP 元素】面板中的【防止重叠】复选项，这样可以不受限制地移动 AP Div。移动 AP Div 的方法主要有以下几种。

- 选定 AP Div 后，当鼠标光标靠近缩放手柄出现✛时，按住鼠标左键拖曳鼠标，AP Div 将跟着鼠标的移动而发生位移。
- 选定 AP Div，然后按 4 个方向键，向 4 个方向移动 AP Div。每按一次方向键，将使 AP Div 移动 1 个像素值的距离。

- 选定 AP Div，按住 Shift 键，然后按 4 个方向键，向 4 个方向移动 AP Div。每按一次方向键，将使 AP Div 移动 10 个像素值的距离。

9.3.4　对齐 AP Div

对齐功能可以使两个或两个以上的 AP Div 按照某一边界对齐。对齐 AP Div 的方法：首先将所有 AP Div 选定，然后选择【修改】/【排列顺序】中的相应命令，如选择【对齐下缘】命令，将使所有选中的 AP Div 的底边按照最后选定的 AP Div 的底边对齐，即所有 AP Div 的底边都排列在一条水平线上。

在【修改】/【排列顺序】菜单中，共有以下 4 种对齐方式。

- 【左对齐】：以最后选定的 AP Div 的左边线为标准，对齐排列 AP Div。
- 【右对齐】：以最后选定的 AP Div 的右边线为标准，对齐排列 AP Div。
- 【对齐上缘】：以最后选定的 AP Div 的顶边为标准，对齐排列 AP Div。
- 【对齐下缘】：以最后选定的 AP Div 的底边为标准，对齐排列 AP Div。

9.3.5　AP Div 的可见性

AP Div 内可以包含所有的网页元素，通过改变 AP Div 的可见性，就可以控制 AP Div 内元素的显示与隐藏。可以通过【AP 元素】面板改变 AP Div 的可见性，也可以在 AP Div 的【属性】面板中来改变 AP Div 的可见性。单击【AP 元素】面板的 图标列，可以改变可见性。

- AP Div 名称左边为 状态时，表示 AP Div 为可见，这时【属性】面板中的【显示】选项为 "visible"（可见），如图 9-12 所示。

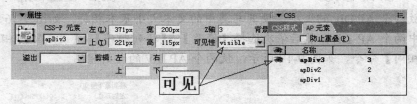

图9-12　将 AP Div 设置为可见时【AP 元素】面板和【属性】面板的状态

- 单击 图标列，AP Div 名称左边为 状态时，表示 AP Div 为不可见，这时【属性】面板中的【显示】选项为 "hidden"（隐藏），如图 9-13 所示。

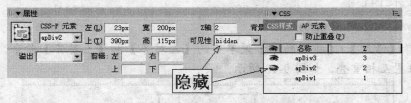

图9-13　将 AP Div 设置为不可见时【AP 元素】面板和【属性】面板的状态

- AP Div 的 图标列没有 或 图标，则可见性为默认，【属性】面板中的【显示】选项为 "default"。

若需同时改变所有 AP Div 的可见性，单击【AP 元素】面板中 图标列最顶端的 图标，原来所有的 AP Div 将均变为可见或不可见。

9.3.6 AP Div 的 z 轴顺序

AP Div 与表格相比,在定位元素方面各有各的优势,但 AP Div 最大的优势在于可以重叠,而表格只能嵌套。AP Div 的重叠为制作一些特殊效果提供了非常方便的途径,其重叠次序通常是用 z 轴顺序来表示的。它的意思就是,除了屏幕的 x、y 坐标之外,逻辑上增加了一个垂直于屏幕的 z 轴,z 轴顺序就好像 AP Div 在 z 轴上的坐标值。这个坐标值可正可负,也可以是 0,数值大的 AP Div 在最上层。

改变 AP Div 的 z 轴顺序的方法很简单,只需打开【AP 元素】面板,用鼠标指向需要改变序号的 AP Div,按住左键向上或向下拖曳鼠标光标,当拖曳到希望插入的两个 AP Div 之间出现一条横线时,释放鼠标左键,各个 AP Div 的 z 轴顺序会做相应的改变。下面通过一个实例来认识一下 AP Div 的 z 轴顺序的作用。

制作阴影文本

1. 新建网页文档 "9-3-6.htm",然后在文档中插入两个 AP Div,分别命名为 "apDiv1" 和 "apDiv2",并在其中输入相同的文本 "一翔集团",如图 9-14 所示。
2. 将 AP Div 中的文本都设置为 "50 像素",并设置文本颜色为 "#000000" 和 "#999999",如图 9-15 所示。

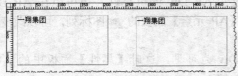

图9-14 输入文本

图9-15 设置文本属性

3. 分别缩放两个 AP Div 的大小,使其与其中的文本大小基本相符,如图 9-16 所示。
4. 同时选中两个 AP Div,然后依次选择【修改】/【排列顺序】/【设成宽度相同】和【设成高度相同】命令,如图 9-17 所示,使两个 AP Div 的大小相同。

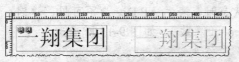

图9-16 缩放两个 AP Div 的大小

图9-17 选择命令

5. 依次选择【修改】/【排列顺序】菜单中的【左对齐】和【上对齐】命令,使两个 AP Div 的位置互相重叠,如图 9-18 所示。

图9-18 使两个 AP Div 的位置互相重叠

6. 在【AP 元素】面板中选定 z 轴数值小的 AP Div,即 "apDiv1",分别按 →、↓ 方向键向右、向下移动两次,然后取消对 AP Div 的选定,如图 9-19 所示。

图9-19　移动 AP Div

图 9-19 就是利用 AP Div 的重叠制作成的阴影文本，还可以继续发挥一下，制作多个 AP Div，来完成各种具有特殊显示效果的文本。可以这样想象，网页中的所有 AP Div 都是按照 z 轴顺序进行排列的，就仿佛是一串冰糖葫芦，因此不可能有两个 AP Div 的 z 轴顺序是一样的。

> **要点提示**　请注意，在【AP 元素】面板中不要勾选【防止重叠】复选项，如果勾选该复选项，AP Div 将不能重叠。

9.4　设置 AP Div 属性

创建 AP Div 后，在【属性】面板中会显示出所创建 AP Div 的各项基本属性参数，如左边界、上边界、宽度、高度、z 轴顺序、可见性、背景图像、背景颜色等，此时可以进一步修改这些属性设置，使 AP Div 更完美。下面介绍设置 AP Div 属性的基本方法。

🗝 设置 AP Div 属性

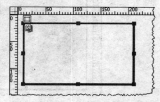

1. 创建一个网页文档 "9-4.htm"，然后选择【插入记录】/【布局对象】/【AP Div】命令，插入一个默认的 AP Div，如图 9-20 所示。
2. 确保 AP Div 处于选中状态，此时在【属性】面板中显示出 AP Div 的各项属性参数，如图 9-21 所示。

图9-20　插入 AP Div

图9-21　AP Div 的【属性】面板

下面对 AP Div【属性】面板的相关参数说明如下。

- 【CSS-P 元素】：用于设置 AP Div 的 Id，为 AP Div 创建【高级】CSS 样式或者使用行为来控制 AP Div 时都会用到该项。
- 【左】、【上】：用于设置 AP Div 左边框、上边框距文档左边界、上边界的距离。
- 【宽】、【高】：用于设置 AP Div 的宽度和高度。
- 【Z 轴】：用于设置 AP Div 在垂直平面方向上的顺序号。
- 【可见性】：用于设置 AP Div 的可见性，包括【default】（默认）、【inherit】（继承父 AP Div 的该属性）、【visible】（可见）、【hidden】（隐藏）4 个选项。
- 【背景图像】：用于设置 AP Div 的背景图像。
- 背景颜色】：用于设置 AP Div 的背景颜色。
- 【类】：用于添加对所选 CSS 样式的引用。

- 【溢出】：当【标签】参数设置为 "DIV" 或 "SPAN" 时才出现该选项，用于设置 AP Div 内容超过 AP Div 大小时（例如上面所插入的图像）的显示方式，其下拉列表中包括 4 个选项。

  【visible】：按照内容的尺寸向右、向下扩大 AP Div，以显示 AP Div 内的全部内容。

  【hidden】：只能显示 AP Div 尺寸以内的内容。

  【scroll】：不改变 AP Div 大小，但会增加滚动条，用户可以通过拖曳滚动条来浏览整个 AP Div。该选项只在支持滚动条的浏览器中才有效，而且无论 AP Div 有多大，都会显示滚动条。

  【auto】：只在 AP Div 不够大时才出现滚动条，设置该选项只在支持滚动条的浏览器中才有效。

- 【剪辑】：用于指定 AP Div 的可见部分，其中的【左】和【右】输入的数值是距离 AP Div 的左边界的距离，【上】和【下】输入的数值是距离 AP Div 的上边界的距离。

3. 在 AP Div 中插入图像 "images/wyx03.jpg"，如图 9-22 所示。

图9-22　插入图像

4. 选中 AP Div，在其【属性】面板中重新设置各项属性参数，如图 9-23 所示。

图9-23　重新设置各项属性参数

5. 最后保存文件，结果如图 9-24 所示。

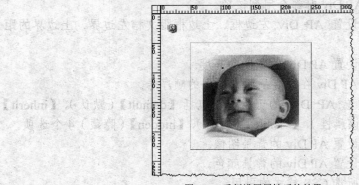

图9-24　重新设置属性后的效果

9.5 构建相对定位的 AP Div——Div 标签

前面已经详细介绍了 AP Div 的知识，下面来介绍如何使用 Div 标签。首先来弄清楚二者到底有什么异同。在文档中同时插入 AP Div 及 Div 标签，是比较其异同点的最好办法。

绘制 AP Div 和插入 Div 标签

1. 创建网页文档"9-5.htm"，然后拖曳【插入】/【布局】面板中的 ▣（插入 Div 标签）按钮至文档中，在弹出的对话框中设置【ID】为"layer1"，如图 9-25 所示。

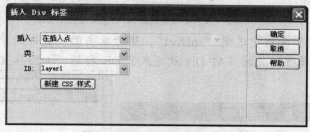

图9-25 【插入 Div 标签】对话框

2. 单击 确定 按钮，插入 Div 标签。在文档中，Div 标签并没有可见的特征，只显示其中的内容，只有当鼠标光标接近 Div 标签时，它才会显示红边框，这显然与 AP Div 有着很大的区别，如图 9-26 所示。

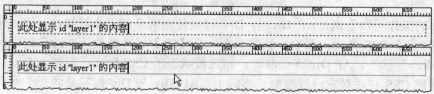

图9-26 文档中的 Div 标签

3. 切换至【代码】视图，将鼠标光标置于标签末端，如图 9-27 所示。

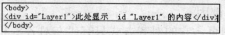

图9-27 插入的 Div 标签的源代码

4. 选择【插入记录】/【布局对象】/【AP Div】命令，插入一个 AP Div，并切换至【代码】视图，如图 9-28 所示。

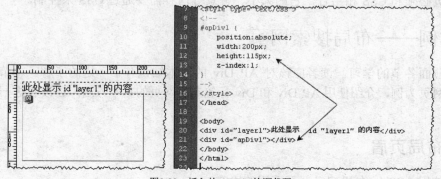

图9-28 插入的 AP Div 的源代码

下面为 Div 标签添加 CSS 样式，看看会发生什么变化。

5. 为 Div 标签 "Layer1" 设置【高级】CSS 样式，并在其规则定义对话框的【定位】分类中，设置【类型】为 "绝对"，然后切换至【设计】视图，会发现又一个 AP Div 产生了，如图 9-29 所示。

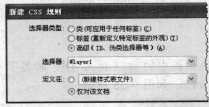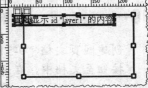

图9-29　加入 CSS 样式后 Div 标签变成了 AP Div

6. 在【CSS 样式】面板中选定 "apDiv1"，然后单击面板底部的 ✐ 按钮编辑样式，清除 "绝对" 定位属性。此时，AP Div 就变成了 Div 标签，如图 9-30 所示。

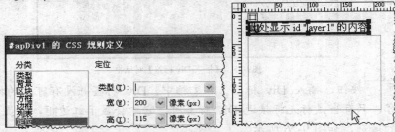

图9-30　清除 "绝对" 定位属性

由上面的操作可以看出，AP Div 与 Div 标签使用的是同一个标签——"<div>"，只是 AP Div 被赋予了 CSS 样式，而 Div 标签只有一个【ID】属性参数。在源代码中，它们使用的都是 "<div>" 标签。AP Div 在绘制时，同时被赋予了 CSS 样式，而插入 Div 标签时，需要再单独创建 CSS 样式对它进行控制。实际上，AP Div 与 Div 标签是同一个网页元素的不同表现形态，通过 CSS 样式可使两者相互转换。例如，在 CSS 规则定义对话框的【定位】分类中，将【类型】选项设置为 "绝对"，即表示 AP Div，否则即为 Div 标签，这是 AP Div 与 Div 标签相互转换的关键因素。

使用 Div 标签布局网页，它的对齐方式只有 "左对齐" 和 "右对齐"，如果要使 Div 标签居中显示，将它的边界（特别是左边界和右边界）设置为 "自动" 即可。Div 标签的【属性】面板比较简单，只有【Div ID】、【类】两个下拉列表框和 编辑 CSS 按钮。使用 Div 标签布局网页必须和 CSS 相结合，它的大小、背景等内容需要通过 CSS 来控制。

9.6　实例——布局搜索网页

通过前面各节的学习，读者应该对 AP Div 的基本知识有了一定的了解。本节将以 "一翔搜索" 网页为例，介绍使用 AP Div 和 Div 标签布局网页的基本方法，让读者进一步巩固所学内容。

9.6.1　布局页眉

下面使用 AP Div 布局搜索网页页眉的内容。

布局页眉

1. 将本章素材文件"综合实例\素材"文件夹下的内容复制到站点根文件夹下，然后新建一个网页文档"shili.htm"。
2. 将鼠标光标置于文档窗口顶部，然后选择【插入记录】/【布局对象】/【AP Div】命令来创建一个 AP Div。
3. 接着在【属性】面板中设置 AP Div 的大小和位置等参数，如图 9-31 所示。

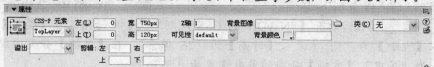

图9-31 设置 AP Div 的属性参数

4. 将鼠标光标置于层"TopLayer"中，然后插入图像文件"images/logo.gif"，并单击【属性】面板上的 ≡ 按钮使其居中显示，如图 9-32 所示。

图9-32 插入图像文件

至此，页眉部分制作完成了。

9.6.2 布局主体

下面使用 AP Div 和 Div 标签布局搜索网页主体部分的内容。

布局主体

1. 单击【插入】/【布局】面板上的 ⊞ 按钮，在 AP Div 的"TopLayer"层下面绘制"MainLayer"层，其参数设置如图 9-33 所示。

图9-33 设置 AP Div 的属性参数

> **要点提示** 将"MainLayer"层的上边界设置为"120px"，是因为 AP Div 的"TopLayer"层的高度为"120px"，且上边界为"0"，这样可以使上下两个 AP Div 连接到一起。

2. 将鼠标光标置于"MainLayer"层内，然后选择【插入记录】/【表单】/【表单】命令，插入一个表单。

下面在表单内使用 Div 标签进行布局。

3. 将鼠标光标置于表单内，然后选择【插入记录】/【布局对象】/【Div 标签】命令，打开【插入 Div 标签】对话框，在【插入】下拉列表中选择【在插入点】选项，在【ID】下拉列表中输入"NavDiv"，如图 9-34 所示。

4. 单击 新建 CSS 样式 按钮，打开【新建 CSS 规则】对话框，参数设置如图 9-35 所示。

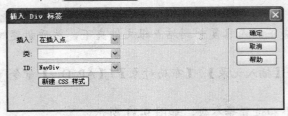

图9-34 插入 Div 标签"NavDiv"

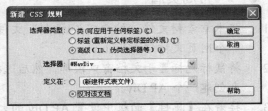

图9-35 创建 CSS 规则"#NavDiv"

5. 单击 确定 按钮，打开【#NavDiv 的 CSS 规则定义】对话框，在【类型】分类中设置文本【大小】为"12 像素"、【行高】为"25 像素"，在【区块】分类中设置【文本对齐】为"居中"，【方框】分类的参数设置如图 9-36 所示。

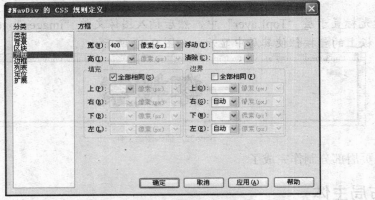

图9-36 【方框】分类的参数设置

> **要点提示** 将【边界】栏中的左右边界设置为"自动"，即可使 Div 标签居中显示。

6. 依次单击 确定 按钮，在表单中插入 Div 标签"NavDiv"，删除其中的原有文本，重新输入文本并添加空链接，如图 9-37 所示。

图9-37 输入文本并添加空链接

7. 在【插入】/【布局】面板中单击 按钮，打开【插入 Div 标签】对话框，在【插入】下拉列表中选择【在标签之后】和【<div id="NavDiv">】选项，在【ID】下拉列表中输入"InputDiv"，如图 9-38 所示。

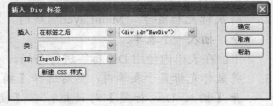

图9-38 插入 Div 标签"InputDiv"

8. 单击 新建 CSS 样式 按钮,创建【高级】CSS 样式 "#InputDiv",在【#InputDiv 的 CSS 规则定义】对话框的【类型】分类中设置文本【大小】为 "14 像素"、【行高】为 "20 像素",在【区块】分类中设置【文本对齐】为 "居中",在【方框】分类中设置宽度为 "400 像素"、高度为 "20 像素"、左右边界为 "自动"。

9. 删除 Div 标签 "InputDiv" 中的原有文本,然后选择【插入】/【表单】/【文本域】命令,插入一个文本框,然后在【属性】面板的【文本域】文本框中设置 id 名称为 "InputContent",如图 9-39 所示。

图9-39 设置文本域 id 名称 "InputContent"

10. 创建【高级】CSS 样式 "#InputContent",在【#InputContent 的 CSS 规则定义】对话框的【类型】分类中设置文本【大小】为 "14 像素"、【行高】为 "20 像素",在【方框】分类中设置【宽】为 "250 像素",【高】为 "20 像素"。

11. 选择【插入】/【表单】/【按钮】命令,在文本框后面插入一个按钮,其属性设置如图 9-40 所示。

图9-40 按钮属性设置

至此,网页主体部分制作完成。

9.6.3 布局页脚

下面使用 AP Div 布局搜索网页页脚的内容。

布局页脚

1. 单击【插入】/【布局】面板上的 按钮,在 AP Div 的 "MainLayer" 层下面绘制 "FootLayer" 层,其属性参数设置如图 9-41 所示。

图9-41 设置 AP Div 的属性参数

2. 在【CSS 样式】面板中双击 "#FootLayer",打开【#FootLayer 的 CSS 规则定义】对话框,在【类型】分类中将文本【大小】设置为 "14 像素"、【行高】设置为 "35 像素",在【区块】分类中将【文本对齐】设置为 "居中"。

3. 单击 确定 按钮,在 AP Div "FootLayer" 中输入相应的文本。

4. 最后保存文件,结果如图 9-42 所示。

图9-42 使用 AP Div 和 Div 标签布局网页

至此，页脚部分制作完成。

小结

本章主要介绍了 AP Div 的基本知识，包括创建、选择、缩放、移动、对齐 AP Div 以及设置 AP Div 属性的方法，另外还介绍了 AP Div 和 Div 标签的异同及转换方法等。熟练掌握 AP Div 和 Div 标签的基本操作将会给网页制作带来极大的方便，是需要重点学习的内容之一，希望读者能够在具体实践中认真领会并加以掌握。

习题

一、填空题

1. 通过设置 AP Div 的_____属性可以使多个 AP Div 发生堆叠，也就是多重叠加的效果。
2. 如果要选定多个 AP Div，只要按住_____键不放，在【AP 元素】面板中逐个单击 AP Div 的名称即可。
3. 在【CSS 规则定义】对话框的【定位】分类中，将【类型】选项设置为_____，即表示 AP Div，否则即为 Div 标签，这是 AP Div 与 Div 标签转换的关键。
4. 可以按住_____键，在【AP 元素】面板中将某一个 AP Div 拖曳到另一个 AP Div 上面，形成嵌套 AP Div。

二、选择题

1. 下面关于创建 AP Div 的说法，错误的有_____。
   A. 选择菜单栏中的【插入记录】/【布局对象】/【AP Div】命令
   B. 将【插入】/【布局】面板上的按钮拖曳到文档窗口
   C. 在【插入】/【布局】面板中单击按钮，然后在文档窗口中按住鼠标左键并拖曳
   D. 在【插入】/【布局】面板中单击按钮，然后按住 Shift 键不放，按住鼠标左键并拖曳

2. 下面关于【AP 元素】面板的说法，错误的有_____。
   A. 双击 AP 元素的名称，可以对 AP 元素进行重命名
   B. 单击 AP Div 后面的数字，可以修改 AP Div 的 z 轴顺序
   C. 勾选【防止重叠】复选框，可以禁止 AP 元素重叠
   D. 在 AP Div 的名称前面有一个 图标，单击 图标可锁定 AP Div

3.　下面关于选定 AP Div 的说法，错误的有_____。

    A. 单击文档中的图标来选定 AP Div

    B. 将鼠标光标置于 AP Div 内，然后在文档窗口底部标签条中选择 "<div>" 标签

    C. 单击 AP Div 的边框线

    D. 如果要选定两个以上的 AP Div，只要按住 Alt 键，然后逐个单击 AP Div 手柄，或在【AP 元素】面板中逐个单击 AP Div 的名称即可

4.　下面关于移动 AP Div 的说法，错误的有_____。

    A. 可以使用鼠标光标进行拖曳

    B. 可以先选中 AP Div，然后按键盘上的方向键进行移动

    C. 可以在【属性】面板的【左】和【上】文本框中输入数值进行定位

    D. 可以在【属性】面板的【宽】和【高】文本框中输入数值进行定位

5.　依次选中 AP Div "apDiv1"、"apDiv 4"、"apDiv 3" 和 "apDiv 2"，然后选择【修改】/【排列顺序】/【左对齐】命令，那么所有选择的 AP Div 将以_____为标准进行对齐。

    A. apDiv 1　　　　　　B. apDiv 2　　　　　　C. apDiv 3　　　　　　D. apDiv4

6.　一个 AP Div 被隐藏了，如果需要显示其子 AP Div，需要将子 AP Div 的可见性设置为_____。

    A. default　　　　　　B. inherit　　　　　　C. visible　　　　　　D. hidden

7.　使用 Div 标签布局网页，它的对齐方式只有 "左对齐" 和 "右对齐"，如果要使 Div 标签居中显示，可以将它的边界，特别是左边界和右边界设置为_____即可。

    A. 自动　　　　　　　B. 固定　　　　　　　C. 相对　　　　　　　D. 动态

三、问答题

1.　AP Div 的嵌套与表格的嵌套有什么不同？

2.　AP Div 与 Div 标签有什么异同？它们如何相互转换？

四、操作题

根据操作提示，使用 Div 标签布局如图 9-43 所示的网页。

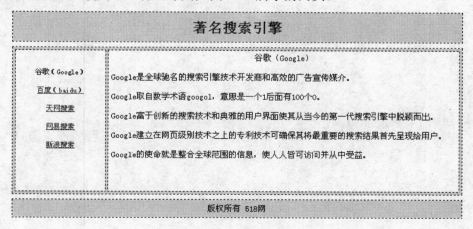

图9-43　使用 Div 标签布局网页

【操作提示】

1.　重新定义标签 "body" 的 CSS 样式，使文本居中对齐。

2. 设置页眉部分。插入 Div 标签 "TopDiv"，并定义其 CSS 样式：设置文本大小为 "24 像素"，粗体显示，行高为 "50 像素"，背景颜色为 "# CCCCCC"，文本对齐方式为 "居中"，方框宽度为 "750 像素"，高度为 "50 像素"。

3. 设置主体部分。在 Div 标签 "TopDiv" 后插入 Div 标签 "MainDiv"，并定义其 CSS 样式：设置背景颜色为 "#CCCCCC"，方框宽度为 "750 像素"，高度为 "250 像素"，上边界为 "10 像素"。

4. 设置主体左侧部分。在 Div 标签 "MainDiv" 内插入 Div 标签 "LeftDiv"，并定义其 CSS 样式：设置文本大小为 "12 像素"，背景颜色为 "#FFFFCC"，文本对齐方式为 "居中"，方框宽度为 "150 像素"，高度为 "240 像素"，浮动为 "左对齐"，上边界和左边界均为 "5 像素"。

5. 设置主体右侧部分。在 Div 标签 "LeftDiv" 后插入 Div 标签 "RightDiv"，并定义其 CSS 样式：设置文本大小为 "14 像素"，背景颜色为 "#FFFFFF"，文本对齐方式为 "左对齐"，方框宽度为 "575 像素"，高度为 "230 像素"，浮动为 "右对齐"，填充均为 "5 像素"，上边界和右边界均为 "5 像素"。

6. 设置页脚部分。在 Div 标签 "MainDiv" 后插入 Div 标签 "FootDiv"，并定义其 CSS 样式：设置文本大小为 "14 像素"，行高为 "30 像素"，背景颜色为 "#CCCCCC"，方框宽度为 "750 像素"，高度为 "30 像素"，上边界为 "10 像素"。

第10章 使用时间轴制作动画

在网页中经常能够看到许多漂亮的动画，这些动画的类型基本都是 Flash 动画或 GIF 动画。其实，在 Dreamweaver CS3 中，将时间轴与 AP Div 相结合也可以实现动画的效果。本章将介绍使用时间轴与 AP Div 相配合制作动画的基本方法。

【学习目标】
- 了解时间轴面板的组成及其作用。
- 掌握在时间轴中编辑关键帧的方法。
- 掌握手动创建时间轴动画的基本方法。
- 掌握通过录制层路径创建时间轴动画的方法。

10.1 认识【时间轴】面板

在网页中，可以灵活移动 AP Div 的位置，还可以将其设置为可见或隐藏，并能设置多个 AP Div 的层叠效果及隶属关系。利用时间轴来更改 AP Div 的位置、大小、可见性和层叠顺序就能实现网页中的动画效果。

动画的实现原理就是将很多画面连起来播放，产生运动的错觉。所以动画的基本单位就是一个个的画面，也叫做帧。在动画中有些帧非常关键，可以影响整个动画，这样的帧叫做关键帧。将很多画面按照时间先后顺序连接起来就形成了动画。时间轴可以用来排列画面顺序，还可以设置在页面加载后执行的其他操作。如【时间轴】面板具有显示 AP Div 与图像随时间变化的属性，即通过时间轴可以更改图像的源文件，以至一段时间内可以有不同的图像出现在页面上。

选择【窗口】/【时间轴】命令，打开【时间轴】面板。在如图 10-1 所示的【时间轴】面板中，动画条的名称为"apDiv1"，【时间轴】面板的其他参数说明如下。

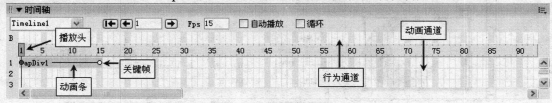

图10-1 【时间轴】面板

- 【名称列表】Timeline1 ⌄：设置当前显示在【时间轴】面板中的是文档的哪一条时间轴。
- 【退到首帧】⏮：移动播放头到时间轴的第 1 帧。
- 【后退】◀：向左移动播放头 1 帧。单击◀按钮并按住鼠标左键可以回放时间轴。

- 【帧序号】 1 ：表示帧的序号，◄按钮与►按钮间的数字是当前帧的序号。
- 【前进】►：向右移动播放头 1 帧。单击►按钮并按住鼠标左键可以连续播放时间轴。
- 【帧频】 Fps 15 ：设置每秒播放的帧数，默认设置是每秒播放 15 帧。
- 【自动播放】：设置在浏览器载入当前页面后是否自动播放动画。
- 【循环】：设置在浏览器载入当前页面后是否无限循环播放动画。
- 【播放头】：显示在当前页面上的是时间轴的哪一帧。
- 【关键帧】：在动画条中被指定对象属性的帧，用小的圆圈表示。
- 【动画条】：显示每个对象的动画持续时间。一行可包含多个代表不同对象的动画条，不同的动画条不能控制同一帧中的同一个对象。
- 【动画通道】：用于显示动画条。
- 【行为通道】：在时间轴上某一帧执行 Dreamweaver 行为的通道。

10.2　创建时间轴动画

通过时间轴，可以让 AP Div 的位置、大小、可视性和重叠次序随着时间的变化而改变，也可以改变图像的源文件，因此可以利用时间轴创建简单的动画。

10.2.1　创建简单时间轴动画

时间轴不能直接改变图像的位置、大小、可见性，但可以将图像添加到 AP Div 中，通过改变 AP Div 的位置、大小、可见性来实现动画效果。下面介绍创建时间轴动画的基本方法。

🔑 创建时间轴动画

1. 新建网页文档"10-2-1.htm"，然后在文档中插入一个 AP Div。
2. 向 AP Div 中插入一幅图像，然后根据图像的大小，重新设置 AP Div 的宽度和高度，如图 10-2 所示。

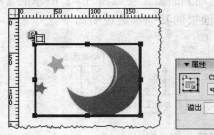

图10-2　设置 AP Div 的宽度和高度

3. 选择【窗口】/【时间轴】命令，打开【时间轴】面板，然后将当前创建的 AP Div 直接拖曳到【时间轴】面板中。此时，一个动画条出现在时间轴的第 1 个通道中，同时 "apDiv" 的名字也出现在动画条中，如图 10-3 所示。
4. 在【时间轴】面板中单击动画条尾部的关键帧标记，将播放头移动到最后一个关键帧处，如图 10-4 所示。

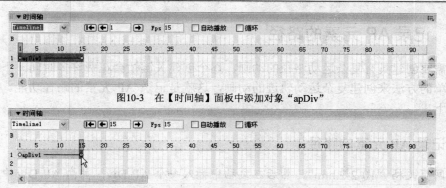

图10-3　在【时间轴】面板中添加对象"apDiv"

图10-4　将播放头移动到最后一个关键帧处

5.　在文档窗口中将 AP Div 拖曳到动画结束的地方，一条直线出现在文档窗口中，显示动画运动的路径，如图 10-5 所示。

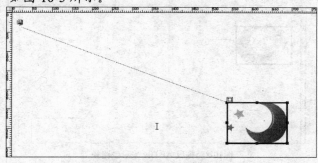

图10-5　拖曳 AP Div 并显示运动路径

6.　如果想得到一个曲线运动的动画，则需要在【时间轴】面板中将播放头移至第 7 帧处，然后单击右上角的 按钮，在弹出的快捷菜单中选择【增加关键帧】命令，增加一个关键帧，如图 10-6 所示。

图10-6　在第 7 帧处增加关键帧

7.　拖曳文档窗口中的 AP Div，使移动路径变为曲线，如图 10-7 所示。

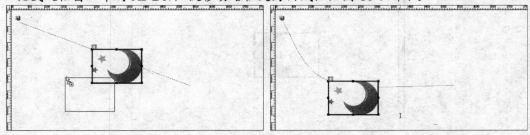

图10-7　改变 AP Div 的运动路径

8.　将鼠标光标移到【时间轴】面板中的 按钮上，按住鼠标左键不放，在页面中预览动画效果。

　　通过预览可以看到 AP Div 以曲线方式运动，这说明路径已经被更改。

10.2.2　记录 AP 元素的路径

如果需要创建具有复杂运动路径的动画，逐个创建关键帧会花费许多时间。下面介绍一种高效简单的方法来创建复杂运动轨迹的动画，这就是记录 AP 元素的路径功能。下面来实际操作一下。

记录 AP 元素的路径

1. 新建网页文档"10-2-2.htm"，然后在文档中插入一个 AP Div，并向 AP Div 中插入一幅图像，根据图像的大小重新设置 AP Div 的宽度和高度。
2. 选择【修改】/【时间轴】/【记录 AP 元素的路径】命令，然后在文档中拖曳 AP Div 来录制路径，如图 10-8 所示。

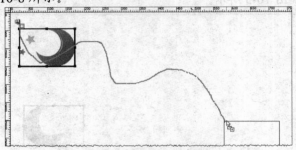

图10-8　拖曳 AP Div 来录制路径

3. 在动画停止的地方释放鼠标左键，Dreamweaver 将自动在【时间轴】面板中添加对象，并且较为合理地创建一定数目的关键帧，如图 10-9 所示。

图10-9　自动添加对象和关键帧

4. 将鼠标光标移到【时间轴】面板中的 ➡ 按钮上，按住鼠标左键不放，在页面中预览动画的实际效果。

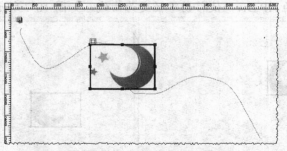

图10-10　在页面中预览动画的实际效果

5. 在【时间轴】面板中勾选【自动播放】和【循环】复选框，使页面读入后自动进行连续循环播放。
6. 保存文件。

10.3　编辑时间轴动画

时间轴动画创建以后，许多时候要根据实际需要对其进行编辑，如控制动画播放时间、添加和移除帧、移动动画路径、用时间轴改变图像与 AP Div 的属性等。下面对这些知识进行简要介绍。

10.3.1　增加对象到时间轴

创建时间轴动画的一个重要环节就是将对象添加到【时间轴】面板中，主要有 3 种基本方法。

- 选择【修改】/【时间轴】/【增加对象到时间轴】命令，如图 10-11 所示。
- 将 AP Div 直接拖曳到【时间轴】面板中。
- 单击【时间轴】面板右上角的 按钮，在弹出的快捷菜单中选择【添加对象】命令，如图 10-12 所示。

图10-11　选择【增加对象到时间轴】命令　　　　　图10-12　选择【添加对象】命令

10.3.2　控制动画播放时间

下面来介绍修改时间轴动画播放时间的长短的方法。

- 在【时间轴】面板中拖曳第 1 个关键帧或者最后一个关键帧，以改变整个动画的播放时间，如图 10-13 所示。在拖曳过程中，动画中的所有关键帧都将按比例发生位移，而彼此之间的相对位置不发生变化。

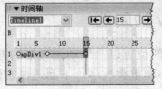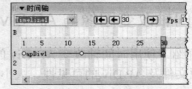

图10-13　改变动画时间

- 如果不想让各关键帧随着总长度的变化而变化，只要在拖曳最后一个关键帧时按住 Ctrl 键即可，如图 10-14 所示。
- 选中一个或者所有与该动画关联的动画条（按 Shift 键来同时选中多个动画条），并向左或向右拖曳动画条，就可以改变动画的开始时间，如图 10-15 所示。

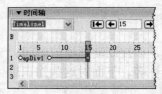 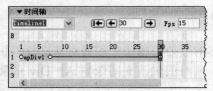 

图10-14　增长最后一个关键帧的发生时间　　　　　图10-15　改变动画的开始时间

10.3.3　添加和移除帧

要在时间轴中添加或移除一帧，可以通过下列方法来实现。

- 选择【修改】/【时间轴】菜单中的【添加帧】或【删除帧】命令，在播放头右边加入或删除 1 帧。也可以使用右键菜单命令进行操作。
- 选择【修改】/【时间轴】/【增加关键帧】命令，在当前播放头位置加入关键帧；选定关键帧，选择【修改】/【时间轴】/【删除关键帧】命令，将当前关键帧删除。也可以使用右键菜单命令进行操作。

10.3.4　移动动画路径

要移动整个动画路径的位置，首先应在【时间轴】面板中选中整个动画条，然后在页面上拖曳对象，如图 10-16 所示。Dreamweaver 可以调整所有关键帧的位置，整个选中的动画条所做的任何类型的改变都将改变所有的关键帧。

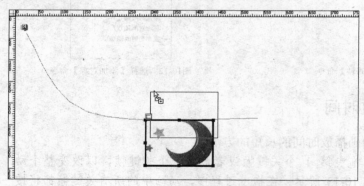 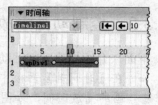

图10-16　移动动画路径

10.3.5　用时间轴改变图像与 AP Div 的属性

在 10.2 节中介绍了使用时间轴改变 AP Div 的位置以产生动画效果的方法。这里将利用时间轴改变图像源文件及 AP Div 的可见性、大小和重叠次序。下面通过实例来进行说明。

🔑 **用时间轴改变图像源文件**

1. 新建网页文档 "10-3-5.htm"，然后在文档中插入一个 AP Div，并向 AP Div 中插入图像 "images/wyx01.jpg"，然后根据图像的大小，重新设置 AP Div 的宽度和高度，如图 10-17 所示。

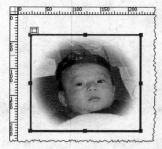

图10-17　设置 AP Div 的宽度和高度

2. 选择【窗口】/【时间轴】命令，打开【时间轴】面板，然后将当前创建的 AP Div 直接拖曳到【时间轴】面板中，如图 10-18 所示。

图10-18　在【时间轴】面板中添加对象 AP Div

3. 在【时间轴】面板中单击动画条尾部的关键帧标记，将播放头移动到最后一个关键帧处，然后在文档窗口中将 AP Div 拖曳到动画结束的地方，如图 10-19 所示。

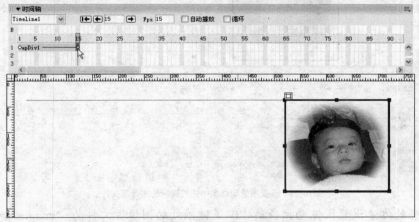

图10-19　将 AP Div 拖曳到动画结束的地方

4. 在【时间轴】面板中拖曳最后一个关键帧至第 40 帧处，以改变整个动画的播放时间，如图 10-20 所示。

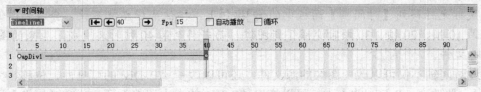

图10-20　拖曳最后一个关键帧至第 40 帧处

5. 在【时间轴】面板中将播放头移至第 1 帧，然后选定文档窗口 AP Div 中的图像，接着选择【修改】/【时间轴】/【增加对象到时间轴】命令，将图像添加到【时间轴】面板中，如图 10-21 所示。

图10-21　将图像作为对象添加到时间轴中

6. 拖曳图像动画条最右侧的关键帧，将其移至第 40 帧处，然后在图像动画条的第 10 帧、20 帧、30 帧处添加 3 个关键帧，如图 10-22 所示。

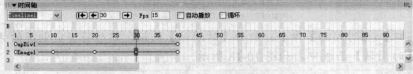

图10-22　添加关键帧

7. 在图像动画条中单击第 10 帧处的关键帧，然后在图像【属性】面板的【源文件】文本框中设置新图像 "images/wyx02.jpg"，要确保图像的尺寸不发生任何改变，如图 10-23 所示。

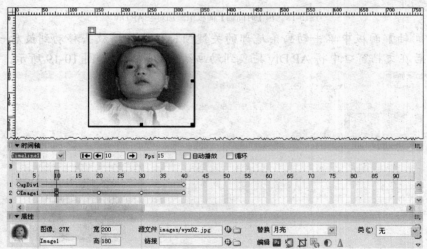

图10-23　改变图像动画条中的关键帧的图像源文件

8. 运用同样的方法设置图像动画条第 20 关键帧处的图像源文件为 "images/wyx03.jpg"，第 30 关键帧处的图像源文件为 "images/wyx04.jpg"。

9. 在【时间轴】面板中勾选【自动播放】和【循环】复选框，使页面读入后自动进行连续循环播放。

10. 将鼠标光标移到【时间轴】面板中的 ➡ 按钮上，按住鼠标左键不放，会看到图像在移至第 10 帧、20 帧、30 帧时变成了新图像，而当移至第 40 帧时又变成了原来的图像。

11. 保存文件。

　　通过时间轴不仅可以改变图像的源文件，还可以改变 AP Div 的可见性、位移、大小和 z 轴顺序。要改变 AP Div 的大小，可以拖曳 AP Div 的大小调整手柄，或在【属性】面板的【宽】和【高】文本框内输入新的值。要改变 AP Div 的重叠次序，可以在【Z 轴】文本框内输入新的值或用【AP 元素】面板来改变当前 AP Div 的重叠次序。综合运用这些功能就可以制作出时隐时现的动画效果，读者可以自己练习一下。

10.3.6 添加、移除和重命名时间轴

在【时间轴】面板中，可以有多个时间轴，可以删除不需要的时间轴，还可以重命名时间轴。

添加、移除和重命名时间轴

1. 新建网页文档 "10-3-6.htm"，然后选择【窗口】/【时间轴】命令打开【时间轴】面板。

2. 选择【修改】/【时间轴】/【添加时间轴】命令，在【时间轴】面板中添加一个时间轴，如图 10-24 所示。

3. 在【时间轴】下拉列表中选择 "Timeline1" 使其成为当前时间轴，然后选择【修改】/【时间轴】/【移除时间轴】命令将其删除，如图 10-25 所示。

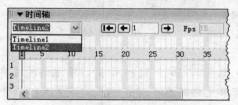

图10-24 添加时间轴

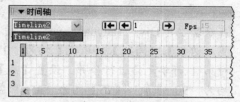

图10-25 移除时间轴

4. 选择【修改】/【时间轴】/【重命名时间轴】命令，打开【重命名时间轴】对话框，在【时间轴名称】文本框中输入新的时间轴名称，单击 确定 按钮将对当前时间轴进行重新命名，如图 10-26 所示。

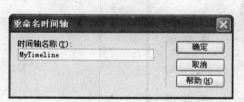

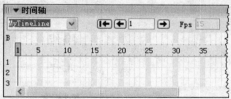

图10-26 重命名时间轴

10.4 实例——制作"演员表"动画

通过前面各节的学习，读者对 AP Div 的基本知识有了一定的了解。本节将以制作"演员表"动画为例，介绍使用 AP Div 和时间轴制作动画的基本方法，让读者进一步巩固所学内容。

制作"演员表"动画

1. 将本章素材文件"综合实例\素材"文件夹下的内容复制到站点根文件夹下，然后新建一个网页文档"shili.htm"。

2. 在文档中插入【ID】为 "PskyLayer" 的 AP Div，然后在其【属性】面板中，设置【左】和【上】边距均为 "0px"，【宽】和【高】分别为 "850px" 和 "638px"，【背景图像】为 "images/psky.jpg"，【溢出】为 "hidden"，如图 10-27 所示。

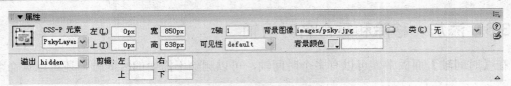

图10-27　设置 AP Div 的属性

3. 将鼠标光标置于 AP Div "PskyLayer" 中，然后插入一个嵌套 AP Div "YanyuanLayer"，在其【属性】面板中，设置【左】边距为 "250px"，【上】边距为 "100px"，【宽】和【高】分别为 "300px" 和 "250px"，如图 10-28 所示。

图10-28　设置嵌套 AP Div "YanyuanLayer" 的属性

4. 在嵌套 AP Div "YanyuanLayer" 中插入一个 5 行 3 列、宽度为 "270 像素" 的表格，设置【边框】、【间距】、【填充】均为 "0"。

5. 对第 1 行单元格进行合并，设置【高】为 "50 像素"，第 1 列和第 3 列单元格的【宽】均为 "90 像素"、【高】均为 "45 像素"，所有单元格的水平对齐方式均设置为 "居中对齐"、垂直对齐方式均设置为 "居中"，最后输入相应的文本，如图 10-29 所示。

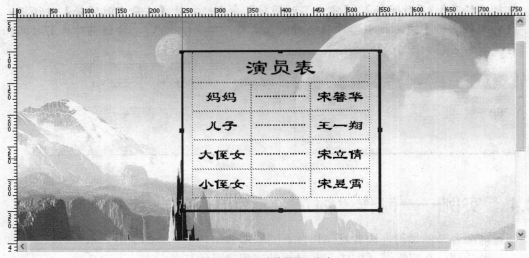

图10-29　插入表格并输入文本

6. 选中 AP Div "YanyuanLayer"，然后选择【修改】/【时间轴】/【增加对象到时间轴】命令，将其添加到时间轴。

7. 在【时间轴】面板中，选择第 1 帧，然后在【属性】面板中设置上边距为 "700px"。

8. 将动画条的最后一个关键帧拖曳到时间轴的第 150 帧处，然后在【属性】面板中设置上边距为 "-650px"。

9. 在【时间轴】面板中勾选【自动播放】和【循环】复选框，这样可使时间轴动画在页面打开时能够自动循环播放。

10. 保存文件。

小结

本章主要介绍了时间轴的基本功能和使用方法，同时也让读者对 AP Div 这个概念有了进一步的了解。下面将创建时间轴动画应该注意的问题进行简要总结，以供读者参考。

- 当需要改变图像源文件时，最好将图像放在 AP Div 当中，不要单独改变图像源文件，因为新图像必须要重新下载，切换图像源文件会减慢动画速度。如果将图像放在 AP Div 里面，那么在动画运行之前所有的图像会一次下载完，不会有明显的停顿或者丢失图像现象。
- 如果动画看上去不是很连贯且图像在位置间有跳动时，可以通过拉长动画条使运动效果更平滑。拉长动画条时将在运动的起点与终点间创建更多的数据点，同时也使得对象移动得更慢。
- 动画中最好不要调用较大的位图，因为大的位图将导致整个动画降速。

时间轴和 AP Div 就像一对钥匙和锁，只有将它们配成对，才能打开网页动画的大门。希望读者在实践中能够认真理解，并做到举一反三。

习题

一、填空题

1. 通过_____可以让 AP Div 的位置、尺寸、可视性和重叠次序随着时间的变化而改变，从而创建出具有 Flash 效果的动画。
2. 选定 AP Div 后，选择【修改】/_____/【添加对象到时间轴】命令，将 AP Div 添加到【时间轴】面板。
3. 如果不想让时间轴动画条的各关键帧随着总长度的变化而变化，只要在拖曳最后一个关键帧时按住_____键即可。
4. 如果需要创建具有复杂运动路径的动画，一个一个地创建关键帧会花费许多时间。还有一种更加高效而简单的方法可创建复杂运动轨迹的动画，这就是_____功能。
5. 如果让时间轴动画能够自动循环播放，在【时间轴】面板中必须同时勾选【自动播放】和_____两个复选框。

二、选择题

1. 时间轴是与_____密切相关的一项功能，它可以在 Dreamweaver 中实现动画效果。
   A. AP Div　　　　B. 表格　　　　C. 框架　　　　D. 模板
2. 下面关于时间轴的说法，错误的有_____。
   A. 选择【窗口】/【时间轴】命令，将打开【时间轴】面板
   B. 选择【修改】/【时间轴】/【添加对象到时间轴】命令，将层添加到【时间轴】面板
   C. 在【时间轴】的动画条中，可以根据需要增加关键帧，但不能增加帧
   D. 【时间轴】中的动画条可以加长也可以缩短

三、问答题

1. 如何将对象添加到时间轴？
2. 如何改变时间轴动画的播放时间？

四、操作题

根据操作提示使用 AP Div 和时间轴制作如图 10-30 所示的"飘动的云"动画网页。

图10-30　"飘动的云"动画网页

【操作提示】

1. 插入 AP Div"LskyLayer"，设着左边距和上边距均为"0px"，宽度和高度分别为"1024px"和"768px"，背景图像为"images/lsky.jpg"，溢出为"hidden"。

2. 在 AP Div"PskyLayer"中插入一个嵌套 AP Div"YunLayer"，设置左边距为"0px"，上边距为"300px"，宽度和高度分别为"288px"和"56px"。

3. 在嵌套 AP Div"YunLayer"中插入图像文件"images/yun.gif"。

4. 将层"YunLayer"添加到时间轴，然后选择第 1 帧，在【属性】面板中设置左边距为"0px"，上边距为"300px"。

5. 将动画条的最后一个关键帧拖曳到时间轴的第 120 帧处，然后在【属性】面板中设置左边距为"1000px"，上边距为"300px"。

6. 在动画条的第 60 帧处增加一个关键帧，然后在【属性】面板中设置左边距为"500px"，上边距为"0px"。

7. 在【时间轴】面板中勾选【自动播放】和【循环】复选框，这样可使时间轴动画在页面打开时能够自动循环播放。

第11章 使用库和模板制作网页

在制作网页的时候，一些网页元素通常被多个页面加以使用，如果每次都重新制作这些相同的部分，会浪费许多时间，而且在后期的维护中也非常费力。对于这个问题，Dreamweaver CS3 给出了相应的解决方案，这就是库和模板。使用库和模板可以统一网站风格，提高工作效率。本章将介绍库和模板的基本知识以及使用库和模板制作网页的基本方法。

【学习目标】
- 了解库和模板的概念。
- 掌握【资源】面板的使用方法。
- 掌握创建和应用库项目的方法。
- 掌握创建和应用模板的方法。

11.1 创建库项目

如果想让每个页面具有相同的标题和脚注，但具有不同的页面布局，可以使用库来存储标题和脚注，然后在相应页面中调出使用。库是一种特殊的 Dreamweaver 文件，可以用来存放诸如文本、图像等网页元素，这些元素通常被广泛用于整个站点，并且经常被重复使用或更新。库是可以在多个页面中重复使用的页面元素，而且更改某个库项目的内容时，可以即时更新所有使用该库项目的页面。

在 Dreamweaver CS3 中，使用库项目的前提条件是，必须为当前要制作的网站创建一个站点。库文件夹 "Library" 位于站点根文件夹下，是自动创建的，不能对其进行修改，主要用于存放每个独立的库项目。

下面介绍在 Dreamweaver CS3 中创建库项目的基本方法。

11.1.1 创建空白库项目

创建空白库项目通常有两种方法，一种是通过【资源】面板，另一种是通过菜单栏中的【文件】/【新建】命令。下面介绍其创建过程。

☞ 创建空白库项目

首先通过【资源】面板创建库项目。

1. 选择【窗口】/【资源】命令，如图 11-1 所示，打开【资源】面板。
2. 在【资源】面板中单击 📖（库）按钮切换至【库】分类，如图 11-2 所示。

图11-1 选择【窗口】/【资源】命令

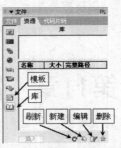

图11-2 切换至【库】分类

【资源】面板将网页元素分为 9 类，面板的左栏垂直并排着 ▣ (图像)、▦ (颜色)、▨ (URLs)、◉ (Flash)、▥ (Shockwave)、▣ (影片)、◈ (脚本)、▤ (模板) 和 ▥ (库) 9 个按钮，每一个按钮代表一大类网页元素。面板的右边是列表区，分为上栏和下栏，上栏是元素的预览图，下栏是明细列表。

在【库】和【模板】分类的明细列表栏的下面依次排列着 ▢插入▢ (或 ▢应用▢)、◎ (刷新站点列表)、▣ (新建)、▨ (编辑) 和 ▥ (删除) 5 个按钮。单击面板右上角的 ▥ 按钮将弹出一个菜单，其中包括【资源】面板的一些常用命令。

3. 单击【资源】面板右下角的 ▣ (新建) 按钮，新建一个库项目，然后在列表框中输入库项目的名称"top"，并按 Enter 键确认，如图 11-3 所示。

4. 选中库项目"top"，然后单击【资源】面板右下角的 ▨ (编辑) 按钮，在工作区打开库项目文件"top.lbi"即可输入内容。

下面通过菜单栏中的【文件】/【新建】命令创建库项目。

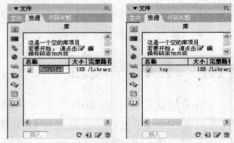

图11-3 新建库并命名

5. 选择【文件】/【新建】命令，打开【新建文档】对话框，然后选择【空白页】/【库项目】选项，如图 11-4 所示。

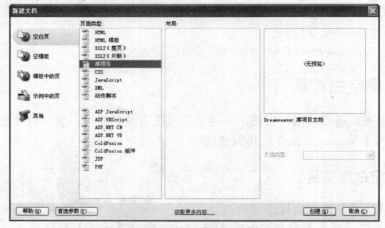

图11-4 选择【空白页】/【库项目】选项

6. 单击 ▢创建(R)▢ 按钮，打开一个空白文档窗口，添加内容后进行保存即可 (也可先保存日后再添加内容)，如图 11-5 所示。

图11-5　保存库文件

创建空白库项目后，还需要打开库项目添加内容，包括文本、图像、表格、CSS 样式等，就像平时制作网页一样，没有本质区别，最后保存文件即可。

11.1.2　从已有的网页创建库项目

除了创建空白库项目，还可以从已有的网页创建库项目。下面介绍其创建过程。

🔑　从已有的网页创建库项目

1. 将本章素材文件"例题文件\素材"文件夹下的文档"11-1-2.htm"复制到站点根文件夹下。
2. 打开文档"11-1-2.htm"，从中选择要保存为库项目的对象，本例选择文本"只有民族的，才是世界的！"所在的表格，如图 11-6 所示。
3. 选择【修改】/【库】/【增加对象到库】命令，弹出信息提示框，如图11-7 所示。

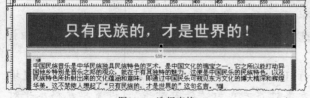

图11-6　选择表格　　　　　　　　　　　　　　图11-7　信息提示框

4. 单击 确定 按钮，该对象即被添加到库项目列表中，库项目名为系统默认的名称，输入新的库项目名称后按 Enter 键确认，如图 11-8 所示。接着出现信息提示对话框，如图 11-9 所示。

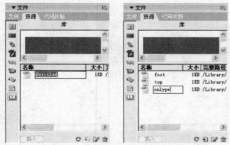

图11-8　修改库项目名称　　　　　　　　　　　图11-9　【更新文件】对话框

191

5. 单击 [是(Y)] 按钮，打开【更新页面】对
   话框，如图 11-10 所示。更新完毕后单击
   [关闭(C)] 按钮关闭对话框。
6. 保存文档"11-1-2.htm"。

此时的文档"11-1-2.htm"已经是一个引用
库项目的文档，库项目中的内容在引用文档中是
不能修改的，要修改只能修改库项目文档。

图11-10 【更新页面】对话框

11.1.3 修改库项目

库项目创建以后，根据需要适时地修改其内容是不可避免的。如果要修改库项目，需要直
接打开库项目进行修改。打开库项目的方式通常有两种：一种是在【资源】面板的库项目列表
中双击，打开要修改的库项目，或者先选中库项目再单击面板底部的 按钮打开库项目；另一
种是在引用库项目的网页中选中库项目，然后在【属性】面板中单击 [打开] 按钮打开库项目。

修改库项目

1. 在【资源】面板的库项目列表中，双击打开库项目"top.lbi"。
2. 在库项目"top.lbi"中，插入一个 1 行 1 列、【宽】为"780 像素"的表格，设置【填
   充】、【间距】和【边框】均为"0"，表格对齐方式为"居中对齐"，然后在单元格中插
   入"image"文件夹下的图像文件"logo.gif"，如图 11-11 所示。

图11-11 编辑库项目"top.lbi"

3. 在【资源】面板的库项目列表中，先选中库项目"foot.lbi"再单击面板底部的 按钮打
   开该库项目。
4. 在库项目"foot.lbi"中，插入一个 1 行 1 列、【宽】为"780 像素"的表格，设置【填
   充】、【间距】和【边框】均为"0"，表格对齐方式为"居中对齐"，设置单元格水平对
   齐方式为"居中对齐"、垂直对齐方式为"居中"、【高】为"30"，然后输入文本，如
   图 11-12 所示。

图11-12 编辑库项目"foot.lbi"

5. 分别保存两个库项目。

11.1.4 删除库项目

如果要删除库项目，其操作步骤如下。
1. 打开【资源】面板并切换至【库】分类。
2. 在库项目列表中选中要删除的库项目。

3. 单击【资源】面板右下角的 🗑 按钮或直接在键盘上按 Delete 键即可。

删除一个库项目后，将无法进行恢复，所以应特别小心。

11.2　应用库项目

库项目创建完毕后，只有将它插入到其他页面中才能发挥作用。库项目修改后，引用该库项目的文档将自动进行更新，如果没有自动更新，可以手动进行更新。库项目在引用文档中不能进行修改，如果必须在引用文档中修改，只有将库项目从源文件中分离。下面对这些内容进行详细介绍。

11.2.1　插入库项目

库项目是可以在多个页面中重复使用的页面元素。在使用库项目时，Dreamweaver 不是向网页中直接插入库项目，而是插入一个库项目链接，通过【属性】面板中的"Src / Library/onlypw.lbi"可以清楚地说明这一点。下面介绍插入库项目的基本方法。

🔑 插入库项目

1. 创建网页文档"11-2-1.htm"，并将鼠标光标置于文档中。
2. 打开【资源】面板并切换至【库】分类，在列表框中选中要插入的库文件，本例选择"onlypw.lbi"。
3. 单击【资源】面板底部的 插入 按钮（或者单击鼠标右键，在弹出的快捷菜单中选择【插入】命令），将库项目插入到网页文档中，如图 11-13 所示。

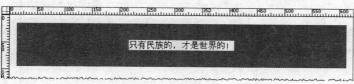

图11-13　插入库项目

4. 保存文件。

11.2.2　更新应用了库项目的文档

在库项目被修改且保存后，通常引用该库项目的网页会进行自动更新。如果没有进行自动更新，可以选择【修改】/【库】/【更新当前页】命令，对应用库项目的当前网页进行更新；也可以选择【更新页面】命令，打开【更新页面】对话框，进行参数设置后更新相关页面，如图 11-14 所示。

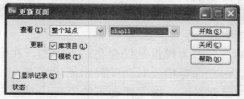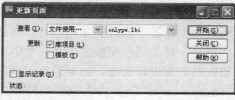

图11-14　【更新页面】对话框

如果在【更新页面】对话框的【查看】下拉列表中选择【整个站点】选项，然后从其右侧的下拉列表中选择站点的名称，将会使用当前版本的库项目更新所选站点中的所有页面；如果选择【文件使用…】选项，然后从其右侧的下拉列表中选择库项目名称，将会更新当前站点中所有应用了该库项目的文档。

11.2.3 从源文件中分离库项目

如果在网页文档中应用了库项目，而且希望其成为网页文档的一部分，就需要将库项目从源文件中分离出来。分离后，就可以对这部分内容进行编辑，因为它已经成为网页的一部分，与库项目不再有关联。下面介绍从源文件中分离库项目的具体操作方法。

⚷━ 从源文件中分离库项目

1. 将网页文档 "11-1-2.htm" 保存为 "11-2-3.htm"。
2. 选中库项目，此时显示库项目的【属性】面板，如图 11-15 所示。

图11-15 库项目的【属性】面板

3. 在【属性】面板中单击 从源文件中分离 按钮，弹出信息提示框，如图 11-16 所示。
4. 单击 确定 按钮，将库项目的内容与库文件分离，分离后库项目的内容将自动变成网页中的内容，如图 11-17 所示。

图11-16 信息提示框

图11-17 库项目的内容自动变成网页中的内容

5. 保存文档。

11.3 创建模板

模板是制作具有相同版式和风格的网页文档的基础文档。模板的功能在于可以一次更新多个页面，并使网站拥更统一的风格。可以通过修改模板来立即更新所有基于该模板的文档中的相应元素，因为从模板创建的文档与该模板保持链接状态。可以利用模板设计页面布局、在模板中创建基于模板的文档并对其进行编辑。

与库项目一样，创建模板之前首先要创建站点，因为模板是保存在站点中的，在应用模板时也要在站点中进行选择。如果没有创建站点，在保存模板时会先提示创建站点。

在 Dreamweaver CS3 中，创建的模板文件保存在网站根文件夹下的 "Templates" 文件夹内，"Templates" 是自动生成的，不能对其进行修改。

11.3.1　创建空白模板文件

创建空白模板通常有两种方法：一种是通过【资源】面板；另一种是通过菜单栏中的【文件】/【新建】命令。下面介绍其创建过程。

🔑　创建空白模板

首先通过【资源】面板创建模板。

1. 打开【资源】面板，单击 📄（模板）按钮切换至【模板】分类。
2. 单击面板右下角的 ➕ 按钮，新建一个默认名称为 "Untitled" 的模板。
3. 在 "Untitled" 处输入新的模板名称 "index-1"，并按 Enter 键确认，如图 11-18 所示。
   下面通过菜单栏中的【文件】/【新建】命令创建模板。
4. 选择【文件】/【新建】命令，打开【新建文档】对话框，然后选择【空模板】/【HTML 模板】/【无】选项，如图 11-19 所示。

图11-18　创建模板文件　　　　　　　　　图11-19　选择【空模板】/【HTML 模板】/【无】选项

5. 单击 创建(R) 按钮打开一个空白文档窗口，添加模板对象后进行保存即可。这里暂不添加模板对象，先保存文档，【另存为】对话框中的参数设置如图 11-20 所示。
6. 单击 保存(S) 按钮，在【资源】面板的【模板】分类中增加了模板文件 "index-2"，如图 11-21 所示。

图11-20　保存库文件　　　　　　　　　　图11-21　创建模板文件 "index-2"

创建空白模板后，还需要打开模板添加内容，包括网页的常规元素和模板对象，下面来进行介绍。

11.3.2　添加模板对象

在模板中，比较常用的模板对象有可编辑区域、重复表格和重复区域。

可编辑区域是指可以对其进行添加、修改和删除网页元素等操作的区域。可编辑区域在模板中由高亮显示的矩形边框围绕，该边框使用在首选参数中设置的高亮颜色。该区域左上角的选项卡显示该区域的名称。

在插入可编辑区域时，可以将整个表格定义为可编辑区域，也可以将单个单元格定义为可编辑区域，但不能同时指定某几个单元格为可编辑区域。如果要使用 AP Div，则 AP Div 与其中的内容是不同的元素，将 AP Div 定义为可编辑区域时，可以改变该 AP Div 的位置，但不能修改 AP Div 中的内容。只有将 AP Div 中的内容定义为可编辑区域时，才可以修改 AP Div 中的内容。

在创建模板的过程中，创建了一个可编辑区域后，在该区域内就不能再继续创建可编辑区域。如果以该模板为基准新建一个文档，在该文档的可编辑区域内是可以继续插入可编辑区域的，但此时该文档必须保存为嵌套模板。因此可编辑区域的嵌套是模板嵌套的重要前提。在嵌套模板中，除新建的可编辑区域外，其他部分只能交给上级模板来修改，这是嵌套模板的特点。

重复表格是指包含重复行的表格格式的可编辑区域，可以定义表格的属性并设置哪些单元格可编辑。重复表格可以包含在重复区域内，但不能包含在可编辑区域内。另外，不能将选定的区域变成重复表格，只能插入重复表格。

重复区域是指可以在模板中复制任意次数的指定区域。重复区域不是可编辑区域，若要使重复区域中的内容可编辑，必须在重复区域内插入可编辑区域或重复表格。重复区域可以包含整个表格或单独的表格单元格。如果选定"<td>"标签，则重复区域中包括单元格周围的区域；如果未选定，则重复区域将只包括单元格中的内容。在一个重复区域内可以继续插入另一个重复区域。整个被定义为重复区域的部分都可以被重复使用。

修改可编辑区域等模板对象的名称可通过【属性】面板进行。这时需要先选择模板对象，方法是单击模板对象的名称或者将鼠标光标定位在模板对象处，然后在工作区下面选择相应的标签，在选择模板对象时会显示其【属性】面板，在【属性】面板中修改模板对象名称即可。

下面介绍在模板中添加可编辑区域、重复表格和重复区域等模板对象的方法。

🔑　添加模板对象

1. 接上例。将本章素材文件"例题文件\素材"文件夹中的"images"文件夹复制到站点根文件夹下。
2. 在【资源】面板的【模板】分类中，双击"index-1"或先选中"index-1"并单击面板底部的 ✎ 按钮打开模板文件。
3. 选择【修改】/【页面属性】命令，打开【页面属性】对话框，设置文本大小为"12 像素"，页边距为"0"，如图 11-22 所示。

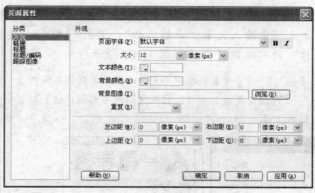

图11-22 设置页面属性

4. 打开【资源】面板并切换至【库】分类，在列表框中选中库项目 "top.lbi"，然后单击【资源】面板底部的 插入 按钮，将库项目插入到文档中。

5. 将鼠标光标置于所插库项目的后面，运用同样的方法插入库项目 "foot.lbi"，如图 11-23 所示。

图11-23 插入库项目

6. 选中页眉库项目 "top.lbi"，然后选择【插入记录】/【表格】命令，在页眉和页脚中间插入一个 1 行 2 列、【宽】为 "780 像素" 的表格，设置【填充】、【间距】和【边框】均为 "0"，并设置表格对齐方式为 "居中对齐"。

7. 设置左侧单元格的水平对齐方式为 "居中对齐"，垂直对齐方式为 "顶端"，宽度为 "160 像素"。

8. 接着选择【插入记录】/【模板对象】/【重复区域】命令，打开【新建重复区域】对话框，在【名称】文本框中输入文本 "导航栏"，单击 确定 按钮，在左侧单元格内插入名称为 "导航栏" 的重复区域，如图 11-24 所示。

 也可以在【插入】/【常用】/【模板】面板中单击 🔲（重复区域）按钮，打开【新建重复区域】对话框，在当前区域插入重复区域。

图11-24 插入重复区域

9. 将重复区域中的文本 "导航栏" 删除，然后在其中插入一个 1 行 1 列、【宽】为 "90%" 的表格，设置【填充】和【边框】均为 "0"，【间距】为 "5"。

10. 设置单元格的水平对齐方式为 "居中对齐"，垂直对齐方式为 "居中"，单元格【高】为 "25"，【背景颜色】为 "#CCCCCC"。

11. 选择【插入记录】/【模板对象】/【可编辑区域】命令，打开【新建可编辑区域】对话框，在【名称】文本框中输入文本"导航名称"，单击 确定 按钮，在单元格内插入名称为"导航名称"的可编辑区域，如图 11-25 所示。

> **要点提示** 也可单击【插入】/【常用】面板中的 🖹·（模板）按钮右侧的小三角形，在弹出的下拉按钮组中单击 🖹（可编辑区域）按钮，打开【新建可编辑区域】对话框，插入或者将当前选定区域设为可编辑区域。

图11-25　插入可编辑区域

12. 设置右侧单元格的水平对齐方式为"居中对齐"，垂直对齐方式为"居中"。

13. 选择【插入记录】/【模板对象】/【重复表格】命令，打开【插入重复表格】对话框，并进行参数设置，然后单击 确定 按钮，在右侧单元格内插入名称为"内容"的重复表格，如图 11-26 所示。

> 也可以在【插入】/【常用】/【模板】面板中单击 🖽（重复表格）按钮，打开【插入重复表格】对话框，在当前区域插入重复表格。

图11-26　插入重复表格

　　如果在【插入重复表格】对话框中不设置【单元格边距】、【单元格间距】和【边框】的值，则大多数浏览器按【单元格边距】为"1"、【单元格间距】为"2"、【边框】为"1"显示表格。【插入重复表格】对话框的上半部分与普通的表格参数没有什么不同，重要的是下半部分的参数。

- 【重复表格行】：用于指定表格中的哪些行包括在重复区域中。
- 【起始行】：用于设置重复区域的第 1 行。
- 【结束行】：用于设置重复区域的最后 1 行。
- 【区域名称】：用于设置重复表格的名称。

14. 单击可编辑区域名称"EditRegion4"，然后在【属性】面板中将其名称修改为"标题行"，如图 11-27 所示。

图11-27　修改可编辑区域的名称

15. 运用同样的方法将可编辑区域名称 "EditRegion5" 修改为 "内容行"。
16. 保存文件，结果如图 11-28 所示。

图11-28 制作的网页模板

11.3.3 将现有网页保存为模板

除了直接创建模板外，也可以将现有网页保存为模板。方法是：首先打开一个已有内容的网页文档，根据实际需要在网页中选择网页元素，并将其转换为模板对象，然后选择【文件】/【另存为模板】命令将其保存为模板。

将现有网页保存为模板

1. 将本章素材文件 "例题文件\素材" 文件夹中的网页文档 "11-3-3.htm" 复制到站点根文件夹下。
2. 打开文档并选中第 1 个单元格中的文本 "只有民族的，才是世界的!"，如图 11-29 所示。

图11-29 选中文本

3. 选择【插入记录】/【模板对象】/【可编辑区域】命令，将弹出信息提示框，如图 11-30 所示。
4. 单击 [确定] 按钮，打开【新建可编辑区域】对话框，在【名称】文本框中输入文本 "标题"，如图 11-31 所示。

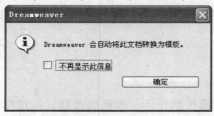

图11-30 弹出的信息提示框

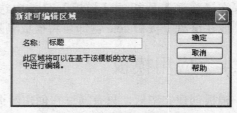

图11-31 【新建可编辑区域】对话框

5. 单击 [确定] 按钮，将所选内容转换成名称为 "标题" 的可编辑区域，如图 11-32 所示。

图11-32　将第 1 个单元格中的内容转换为可编辑区域

6.　运用同样的方法选中第 2 个单元格中的所有内容，并将其转换为名称为"内容"的可编辑区域，如图 11-33 所示。

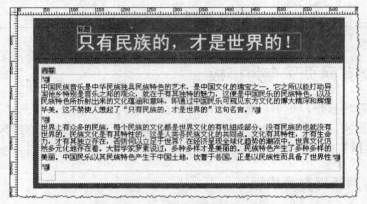

图11-33　将第 2 个单元格中的内容转换为可编辑区域

7.　选择【文件】/【另存为模板】命令，打开【另存模板】对话框，确定要保存的站点及保存名称，然后单击 ▢ 保存 ▢ 按钮弹出信息提示框，根据需要单击 ▢ 是(Y) ▢ 或 ▢ 否(N) ▢ 按钮将其保存为模板，如图 11-34 所示。

图11-34　保存为模板

11.3.4　删除模板

在【资源】面板的【模板】分类中选择要删除的模板，然后单击面板右下角的 🗑 按钮，或在键盘上按 Delete 键即可将模板删除。

11.4　应用模板

模板创建完毕后，只有通过它创建网页才能发挥模板的作用。模板修改后，通过模板创建的网页文档将自动进行更新，如果没有自动更新，可以手动进行更新。模板不能在引用它的文档中进行修改，如果必须在引用它的文档中进行修改，只有将模板从源文件中分离。下面对这些内容进行详细介绍。

11.4.1 使用模板创建网页

创建模板的目的在于使用模板创建网页，下面介绍通过模板创建网页的方法。

使用模板创建网页

1. 选择【文件】/【新建】命令，打开【新建文档】对话框，选择【模板中的页】/【chap11】/【index-1】选项，然后勾选【当模板改变时更新页面】复选框，以确保模板改变时更新基于该模板的页面，如图 11-35 所示。

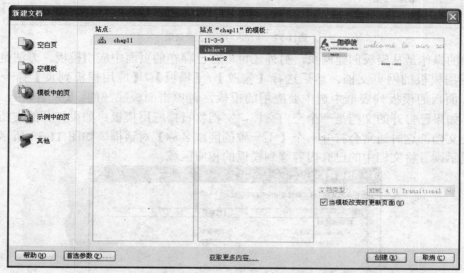

图11-35 选择【模板中的页】/【chap11】/【index-1】选项

 如果在 Dreamweaver CS3 中已经定义了多个站点，则这些站点会依次显示在【站点】列表框中，在列表框中选择一个站点，在右侧的列表框中就会显示这个站点中的模板。

2. 单击 创建(R) 按钮，创建并打开基于模板的文档，然后将文档保存为 "index-1.htm"，如图 11-36 所示。

图11-36 根据模板创建文档

3. 根据需要将可编辑区域中的现有提示文本删除并添加新内容即可，其中，单击 "+" 按钮可以添加一个重复栏目，如果要删除已经添加的重复栏目，可以先选择该栏目，然后单击 "-" 按钮。

4. 保存文件，如图 11-37 所示。

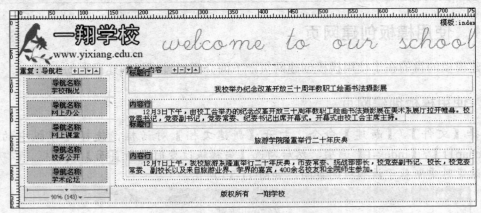

图11-37　添加内容后的页面效果

上面的操作是从模板创建网页，另外还可以在已存在的页面中应用模板。方法是：首先打开要应用模板的网页文档，然后选择【修改】/【模板】/【应用模板到页】命令；或在【资源】面板的模板列表框中选中要应用的模板，再单击面板底部的　应用　按钮，即可应用模板。如果已打开的文档是一个空白文档，文档将直接应用模板；如果打开的文档是一个有内容的文档，这时通常会打开一个【不一致的区域名称】对话框，如图 11-38 所示，该对话框会提示读者将文档中的已有内容移到模板的相应区域。

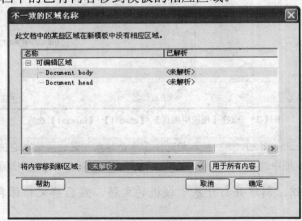

图11-38　【不一致的区域名称】对话框

11.4.2　更新应用了模板的文档

通过模板生成的网页，在更新模板时可以对站点中所有应用此模板的网页进行批量更新，这就要求在【从模板新建】对话框中勾选【当模板改变时更新页面】复选框。如果页面没有更新，可以选择【修改】/【模板】菜单中的【更新当前页】或【更新页面】命令，对由模板生成的网页进行更新。

☞　更新应用了模板的文档

1.　通过【资源】面板打开模板文件 "index-1.dwt"。
2.　选中模板主体部分的最外层表格，如图 11-39 所示。

202

图11-39 选中表格

3. 在【属性】面板中，设置表格的【间距】为"1"，【背景颜色】为"#18860C"，如图 11-40 所示。

图11-40 设置表格间距和背景颜色

4. 接着设置表格的两个单元格的【背景颜色】为"#FFFFFF"，效果如图 11-41 所示。

图11-41 设置单元格的背景颜色

5. 选择【文件】/【保存】命令，打开【更新模板文件】对话框，如图 11-42 所示。

6. 单击 更新(U) 按钮，打开【更新页面】对话框，如图 11-43 所示，更新完毕后单击 关闭(C) 按钮，关闭对话框。

图11-42 【更新模板文件】对话框

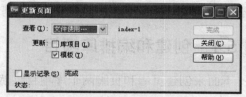

图11-43 【更新页面】对话框

7. 在【文件】面板中打开应用该模板的文档"index-1.htm"，可以发现此文档已经进行了更新，如图 11-44 所示。

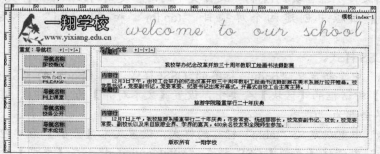

图11-44 文档"index-1.htm"已更新

203

11.4.3　将网页从模板中分离

如果一个文档应用了模板，但又想在文档中直接修改属于模板部分的内容，就必须先将文档与模板分离。将它们分离后，再更新模板时，文档就不会再随之更新。

将网页从模板中分离

1. 将应用了模板"index-1.dwt"的网页文档"index-1.htm"保存为"11-4-3.htm"。
2. 选择【修改】/【模板】/【从模板中分离】命令，将网页脱离模板，如图 11-45 所示。

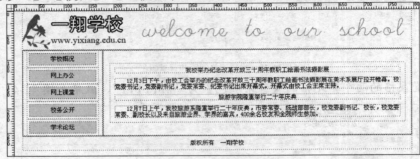

图11-45　将网页从模板中分离

网页从模板中分离后，模板中的内容将自动变成网页中的内容，网页与模板不再有关联，用户可以在文档中的任意区域进行编辑。

11.5　实例——制作"馨华学校"网页模板

通过前面各节的学习，读者对库和模板的基本知识有了一定的了解。本节将以制作"馨华学校"网页模板为例，介绍库和模板的基本使用方法，让读者进一步巩固所学内容。

11.5.1　创建和编排库项目

下面来创建页眉和页脚两个库项目，然后添加内容。

创建和编排库项目

1. 将本章素材文件"综合实例\素材"文件夹下的内容复制到站点根文件夹下。
2. 在【资源】面板中创建两个库项目"top.lbi"和"foot.lbi"，然后打开库项目"top.lbi"。
　　下面创建 CSS 样式。
3. 在"css.css"中重新定义"body"标签的 CSS 样式，在【body 的 CSS 规则定义（在 css.css 中）】对话框的【区块】分类中，设置【文本对齐】为"居中"，在【方框】分类中设置边界全部为"0"。
4. 在"css.css"中重新定义"table"标签的样式，设置文本【大小】为"12 像素"。
5. 在"css.css"中创建【高级】CSS 样式"a:link,a:visited"，在【类型】分类中设置文本【颜色】为"#006633"、【修饰】为"无"。

6. 在 "css.css" 中创建【高级】CSS 样式 "a:hover"，在【类型】分类中，设置文本【颜色】为 "#FF0000"，【修饰】为 "下划线"。

下面编排页眉库项目的内容。

7. 插入一个 2 行 2 列的表格，其属性参数设置如图 11-46 所示。

图11-46　表格属性参数设置

8. 对第 1 列的 2 个单元格进行合并，并在【属性】面板中设置其水平对齐方式为 "居中对齐"，【宽】为 "120"，然后在单元格中插入 "images" 文件夹下的学校标志文件 "logo.gif"。

9. 设置第 2 列第 1 个单元格的水平对齐方式为 "右对齐"，【高】为 "30"，然后在单元格中再插入一个 1 行 3 列的嵌套表格，属性参数设置如图 11-47 所示。

图11-47　表格属性参数设置

10. 设置嵌套表格 3 个单元格的水平对齐方式均为 "右对齐"，【宽】均为 "80"，然后在单元格中依次输入文本 "设为主页"、"加入收藏" 和 "联系我们"。

11. 设置第 2 列第 2 个单元格的水平对齐方式为 "右对齐"，【高】为 "30"，然后在单元格中再插入一个 1 行 6 列的嵌套表格，属性参数设置如图 11-48 所示。

图11-48　表格属性参数设置

12. 设置嵌套表格所有单元格的水平对齐方式均为 "居中对齐"，【宽】均为 "80"，然后输入 "学校主页"、"学校概况"、"课程设置"、"教学科研"、"学校社区" 和 "新闻消息"，并添加空链接 "#"。

13. 保存页眉库文件，如图 11-49 所示。

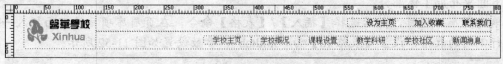

图11-49　页眉库项目

下面编排页脚库项目的内容。

14. 打开库项目 "foot.lbi"，然后单击【CSS 样式】面板底部的 按钮，在打开的【链接外部样式表】对话框中链接外部样式表文件 "css.css"。

15. 在库项目中插入一个 1 行 6 列的表格，其属性参数设置如图 11-50 所示。

图11-50　表格属性参数设置

16. 设置最后一个单元格的水平对齐方式为"右对齐"，然后在其中输入文本"版权所有 XXX 省 XXX 市馨华学校"，如图 11-51 所示。

图11-51　页脚库项目

　　注意，在库项目中使用 CSS 样式时，尽量不要创建复杂的【标签】类型的 CSS 样式，因为定义标签类型的 CSS 样式后，只要引用该样式表的文档中有定义的 HTML 标签，其样式就要起作用。在上面的操作中，虽然也创建了两个【标签】类型的 CSS 样式，如"body"和"table"，但都比较简单。"body"标签样式的主要作用就是使文档内容居中显示，同时边界全部为"0"，这基本上是所有网页的共同特点。"table"标签样式的主要作用就是设置表格中文本的大小为"12 像素"，至于表格本身的样式并没有定义。这里仅仅是一个简单的例子，如果网页比较复杂、网页比较多，而且都引用同一个样式表，在定义标签类型的 CSS 样式时就要特别小心。

11.5.2　创建和编辑模板文档

　　下面首先来创建模板文件并添加模板对象。

⚷━ 创建和编排模板文档

　　下面创建模板文件。

1. 在【资源】面板中创建一个模板文档"shili.dwt"，并打开该模板，然后在【CSS 样式】面板中，单击底部的 ▩ 按钮，在打开的【链接外部样式表】对话框中，链接外部样式表文件"css.css"。
　　下面来插入库项目。

2. 将鼠标光标置于模板文档"shili.dwt"中，在【资源】面板中切换至【库】分类，并在列表框中选中库文件"top.lbi"，单击【资源】面板底部的 [插入] 按钮，将库项目插入到模板顶部，然后利用相同的方法将页脚库项目也插入到模板中。
　　下面来布局主体部分。

3. 单击页眉库项目，然后选择【插入】/【表格】命令，在页眉库项目的下面插入一个 1 行 1 列的表格，设置【表格Id】为"midtab"，参数设置如图 11-52 所示。

图11-52　表格属性设置

4. 在"css.css"中创建基于表格"midtab"的【高级】CSS 样式"#midtab"，在【背景】

分类中设置【背景图像】为 "images/background.jpg"、【重复】为 "不重复"、【水平位置】为 "左对齐"、【垂直位置】为 "底部"，如图 11-53 所示。

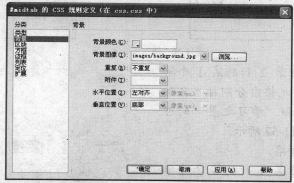

图11-53　定义高级 CSS 样式 "#midtab"

5. 设置单元格的水平对齐方式为 "右对齐"、垂直对齐方式为 "顶端"、【高】为 "256 像素"，然后在其中插入一个 2 行 3 列的嵌套表格，设置【表格 Id】为 "maintab"，其他参数设置如图 11-54 所示。

图11-54　表格属性参数设置

6. 选中表格中的所有单元格，设置其水平对齐方式为 "左对齐"、垂直对齐方式为 "顶端"，单元格的【宽】为 "150"、【高】为 "120"，效果如图 11-55 所示。

图11-55　设置单元格属性后的效果

7. 在 "css.css" 中创建基于表格 "maintab" 的【高级】CSS 超级链接样式 "#maintab a:link,#maintan a:visited"，设置文本【颜色】为 "#0066FF"，无修饰效果。

8. 在 "css.css" 中创建基于表格 "maintab" 的【高级】CSS 超级链接悬停效果样式 "#maintab a:hover"，设置文本【颜色】为 "#000000"，有下划线。

下面插入模板对象可编辑区域。

9. 将鼠标光标定位在第 1 行的第 1 个单元格内，然后选择【插入记录】/【模板对象】/【可编辑区域】命令，打开【新建可编辑区域】对话框，在【名称】文本框中输入 "校园公告"，然后单击 ▭确定 按钮，在单元格内插入可编辑区域，如图 11-56 所示。

图11-56 插入可编辑区域

10. 运用同样的方法在第 2 行的第 1 个单元格和第 2 个单元格内分别插入名称为"教学之星"和"学习之星"的可编辑区域，如图 11-57 所示。

下面来插入重复表格。

11. 将鼠标光标定位在第 1 行的第 2 个单元格内，然后选择【插入】/【模板对象】/【重复表格】命令，插入一个重复表格，如图 11-58 所示。

图11-57 插入可编辑区域

图11-58 插入重复表格

12. 单击可编辑区域 "EditRegion4" 的名称将其选择，在【属性】面板中将其修改为"内容1"，按照同样的方法修改可编辑区域 "EditRegion5" 的名称为"内容2"，如图 11-59 所示。

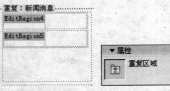

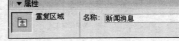

图11-59 修改可编辑区域的名称

下面来插入重复区域。

13. 将第 3 列的 2 个单元格进行合并，然后选择【插入】/【模板对象】/【重复区域】命令，打开【新建重复区域】对话框，在【名称】文本框中输入"内容导读"，单击 确定 按钮，在单元格内插入名称为"内容导读"的重复区域，如图 11-60 所示。

图11-60 插入重复区域

14. 将重复区域内的文本"内容导读"删除，在其中插入符号"★"和两个换行符，然后在"★"和换行符之间再插入一个可编辑区域，如图 11-61 所示。

下面为单元格创建【高级】CSS 样式 "#tdline"。

15. 将鼠标光标置于"校园公告"所在单元格，然后用鼠标右键单击文档左下角的 "<td>" 标签，在弹出的快捷菜单中选择【快速标签编辑器】命令，打开快速标签编辑器，在其中添加 "id="tdline""，如图 11-62 所示。

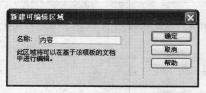

图11-61　插入可编辑区域

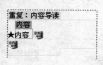

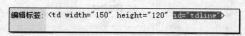

图11-62　快速标签编辑器

16. 在 "css.css" 中创建【高级】CSS 样式 "#tdline"，在【边框】分类中设置【样式】为 "点划线"，【宽度】为 "1 像素"，【颜色】为 "#99CC99"，如图 11-63 所示。

17. 分别将鼠标光标置于其他单元格内，并用鼠标右键单击文档左下角的 "<td>" 标签，在弹出的快捷菜单中选择【设置 ID】/【tdline】命令，把样式应用到这些单元格上，效果如图 11-64 所示。

图11-63　创建【高级】CSS 样式 "#tdline"

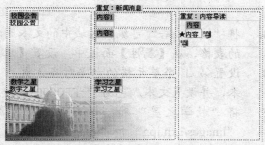

图11-64　应用单元格样式

18. 保存模板文件。

至此，模板制作完成。

11.5.3　使用模板创建网页

下面通过模板创建网页。

🔑　使用模板创建网页

1. 选择【文件】/【新建】命令，打开【新建文档】对话框，选择【模板中的页】/【chap11】/【shili】选项，然后勾选对话框右下角的【当模板改变时更新页面】复选框，以确保模板改变时更新基于模板的页面，如图 11-65 所示。

图11-65　【新建文档】对话框

2. 单击 创建(R) 按钮打开文档，并将文档保存为 "shili.htm"，生成的网页效果如图 11-66 所示。

图11-66 由模板生成的网页

3. 将 "校园公告" 可编辑区域中的文本删除，然后插入一个 2 行 1 列、宽度为 "100%" 的表格，在【属性】面板中，设置【填充】、【间距】和【边框】均为 "0"。

4. 设置第 1 个单元格的水平对齐方式为 "居中对齐"，高度为 "30 像素"，然后输入文本，并设置文本颜色为 "#FF0000"，接着在第 2 个单元格中输入相应的文本。

5. 将 "教学之星" 和 "学习之星" 可编辑区域中的文本删除，分别添加图像文件 "images/sxh.jpg" 和 "images/syx.jpg"，并使它们居中对齐。

6. 单击【重复: 新闻消息】右侧的 "+" 按钮，给 "新闻消息" 栏目添加重复行，然后添加内容和空链接。

7. 将【重复: 内容导读】中 "内容" 可编辑区域中的文本删除，然后单击右侧的 "+" 按钮，添加一个重复区域，最后输入相应的文本，如图 11-67 所示。

图11-67 添加内容

8. 保存文档并在浏览器中预览效果。

小结

　　本章主要介绍库和模板的创建、编辑和应用方法。通过本章的学习，读者应该掌握使用库和模板创建网页的方法，特别是模板中可编辑区域、重复表格和重复区域的创建和应用。读者需要注意的是，单独使用模板对象中的重复区域没有实际意义，只有将其与可编辑区域或重复表格一起使用才能发挥其作用。另外，在模板中如果将可编辑区域、重复表格或重复区域的位置指定错了，可以将其删除进行重新设置。选取需要删除的模板对象，然后选择【修改】/【模板】/【删除模板标记】命令或按 Delete 键即可。

习题

一、填空题

1. 创建的库文件保存在网站根目录下的＿＿＿＿文件夹内。
2. 创建的模板文件保存在网站根目录下的＿＿＿＿文件夹。
3. 模板中的＿＿＿＿是指可以任意复制的指定区域，但单独使用没有意义。
4. 模板中的＿＿＿＿是指可以进行添加、修改和删除网页元素等操作的区域，在该区域内不能再插入可编辑区域。
5. 模板中的＿＿＿＿是指可以创建包含重复行的表格格式的可编辑区域。

二、选择题

1. 库文件的扩展名为＿＿＿＿。
   A. .htm   B. .asp   C. .dwt   D. .lbi
2. 下面关于库的说法，错误的是＿＿＿＿。
   A. 插入到网页中的库可以从网页中分离
   B. 可以直接修改插入到网页中的库的内容
   C. 对库内容进行修改后通常会自动更新插入了库的网页
   D. 选择【修改】/【库】/【更新页面】命令，可对添加了库的页面进行更新
3. 模板文件的扩展名为＿＿＿＿。
   A. .htm   B. .asp   C. .dwt   D. .lbi
4. 对模板和库项目的管理主要是通过＿＿＿＿。
   A. 【资源】面板   B. 【文件】面板   C. 【层】面板   D. 【行为】面板
5. 下面关于模板的说法，错误的是＿＿＿＿。
   A. 应用模板的网页可以从模板中分离
   B. 在【资源】面板中可以利用所有站点的模板创建网页
   C. 在【资源】面板中可以重命名模板
   D. 对模板进行修改后通常会自动更新应用了该模板的网页

三、问答题

1. 如何理解模板和库？
2. 常用的模板对象有哪些，如何理解这些模板对象？

四、操作题

根据操作提示使用库和模板制作如图 11-68 所示的网页模板。

图11-68　网页模板

【操作提示】

1. 创建页眉库文件"top_yx.lbi",在其中插入一个 1 行 1 列、宽为"780 像素"的表格,设置【填充】、【间距】和【边框】均为"0",表格对齐方式为"居中对齐",然后在单元格中插入"image"文件夹下的图像文件"logo_yx.gif"。

2. 创建页脚库文件"foot_yx.lbi",在其中插入一个 2 行 1 列、宽为"780 像素"的表格,设置【填充】、【间距】和【边框】均为"0",表格对齐方式为"居中对齐",设置单元格的水平对齐方式为"居中对齐",垂直对齐方式为"居中",单元格的高度为"25",然后输入相应的文本。

3. 创建模板文件"lianxi.dwt",设置页边距均为"0",文本大小为"12 像素",然后插入页眉和页脚两个库文件。

4. 在页眉和页脚中间插入一个 1 行 3 列、宽为"780 像素"的表格,设置【填充】、【间距】和【边框】均为"0",表格对齐方式为"居中对齐",然后设置所有单元格的水平对齐方式为"居中对齐",垂直对齐方式为"顶端",其中左侧和右侧单元格的宽度均为"180 像素"。

5. 在左侧单元格中插入名称为"左侧栏目"的可编辑区域。

6. 在中间单元格中插入名称为"中间栏目"的重复表格,如图 11-69 所示。然后把重复表格的两个单元格中的可编辑区域名称分别修改为"标题行"和"内容行",并设置标题行单元格的高度为"25",背景颜色为"#CCFFFF"。

图11-69　插入重复表格

7. 在右侧单元格中插入名称为"右侧栏目"的重复区域,删除重复区域中的文本,然后在其中插入一个 1 行 1 列的表格,设置【表格宽度】为"98%",【填充】和【边框】均为"0",【间距】为"2",最后在单元格插入名称为"右侧内容"的可编辑区域。

8. 保存模板,然后使用该模板创建一个网页文档,内容由读者自由添加。

第12章 使用行为和 Spry 构件

行为是 Dreamweaver CS3 中内置的脚本程序，它能够为网页增添许多功能。Spry 构件是 Dreamweaver CS3 中预置的用户界面组件，它作为 Dreamweaver CS3 全新的理念，能给用户带来耳目一新的视觉体验。本章将介绍行为和 Spry 构件的基本知识和使用方法。

【学习目标】
- 了解行为的基本概念。
- 了解常用事件和动作。
- 掌握应用和修改行为的方法。
- 掌握 Spry 构件的应用方法。

12.1 认识行为

行为是 Dreamweaver CS3 的特色功能之一，使用行为可以允许浏览者与网页进行简单的交互，从而以多种方式修改页面或引发某些任务的执行。Dreamweaver CS3 中自带的行为功能强大、多种多样。本节将介绍这些行为的使用方法以及它们各自的作用。

12.1.1 行为和【行为】面板

行为是由事件（Event）触发的动作（Action），因此行为的基本元素有两个：事件和动作。事件是浏览器产生的有效信息，也就是访问者对网页进行的操作。例如，当访问者将鼠标光标移到一个链接上，浏览器就会为这个链接产生一个"onMouseOver"（鼠标经过）事件。然后，浏览器会检查当事件为这个链接产生时，是否有一些代码需要执行，如果有就执行这段代码，这就是动作。动作是由 JavaScript 代码组成的，这些代码执行特定的任务。

不同的事件为不同的网页元素所定义。例如，在大多数浏览器中，"onMouseOver"（鼠标经过）和"onClick"（单击）是和链接相关的事件，然而"onLoad"（载入）是和图像及文档相关的事件。一个单一的事件可以触发几个不同的动作，而且可以指定这些动作发生的顺序。

在文档窗口中，选择【窗口】/【行为】命令，可以打开【行为】面板，如图 12-1 所示。【行为】面板中包含以下几个部分。
- ➕ 按钮：单击该按钮，会弹出一个行为菜单，如图 12-2 所示，在菜单中选择相应的动作，就可以将其附加到当前选择的页面元素中。从列表中选择了一个动作后，会出现一个对话框，在里面可以指定动作的参数。动作为灰色不可选时，说明当前被选择的元素没有可以产生的事件。
- ➖ 按钮：单击该按钮，可在【行为】面板中删除所选的事件和动作。

- ▲ ▼ 按钮：单击该按钮，可以在【行为】面板中向上或向下移动所选的动作。一个特定事件的动作将按照指定的顺序执行。对于在列表中不能上移或下移的动作，该按钮组不起作用。
- ☰ （显示设置事件）按钮：列表中只显示当前正在编辑的事件名称。
- ☰ （显示所有事件）按钮：列表中显示当前文档中所有事件的名称。
- 动作：指的是行为菜单中所包含的具体动作。

在【行为】面板中添加一个动作，也就有了一个事件。当单击【行为】面板中事件名称右边的 按钮时，会弹出所有可以触发动作的【事件】菜单，如图 12-3 所示。这个菜单只有在一个事件被选中时才可见。选择不同的动作，【事件】菜单中会罗列出可以触发该动作的所有事件。不同的动作支持的事件也不同。

图12-1 【行为】面板

图12-2 行为菜单

图12-3 事件下拉菜单

12.1.2 事件和动作

事件决定了为某一页面元素所定义的动作在什么时候执行。需要注意的是，不同版本的浏览器所支持的事件类型也不同。下面对行为中比较常用的事件进行简要说明。

表 12-1   常用事件

事件	说明
【onFocus】	当指定的元素成为访问者交互的中心时产生。例如，在一个文本区域中单击将产生一个【onFocus】事件
【onBlur】	【onFocus】事件的相反事件。产生该事件则当前指定元素不再是访问者交互的中心。例如，当访问者在文本区域内单击后再在文本区域外单击，浏览器将为这个文本区域产生一个【onBlur】事件
【onChange】	当访问者改变页面的参数时产生。例如，当访问者从菜单中选择一个命令或改变一个文本区域的参数值，然后在页面的其他地方单击时，会产生一个【OnChange】事件
【onClick】	当访问者单击指定的元素时产生。单击直到访问者释放鼠标按键时才完成，只要按下鼠标按键某些现象便会发生
【onLoad】	当图像或页面结束载入时产生

续 表

事件	说明
【onUnload】	当访问者离开页面时产生
【onMouseMove】	当访问者指向一个特定元素并移动鼠标光标时产生（鼠标光标停留在元素的边界以内）
【onMouseDown】	当在特定元素上按下鼠标按键时产生该事件
【onMouseOut】	当鼠标光标从特定的元素（该特定元素通常是一个图像或一个附加于图像的链接）移走时产生。这个事件经常用来和【恢复交换图像】（Swap Image Restore）动作关联，当访问者不再指向一个图像时，将它返回到其初始状态
【onMouseOver】	当鼠标光标首次指向特定元素时产生（鼠标光标从没有指向元素向指向元素移动），该特定元素通常是一个链接
【onSelect】	当访问者在一个文本区域内选择文本时产生
【onSubmit】	当访问者提交表格时产生

Dreamweaver CS3 内置了许多行为动作，下面对这些行为动作的功能进行简要说明。

表 12-2 行为动作

动作	说明
【交换图像】	发生设置的事件后，用其他图像来取代选定的图像
【弹出信息】	设置事件发生后，显示警告信息
【恢复交换图像】	用来恢复设置了交换图像，却又因某种原因而失去交换效果的图像
【打开浏览器窗口】	在新窗口中打开 URL，可以定制新窗口的大小
【拖动 AP 元素】	可让访问者拖曳绝对定位的（AP）元素。使用此行为可创建拼板游戏、滑块控件和其他可移动的界面元素
【改变属性】	使用此行为可更改对象某个属性的值
【效果】	这是 Dreamweaver CS3 新增的行为，Spry 效果是视觉增强功能，几乎可以将它们应用于使用 JavaScript 的 HTML 页面的所有元素上
【时间轴】	用来控制时间轴的动作，可以播放、停止动画，或者移动到特定的帧上
【显示-隐藏元素】	可显示、隐藏或恢复一个或多个页面元素的默认可见性
【检查插件】	确认是否设有运行网页的插件
【检查表单】	能够检测用户填写的表单内容是否符合预先设定的规范
【设置导航栏图像】	制作由图像组成菜单的导航栏
【设置文本】	包括 4 个选项，各个选项的含义分别是：在选定的容器上显示指定的内容、在选定的框架上显示指定的内容、在文本字段区域显示指定的内容、在状态栏中显示指定的内容
【调用 JavaScript】	事件发生时，调用指定的 JavaScript 函数
【跳转菜单】	制作一次可以建立若干个链接的跳转菜单
【跳转菜单开始】	在跳转菜单中选定要移动的站点后，只有单击【开始】按钮才可以移动到链接的站点上
【转到 URL】	选定的事件发生时，可以跳转到指定的站点或者网页文档上
【预先载入图像】	为了在浏览器中快速显示图像，先下载图像后再显示出来

12.2　应用行为

用户可以将行为添加到整个文档，还可以添加到链接、图像、表单元素或其他 HTML 元素中。下面对常用行为进行具体介绍。

12.2.1　弹出信息

【弹出信息】行为将显示一个指定的 JavaScript 提示信息框。因为该提示信息框只有一个 ［　确定　］ 按钮，所以使用这个动作只是提供给用户信息，而不需做出选择。同时，此行为也不能控制这个提示框的外观，其外观要取决于用户所用浏览器的属性。

⚷　添加【弹出信息】行为

1. 将本章素材文件 "例题文件\素材" 文件夹下的所有文件复制到站点根文件夹下。
2. 新建网页文档 "chap12-2-1.htm"，并插入图像 "images/wangyx01.jpg"，如图 12-4 所示。
3. 在文档窗口中选中图像，然后在【行为】面板中单击 ＋. 按钮，从行为菜单中选择【弹出信息】命令，打开【弹出信息】对话框。
4. 在【弹出信息】对话框的【消息】文本框中输入提示信息，如图 12-5 所示。

图12-4　插入图像

图12-5　【弹出信息】对话框

5. 单击 ［　确定　］ 按钮，关闭对话框，然后在【行为】面板的事件栏中选择【onMouseDown】事件，如图 12-6 所示。
6. 保存网页并按 F12 键进行预览，在该图像上单击鼠标左键或右键都会弹出提示信息框，如图 12-7 所示。

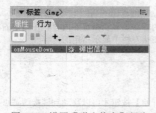

图12-6　设置【弹出信息】行为

图12-7　提示信息框

在浏览网页时，用户可以在预下载的图像上单击鼠标右键，在弹出的快捷菜单中选择【图片另存为】命令，从而将网页中的图像下载到自己的计算机中。但添加了这个行为动作以后，当访问者单击鼠标右键时，就只能看到提示框，而看不到快捷菜单，这样就限制了用户使用鼠标右键来下载图片。

12.2.2　打开浏览器窗口

使用【打开浏览器窗口】行为将打开一个新的浏览器窗口，在其中显示所指定的网页文档。设计者可以指定这个新窗口的属性，包括窗口尺寸、是否可以调节大小、是否有菜单栏等。例如，网页中的小图像需要放大时可以使用这个动作。在一个大窗口中放置小图像的放大图，可以将窗口设置成与图像大小相吻合的尺寸，将多余的导航栏、地址栏、状态栏和菜单栏等去掉不显示，也可以去掉大小控制手柄和滚动条。如果不对窗口的属性进行设置，它就会以"640×480"像素大小打开，而且有导航栏、地址栏、状态栏和菜单栏等。

🔑　打开浏览器窗口

1. 创建网页文档"chap12-2-2.htm"，并在文档中插入一幅需要放大的图像"images/wangyx02.jpg"，如图 12-8 所示。
2. 用鼠标选中图像，然后在【行为】面板中单击 ＋ 按钮，从弹出的【行为】菜单中选择【打开浏览器窗口】命令，打开【打开浏览器窗口】对话框。
3. 在【打开浏览器窗口】对话框中，单击 浏览… 按钮，选择放大图像"images/wangyxbig02.jpg"，将【窗口宽度】设置为"600"、【窗口高度】设置为"590"，并勾选【需要时使用滚动条】复选框，如图 12-9 所示。

图12-8　在文档中插入图像

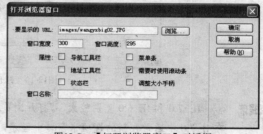
图12-9　【打开浏览器窗口】对话框

在【打开浏览器窗口】对话框中，各选项的含义如下。

- 【要显示的 URL】：用于设置将要打开文件的路径。
- 【窗口宽度】和【窗口高度】：用于设置将要打开窗口的宽、高的像素值。
- 【导航工具栏】：包含 ⇐后退、⇒（前进）、🏠（主页）、🔄（刷新）等浏览器按钮的工具栏。
- 【地址工具栏】：浏览器中包含网址等的工具栏。
- 【状态栏】：浏览器窗口底部的区域，用于显示剩余的下载时间、链接指向的网址等。
- 【菜单条】：浏览器窗口的菜单栏，包括【文件】、【编辑】、【查看】、【收藏】、【工具】、【帮助】等菜单项。如果用户希望可以在新窗口导航，则应该明确设置这个选项。如果不设置这个选项，用户只能在新窗口中关闭或最小化窗口。
- 【需要时使用滚动条】：用于设置在内容超过显示区域时显示浏览器滚动条。如果不明确设置该选项，浏览器滚动条就不会出现。如果浏览器窗口的【调整大小手柄】选项也关闭了，访问者就不能轻易地看到超出浏览器窗口原始大小的内容。

- **【调整大小手柄】**：访问者可以通过拖曳窗口右下角或者左上角的大小手柄来改变窗口大小。如果没有明确定义该选项，则改变大小手柄就不显示，右下角就不可拖曳。
- **【窗口名称】**：用于设置新窗口的名称。如果要用链接将该窗口作为目标，或者用 JavaScript 来控制它，就应该命名该选项，这个命名不能含有空格和特殊字符。

4. 单击 **确定** 按钮关闭对话框，在【行为】面板中将事件设置为 "onClick"。
5. 按 F12 键预览网页，单击小图将打开一个大图像的新窗口，如图 12-10 所示。

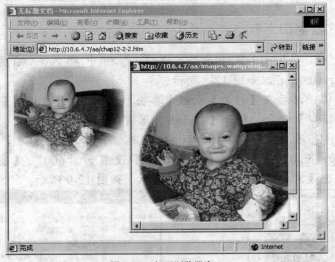

图12-10 打开浏览器窗口

要点提示 IE 7.0 和 IE 6.0 差别较大，"打开浏览器窗口" 在 IE 6.0 中能够按照预设的形式显示，但在 IE 7.0 中通常在新的选项卡窗口中显示，读者可以进行比较。

此时可以看出，新的浏览器窗口没有多余的工具栏和滚动条等，也不能改变尺寸大小，窗口的大小与图片正好吻合，这就是要达到的效果。

12.2.3 调用 JavaScript

【调用 JavaScript】行为能够让设计者使用【行为】面板指定一个自定义功能，或者当一个事件发生时执行一段 JavaScript 代码。设计者可以自己编写 JavaScript 代码。

🔑 调用 JavaScript

1. 将网页文档 "chap12-2-2.htm" 保存为 "chap12-2-3.htm"，然后在文档窗口中输入文本 "关闭窗口" 并将其选定。
2. 在【属性】面板的【链接】文本框内直接输入 "#"，为文本添加空链接。
3. 在【行为】面板中单击 + 按钮，从弹出的【行为】菜单中选择【调用 JavaScript】命令，打开【调用 JavaScript】对话框，在对话框中输入要执行的 JavaScript 代码或函数名，如 "window.close()"，用来关闭窗口，如图 12-11 所示。

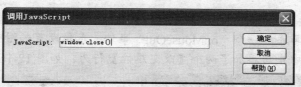

图12-11 【调用 JavaScript】对话框

4. 单击 确定 按钮完成设置，然后在【行为】面板中选择【onClick】事件。

5. 按 F12 键预览网页，当单击文本"关闭窗口"文本时，就会弹出提示信息框，询问用户是否关闭窗口，如图 12-12 所示。

图12-12 预览网页

6. 单击 是(Y) 按钮关闭当前的浏览器窗口，单击 否(N) 按钮将回到浏览器窗口。

12.2.4 改变属性

【改变属性】行为用来改变网页元素的属性值，如文本的大小、字体，层的可见性，背景色，图片的来源以及表单的执行等。

🔑 改变属性

1. 新建网页文档"chap12-2-4.htm"，然后插入一个 AP Div，并在 AP Div 中输入文本，如图 12-13 所示。

2. 确保 AP Div 处于选中状态，然后在【行为】面板中单击 + 按钮，从弹出的【行为】菜单中选择【改变属性】命令，打开【改变属性】对话框。

3. 在对话框的【元素类型】下拉列表中选择【DIV】选项，此时【元素 ID】选项变为 AP Div 的名称"div"apDiv1""。如果文档中有多个层，【元素 ID】下拉列表中就会有多个选项，选择某个 AP Div 就可对该 AP Div 的属性进行设置。在【属性】/【选择】下拉列表中选择【color】选项来设置颜色属性。在【新的值】文本框内输入"#FF0000"，如图 12-14 所示。

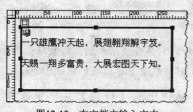

图12-13 在文档中输入文本

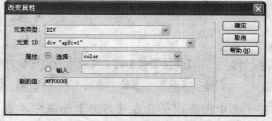

图12-14 【改变属性】对话框

219

4. 单击 确定 按钮关闭对话框，在【行为】面板中选择 "onMouseOver" 事件。

5. 运用相同的方法再添加一个 "onMouseOut" 事件，参数设置如图 12-15 所示。

6. 在【行为】面板中先后添加了两个【改变属性】行为，如图 12-16 所示。

图12-15 添加一个 "onMouseOut" 事件

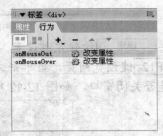

图12-16 【行为】面板

7. 按 F12 键预览网页，当鼠标经过 AP Div 时文本颜色就会变成红色，离开 AP Div 时恢复原样，如图 12-17 所示。

图12-17 预览网页

12.2.5 交换图像

　　【交换图像】行为可以将一个图像替换为另一个图像，这是通过改变图像的 "src" 属性来实现的。在前一节中可以通过为图像添加【改变属性】行为来改变图像的 "src" 属性，不过【交换图像】行为更加复杂一些，可以使用这个行为来创建翻转的按钮及其他图像效果（包括同时替换多个图像）。

交换图像

1. 创建网页文档 "chap12-2-5.htm"，然后在文档中插入图像 "images/wangyx01.jpg"，并在【属性】面板中设置图像的名称为 "wyx01"，如图 12-18 所示。

图12-18 在文档中插入图像

> 要点提示　　【交换图像】行为在没有命名图像时仍然可以执行，它会在被附加到某对象时自动命名图像，但是如果预先命名所有图像，则在【交换图像】对话框中更容易区分相应图像。

2. 选中图像，然后在【行为】面板中单击 + 按钮，从弹出的【行为】菜单中选择【交换图像】命令，打开【交换图像】对话框。

3. 在【图像】列表框中选择要改变的图像，然后设置其【设定原始档为】选项，并勾选【预先载入图像】和【鼠标滑开时恢复图像】复选框，如图 12-19 所示。

① 勾选【预先载入图像】复选框可以在页面载入时，在浏览器的缓存中预先存入替换的图像，这样可以防止由于显示替换图像时需要下载而造成时间拖延。

② 勾选【鼠标滑开时恢复图像】复选框，可以实现将鼠标光标移开图像后，图像恢复为原始图像的效果。

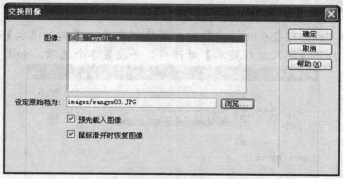

图12-19 【交换图像】对话框

4. 单击 确定 按钮，关闭对话框，在【行为】面板中自动添加了 3 个行为：图像的【交换图像】和【恢复交换图像】行为及文档的【预先载入图像】行为，如图 12-20 所示。

图12-20 在【行为】面板中自动添加了 3 个行为

5. 预览网页，当鼠标滑过图像时，图像会发生变化，如图 12-21 所示。

图12-21 预览效果

在使用【交换图像】行为时要注意，原始图像和替换图像的尺寸（宽和高）要完全一致，否则替换图像会为了符合原始图像的尺寸而发生变形。【恢复交换图像】行为用于将替换的图像恢复为原始的图像文件。在制作交换图像时，如果勾选【鼠标滑开时恢复图像】复选框，就相当于添加了【恢复交换图像】动作，而不必手动设置；如果没有勾选该复选框，那么在【动作】菜单中选择【恢复交换图像】命令就自动添加了恢复原始图像的行为动作。

12.2.6　跳转菜单

　　跳转菜单相当于在菜单域的基础上又增加了一个按钮，一旦在文档中插入了跳转菜单，就无法再对其进行修改。如果要修改，只能将菜单删除，然后再重新创建一个，这样做非常麻烦。Dreamweaver 所设置的【跳转菜单】行为，其实就是为了弥补这个缺陷。

跳转菜单

1. 创建网页文档 "chap12-2-6.htm"，然后在菜单栏中选择【插入记录】/【表单】/【跳转菜单】命令，打开【插入跳转菜单】对话框，并设置各个选项，如图 12-22 所示。

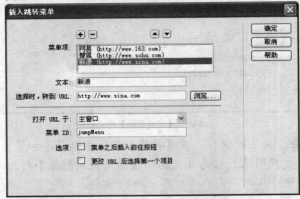

图12-22　【插入跳转菜单】对话框

2. 单击 确定 按钮插入一个跳转菜单，如图 12-23 所示。
3. 选定菜单域，在【行为】面板中将出现相应的事件和动作，如图 12-24 所示。

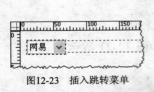

图12-23　插入跳转菜单

图12-24　【行为】面板中的事件和动作

4. 在【行为】面板中双击【跳转菜单】选项，打开【跳转菜单】对话框，如图 12-25 所示。

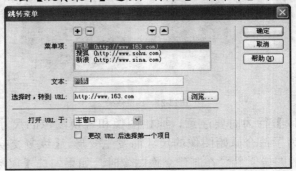

图12-25　【跳转菜单】对话框

　　由此可见，【跳转菜单】行为是用来修改已建好的跳转菜单的。

12.2.7　预先载入图像

　　【预先载入图像】行为可以将不会立即出现在网页上的图像预先载入浏览器缓存中。这样可防止需要图像出现时再去下载而导致延迟，还便于脱机使用。

预先载入图像

1. 创建网页文档"chap12-2-7.htm"，并在页面中添加图像文件"images/wangyx03.jpg"。
2. 在【行为】面板中单击 + 按钮，从弹出的【行为】菜单中选择【预先载入图像】命令，打开【预先载入图像】对话框。
3. 单击 浏览… 按钮选择要预先载入的图像文件，如果有多个图像文件，可以单击 + 按钮进行添加，如图 12-26 所示。
4. 单击 确定 按钮，在【行为】面板中添加【预先载入图像】行为，同时检查默认事件是否正确，如图 12-27 所示。

图12-26　【预先载入图像】对话框

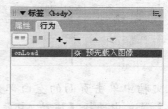

图12-27　添加行为

12.2.8　转到 URL

　　【转到 URL】行为可以在当前窗口或指定的框架中打开一个新页面。此操作对通过一次单击修改两个框架或多个框架的内容非常适用。

转到 URL

1. 创建网页文档"chap12-2-8.htm"，然后在其中插入图像"images/wangyx02.jpg"。
2. 选中图像，然后在【行为】面板中单击 + 按钮，从弹出的【行为】菜单中选择【转到 URL】命令，打开【转到 URL】对话框。
3. 单击 浏览… 按钮，选择要打开的文档，如图 12-28 所示。
4. 单击 确定 按钮，在【行为】面板中添加【转到 URL】行为，同时检查默认事件是否正确，如图 12-29 所示。

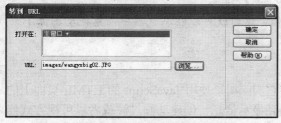

图12-28　【转到 URL】对话框

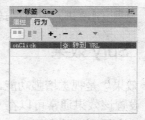

图12-29　添加行为

12.2.9　拖动 AP 元素

如果使用了【拖动 AP 元素】行为，就可以制作出能让浏览者任意拖动的对象。不过，在开始制作前，需要在页面中先添加 AP Div，并在其中添加图像或文本。

⚷ 拖动 AP 元素

1. 创建网页文档"chap12-2-9.htm"，然后在其中插入一个 AP Div，并在其中添加图像 "images/wangyx01.jpg"，如图 12-30 所示。

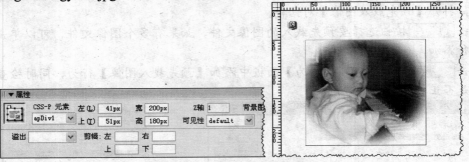

图12-30　插入 AP Div 并添加图像

2. 在文档中单击页面的空白部分，然后在【行为】面板中单击 + 按钮，从弹出的【行为】菜单中选择【拖动 AP 元素】命令，打开【拖动 AP 元素】对话框。

3. 根据需要对【基本】和【高级】选项卡中的内容进行设置，如图 12-31 所示。

图12-31　【拖动 AP 元素】对话框

4. 单击 确定 按钮，关闭对话框并保存文档。这时就可以在浏览器中任意拖动图像了。

12.2.10　Spry 效果

"Spry 效果"是视觉增强功能，几乎可以将它们应用于使用 JavaScript 的 HTML 页面上的所有元素。设置该效果通常可以在一段时间内高亮显示信息、创建动画过渡或者以可视方式修改页面元素。使用时，可以将 Spry 效果直接应用于 HTML 元素，而无需其他自定义标签。

要使某个元素应用效果，该元素必须处于当前选定状态，或者必须具有一个 Id。例如，如果要向当前未选定的 Div 标签应用高亮显示效果，该 Div 必须具有一个有效的 Id 值。如果该元素没有有效的 Id 值，则需要在 HTML 代码中添加一个。

利用该效果可以修改元素的不透明度、缩放比例、位置和样式属性（如背景颜色），也可以组合两个或多个属性来创建有趣的视觉效果。

由于这些效果都基于 Spry，因此，当用户单击应用了效果的对象时，只有对象会进行动态更新，不会刷新整个 HTML 页面。

在【行为】面板的下拉菜单中选择【效果】命令，其子命令如图 12-32 所示。

下面对【效果】命令的子命令进行简要说明。

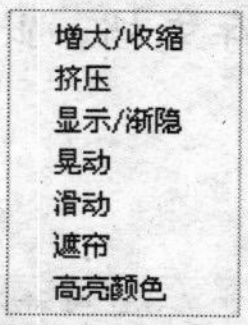

- 【增大/收缩】：使元素变大或变小。
- 【挤压】：使元素从页面的左上角消失。
- 【显示/渐隐】：使元素显示或渐隐。
- 【晃动】：模拟从左向右晃动元素。
- 【滑动】：上下移动元素。
- 【遮帘】：模拟百叶窗，向上或向下滚动百叶窗来隐藏或显示元素。
- 【高亮颜色】：更改元素的背景颜色。

图12-32　【效果】命令的子命令

当使用效果时，系统会在【代码】视图中将不同的代码行添加到文件中。其中的一行代码用来标识 "SpryEffects.js" 文件，该文件是应用这些效果所必需的。不能从代码中删除该行，否则这些效果将不起作用。

添加 Spry 效果

1. 创建网页文档 "chap12-2-10.htm"，然后插入图像 "images/wangyxbig02.jpg"，并在【属性】面板中设置其 Id 为 "wyx"。

2. 在【行为】面板中单击 + 按钮，从弹出的菜单中选择【效果】/【增大/收缩】命令，打开【增大/收缩】对话框，参数设置如图 12-33 所示。

下面对【增大/收缩】对话框中的各个选项进行简要说明。

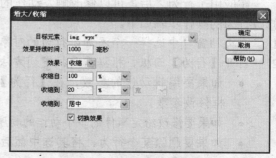

图12-33　【增大/收缩】对话框

- 【目标元素】：如果已经选定了对象，此处将显示为 "<当前选定内容>"；如果对象已经设置了 Id，也可以从下拉列表中选择相应的 Id 名称。
- 【效果持续时间】：设置效果持续的时间，以 "毫秒" 为单位。
- 【效果】：选择要应用的效果，包括 "增大" 和 "收缩"。当设置【效果】为 "收缩" 时，下面 3 个选项如图 12-33 所示；当设置【效果】为 "增大" 时，下面 3 个选项分别为【增大自】、【增大到】和【增大自】。
- 【增大自】/【收缩自】：用于设置效果在开始时的大小，以 "%" 或 "像素" 为单位。

- 【增大到】/【收缩到】: 用于设置效果在结束时的大小, 以 "%" 或 "像素" 为单位。
- 【增大自】/【收缩到】: 用于设置元素增大或收缩的位置, 包括 "左上角" 和 "居中"。
- 【切换效果】: 如果希望所选效果是可逆的 (即通过连续单击所设置元素即可 使其增大或收缩), 应勾选此复选框。

3. 单击 确定 按钮, 关闭对话框, 在【行为】面板中添加了【增大/收缩】行为, 同时 检查默认事件是否正确, 如图 12-34 所示。

4. 保存文档, 此时弹出【复制相关文件】对话框, 如图 12-35 所示。

图12-34 【行为】面板

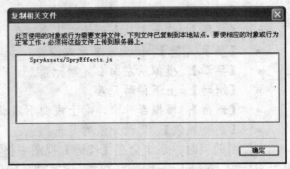

图12-35 【复制相关文件】对话框

5. 单击 确定 按钮, 关闭对话框并在浏览器中预览效果。

应用其他效果的方法与该方法大同小异, 读者可自己进行练习, 此处不再举例说明。

12.3 修改行为

在应用了行为之后, 可以修改触发动作的事件、添加或删除动作以及修改动作的参数。 修改行为的操作步骤如下。

1. 在文档窗口中选择一个添加了行为的对象。

2. 打开【行为】面板, 根据需要按下列方法之一进行操作。

- 如果要编辑动作的参数, 在【行为】面板中双击行为名称, 打开相应的对话 框修改参数。
- 如果要修改给定事件的多个动作的顺序, 选择某个动作然后单击上下箭头按钮。
- 如果要删除某个行为, 将其选中然后单击 − 按钮即可。

12.4 Spry 构件

Spry 构件作为 Dreamweaver CS3 的全新理念, 给用户带来了耳目一新的视觉体验。 Spry 构件是预置的常用用户界面组件, 可以使用 CSS 来自定义这些组件, 然后将其添加到 网页中。使用 Dreamweaver 可以将多个 Spry 构件添加到页面中, 这些构件包括 XML 驱动 的列表和表格、折叠构件、选项卡式界面和具有验证功能的表单元素。

可以在菜单栏中选择【插入记录】/【Spry】中的相应命令向页面中插入各种 Spry 构 件, 也可以通过【插入】/【Spry】工具栏中的相应按钮进行操作, 如图 12-36 所示。

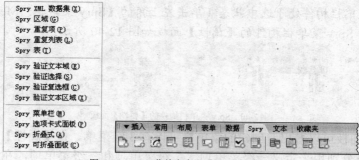

图12-36 Spry 菜单命令和【Spry】工具栏

如果要编辑插入到文档中的某个构件，可以将鼠标光标指向这个构件直到看到构件的蓝色选项卡式轮廓，单击构件左上角的选项卡将其选中，然后就可以在【属性】面板中编辑构件。

下面对 Spry 布局构件进行简要介绍，包括 Spry 菜单栏、Spry 选项卡式面板、Spry 折叠式构件、Spry 可折叠式面板。

12.4.1 Spry 菜单栏

Spry 菜单栏是一组可导航的菜单按钮，当将鼠标悬停在其中的某个按钮上时，将显示相应的子菜单。使用 Spry 菜单栏构件可以创建横向或纵向的网页下拉或弹出菜单，菜单栏目均采用符合 Web 标准的 HTML 结构形式，编辑非常方便。如图 12-37 所示为一个水平菜单栏构件，其中的第三个菜单项处于展开状态。

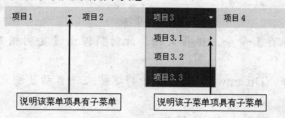

图12-37 水平菜单栏构件

下面介绍制作 Spry 菜单栏的方法。

插入 Spry 菜单栏

1. 创建网页文档 "chap12-4-1.htm"，然后在菜单栏中选择【插入记录】/【Spry】/【Spry 菜单栏】命令，打开【Spry 菜单栏】对话框，参数设置如图 12-38 所示。

2. 选择【水平】单选按钮并单击 确定 按钮，在文档中插入一个水平放置的 Spry 菜单栏构件，如图 12-39 所示。

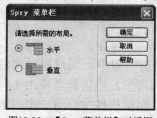

图12-38 【Spry 菜单栏】对话框

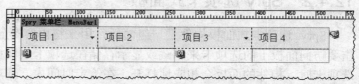

图12-39 在文档中插入 Spry 菜单栏构件

3. 确保 Spry 菜单栏构件处于选中状态（单击左上角的【Spry 菜单栏：MenuBar1】可将其选中），此时 Spry 菜单栏构件的【属性】面板如图 12-40 所示。

图12-40　Spry 菜单栏构件的【属性】面板

由【属性】面板可以看出，创建的菜单栏可以有 3 级菜单。在【属性】面板中，从左至右的 3 个列表框分别用来定义一级菜单项、二级菜单项和三级菜单项，在定义每个菜单项时，均使用右侧的【文本】、【链接】、【标题】和【目标】4 个文本框进行设置。单击列表框上方的按钮将添加一个菜单项；单击按钮将删除一个菜单项；单击按钮将选中的菜单项上移；单击按钮将选中的菜单项下移。

4. 选中第 1 个列表框中的【项目 1】，然后在右侧的【文本】文本框中输入"学校机构"。
5. 选中第 2 个列表框中的【项目 1.1】，然后在右侧的【文本】文本框中输入"人事处"。
6. 单击第 3 个列表框上方的按钮添加一个菜单项，然后在右侧的【文本】文本框中输入"人事科"，其他选项暂不设置。
7. 运用同样的方法依次设置其他菜单项，结果如图 12-41 所示。

图12-41　添加内容

8. 选择【文件】/【保存】命令，保存文档，此时将弹出【复制相关文件】对话框，如图 12-42 所示。
9. 单击 确定 按钮，Dreamweaver CS3 会将这些文件自动复制到站点的 "SpryAssets" 文件夹中。
10. 按 F12 键预览网页，效果如图 12-43 所示。

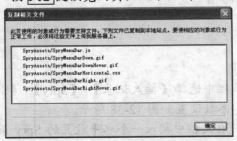

图12-42　【复制相关文件】对话框

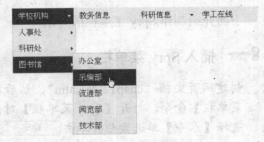

图12-43　菜单栏效果

12.4.2　Spry 选项卡式面板

Spry 选项卡式面板构件是一组面板，用来将内容存储到紧凑空间中。用户可以通过单击要访问面板上的选项卡来隐藏或显示存储在选项卡式面板中的内容。当访问者单击不同的选项卡时，构件的面板会相应地打开。在给定时间内，选项卡式面板构件中只有一个内容面板处于打开状态。如图 12-44 所示为一个选项卡式面板构件，第 3 个面板处于打开状态。

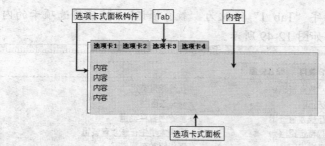

图12-44 选项卡式面板

下面介绍制作 Spry 选项卡式面板的方法。

插入 Spry 选项卡式面板

1. 创建网页文档"chap12-4-2.htm",然后在菜单栏中选择【插入记录】/【Spry】/【Spry 选项卡式面板】命令,在页面中添加一个 Spry 选项卡式面板构件,如图 12-45 所示。

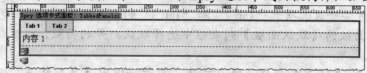

图12-45 添加 Spry 选项卡式面板构件

2. 确保 Spry 选项卡式面板构件处于选中状态(单击左上角的"Spry 选项卡式面板:TabbedPanels1"可将其选中),此时 Spry 选项卡式面板构件的【属性】面板如图 12-46 所示。

图12-46 Spry 选项卡式面板构件的【属性】面板

在【属性】面板中,可以在【选项卡式面板】文本框中设置面板的名称,在【面板】列表框中可以通过单击 按钮添加面板、单击 按钮删除面板、单击 按钮上移面板、单击 按钮下移面板,在【默认面板】列表框中可以设置在浏览器中显示时默认打开显示内容的面板。

3. 单击列表框上方的 按钮,再添加一个面板,如图 12-47 所示。

图12-47 添加菜单项

4. 在【面板】列表框中选择【Tab 1】选项,或在文档窗口的第 1 个选项卡中单击 图标,将选项卡切换到【Tab 1】,如图 12-48 所示。

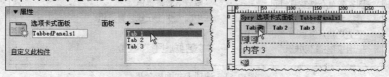

图12-48 将选项卡切换到【Tab 1】

5. 将第 1 个选项卡的名字 "Tab 1" 修改为 "教育资讯"，然后将选项卡的内容 "内容 1" 替换为相应的内容，如图 12-49 所示。

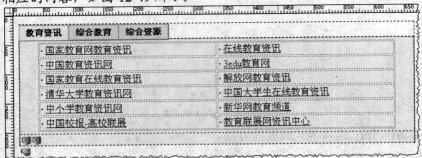

图12-49　添加内容

要点提示　　　在选项卡的内容区域可以像平时制作网页一样添加网页元素，如文本、图像、超级链接、表格等，并可进行属性设置。

6. 运用相同的方法修改选项卡 "Tab 2" 和 "Tab 3" 的名字，并添加相应的内容。

7. 在【属性】面板的【默认面板】列表框中选择默认打开的面板，这里仍然选择【教育资讯】面板。

8. 选择【文件】/【保存】命令，保存文档，此时将弹出【复制相关文件】对话框，如图 12-50 所示。

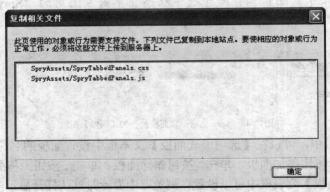

图12-50　【复制相关文件】对话框

9. 单击 确定 按钮，Dreamweaver CS3 会将这些文件自动复制到站点的 "SpryAssets" 文件夹中。

10. 按 F12 键预览网页，效果如图 12-51 所示。

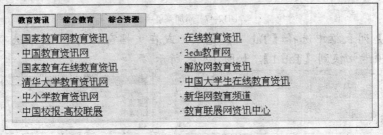

图12-51　选项卡式面板效果

12.4.3 Spry 折叠式构件

折叠式构件是一组可折叠的面板，可以将大量内容存储在一个紧凑的空间中。站点浏览者可通过单击该面板上的选项卡来隐藏或显示存储在折叠构件中的内容。当浏览者单击不同的选项卡时，折叠构件的面板会相应地展开或收缩。在折叠式构件中，每次只能有一个内容面板处于打开且可见的状态。如图 12-52 所示为一个折叠式构件，其中第 2 个面板处于展开状态。

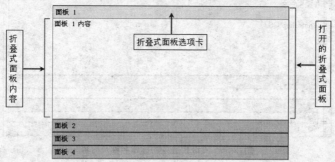

图12-52　折叠式构件

下面介绍制作折叠式构件的方法。

🔑 插入 Spry 折叠式构件

1. 创建网页文档 "chap12-4-3.htm"，然后选择【插入记录】/【Spry】/【Spry 折叠式】命令，在页面中添加一个 Spry 折叠式构件，如图 12-53 所示。

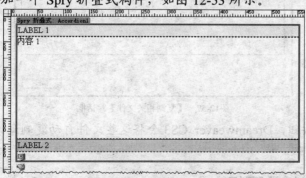

图12-53　添加 Spry 折叠式构件

2. 确保 Spry 折叠式构件处于选中状态（单击左上角的【Spry 折叠式：Accordion1】可将其选中），此时 Spry 折叠式构件的【属性】面板如图 12-54 所示。

   在【属性】面板中，可以在【折叠式】文本框中设置面板的名称，在【面板】列表框中通过单击 ⊞ 按钮添加面板、单击 ⊟ 按钮删除面板、单击 ▲ 按钮上移面板、单击 ▼ 按钮下移面板。

3. 单击列表框上方的 ⊞ 按钮再添加一个面板项，如图 12-55 所示。

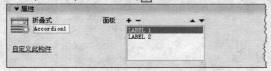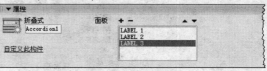

图12-54　Spry 折叠式构件的【属性】面板　　　　　　图12-55　添加面板项

4. 在【属性】面板的【面板】列表框中选择【LABEL 1】，或在文档窗口的第 1 个折叠条右侧单击 图标，来展开第 1 个折叠条。

5. 更改折叠条的标题名称及内容，如图 12-56 所示。

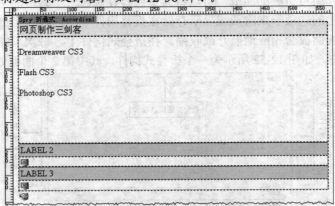

图12-56　更改折叠条的标题名称及内容

6. 运用相同的方法分别更改其他两个折叠条的标题名称和内容。

7. 选择【文件】/【保存】命令保存文档，此时将弹出【复制相关文件】对话框，如图 12-57 所示。

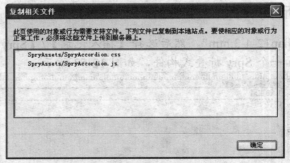

图12-57　【复制相关文件】对话框

8. 单击 确定 按钮，Dreamweaver CS3 会将这些文件自动复制到站点的 "SpryAssets" 文件夹中。

12.4.4　Spry 可折叠面板

可折叠面板构件是一个面板，可将内容存储到紧凑的空间中。用户单击构件的选项卡即可隐藏或显示存储在可折叠面板中的内容。如图 12-58 所示为一个处于展开和折叠状态的可折叠面板构件。

图12-58　Spry 可折叠面板

下面介绍制作可折叠面板构件的方法。

插入 Spry 可折叠面板

1. 新建网页文档 "chap12-4-4.htm"，然后选择【插入记录】/【Spry】/【Spry 可折叠面板】命令，在页面中添加一个 Spry 可折叠面板构件，如图 12-59 所示。

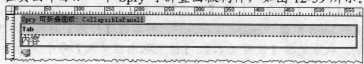

图12-59　添加 Spry 可折叠面板

 如果页面中需要多个可折叠面板，可以多次选择该命令，依次添加多个 Spry 可折叠面板。

2. 确保 Spry 可折叠面板处于选中状态（单击左上角的【Spry 可折叠面板：CollapsiblePanel1】可将其选中），此时 Spry 可折叠面板构件的【属性】面板如图 12-60 所示。

图12-60　Spry 可折叠面板构件的【属性】面板

在【属性】面板中，可以在【可折叠面板】文本框中设置面板的名称，在【显示】列表框中设置面板的当前状态为 "打开" 或 "已关闭"，在【默认状态】列表框中设置在浏览器中浏览时面板默认状态为 "打开" 或 "已关闭"，勾选【启用动画】复选框将启用动画效果。

3. 更改标题名称并输入相应的内容，如图 12-61 所示。

4. 保存文档，将弹出【复制相关文件】对话框，如图 12-62 所示。

图12-61　更改标题名称并输入相应的内容

图12-62　【复制相关文件】对话框

5. 单击　确定　按钮，Dreamweaver CS3 会将这些文件自动复制到站点的 "SpryAssets" 文件夹中。

尽管可以使用【属性】面板编辑上面所介绍的 4 个 Spry 构件，但【属性】面板并不支持其外观样式的设置。如果要修改其外观样式，必须修改对应的 CSS 样式。详情可以查看 Dreamweaver CS3 的帮助信息。

12.5　实例——使用行为和 Spry 构件完善个人主页

通过前面各节的学习，读者对行为和 Spry 构件的基本知识有了一定的了解。本节将以个人主页为例，介绍行为和 Spry 构件的具体应用，让读者进一步巩固所学内容。

完善个人主页

1. 将本章素材文件 "综合实例\素材" 文件夹下的内容复制到站点根文件夹下，然后打开网页文档 "shili.htm"。
    下面设置状态栏文本行为。
2. 选择【窗口】/【行为】命令，打开【行为】面板，
3. 选中页眉左端的 logo 图像 "images/logo.gif"，然后在【行为】面板中单击 **+** 按钮，打开【行为】菜单，从中选择【设置文本】/【设置状态栏文本】命令，打开【设置状态栏文本】对话框，在【消息】文本框中输入 "欢迎访问一翔主页!"，如图 12-63 所示。
4. 单击 确定 按钮，关闭【设置状态栏文本】对话框，然后在【行为】面板中设置事件为 "OnMouseOver"。

> **要点提示** 状态栏文本是指显示在浏览器状态栏中的文本。在浏览器中，当鼠标停留在 logo 图像上时，浏览器状态栏将显示事先定义的文本。

下面设置【打开浏览器窗口】行为。

5. 选中 "在线影视" 图像，然后在【行为】面板中单击 **+** 按钮，从行为菜单中选择【打开浏览器窗口】命令，打开【打开浏览器窗口】对话框。
6. 单击 浏览... 按钮，选择文件 "yingshi.htm"，将【窗口宽度】和【窗口高度】分别设置为 "300" 和 "200"，并勾选【菜单条】复选框，如图 12-64 所示。

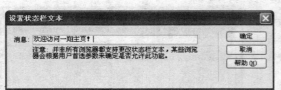

图12-63 【设置状态栏文本】对话框

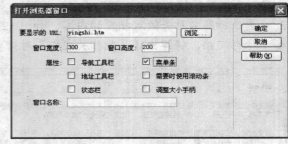

图12-64 【打开浏览器窗口】对话框

7. 单击 确定 按钮关闭对话框，并在【行为】面板中将事件设置为 "onClick"，然后用相同的方法设置 "诗情画意"、"动画欣赏" 和 "幽默笑话" 3 个图像的【打开浏览器窗口】行为。
    下面设置【交换图像】行为。
8. 在文档中选定 "在线影视" 图像 "images/button1-1.gif"，并确认在【属性】面板中已设置了图像名称，此处为 "yingshi"，然后在【行为】面板中单击 **+** 按钮，从【行为】菜单中选择【交换图像】命令，打开【交换图像】对话框。
9. 在【图像】列表框中选择要改变的图像 "yingshi"，在【设定原始档为】文本框中定义要交换的图像文件 "images/button1-2.gif"，然后勾选【预先载入图像】和【鼠标滑开时恢复图像】两个复选框，如图 12-65 所示。
10. 单击 确定 按钮，关闭对话框，然后运用相同的方法设置 "诗情画意"、"动画欣赏" 和 "幽默笑话" 3 个图像的【交换图像】行为。

图12-65　【交换图像】对话框

下面插入 Spry 选项卡式面板构件。

11. 将鼠标光标定位在表格的单元格中，然后选择【插入记录】/【Spry】/【Spry 选项卡式面板】命令添加一个 Spry 选项卡式面板构件，然后在【属性】面板中单击【面板】列表框上方的 ⊞ 按钮再添加两个面板，如图 12-66 所示。

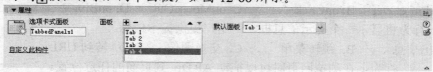

图12-66　添加面板

12. 在【属性】面板中单击【面板】列表框中的【Tab 1】使该面板成为当前面板，在文档窗口中修改标题名称，并添加内容，然后运用相同的方法修改其他面板的名称并添加相应内容。

13. 最后保存文档，在浏览器中的效果如图 12-67 所示。

图12-67　在浏览器中的效果

小结

本章主要介绍了行为的基本概念、常用事件和动作以及应用、修改行为的具体方法，另外还介绍了 Dreamweaver CS3 的新增功能 Spry，包括 Spry 效果、Spry 菜单栏构件、Spry 选项卡式面板构件、Spry 折叠式构件、Spry 可折叠面板构件。希望读者课后多加练习，在掌握本书介绍内容的基础上，对没有介绍的其他行为和 Spry 内容也能够熟悉和了解。

习题

一、填空题

1. 行为的基本元素有两个：事件和_____。
2. 当在特定元素上单击鼠标按键时产生_____事件。
3. 使用_____行为将打开一个新的浏览器窗口，在其中显示所指定的网页文档。
4. 交换图像行为是通过改变图像的_____属性实现的。
5. 在菜单栏中选择【插入记录】/_____中的相应命令，可向页面中插入各种 Spry 构件。

二、选择题

1. 打开【行为】面板的快捷键是_____。
   A. Shift+F1　　　B. Shift+F4　　　C. Shift+F5　　　D. Shift+F9
2. 当鼠标光标从特定的元素上移走时将发生_____事件。
   A. onMouseOver　B. onClick　　　C. onMouseOut　　D. onBlur
3. _____行为将显示一个提示信息框，给用户提供提示信息。
   A. 弹出信息　　　B. 跳转菜单　　　C. 交换图像　　　D. 转到 URL
4. 使用_____行为，在浏览网页时可以拖动 AP Div 到页面的任意位置。
   A. 弹出信息　　　B. 跳转菜单　　　C. 交换图像　　　D. 拖动 AP 元素
5. Spry 布局构件不包括_____。
   A. Spry 菜单栏　　B. Spry 效果　　　C. Spry 选项卡式面板　　D. Spry 可折叠式面板

三、问答题

1. 构成行为的两个基本元素是什么，它们之间是什么关系？
2. Spry 效果的种类有哪些，请简要说明。

四、操作题

根据操作提示，使用【交换图像】行为制作图像浏览网页，要求当鼠标光标移到两侧的小图上时，在中间显示该图的放大图，如图 12-68 所示。

图 12-68　图像浏览网页

【操作提示】

1. 在网页中插入一个 2 行 3 列的表格，间距为 "10"，居中对齐，然后将第 1 列和第 3 列单元格的宽度设置为 "100 像素"，高度设置为 "200 像素"，对中间一列的单元格进行合并，宽度设置为 "300 像素"。

2. 在两侧的单元格中分别插入 4 幅小图像 "images/tmps1.jpg"、"images/tmps2.jpg"、"images/tmps3.jpg" 和 "images/tmps4.jpg"，然后在中间的单元格中插入另外一幅大图像 "images/tmp0.jpg"，并设置其图像名称为 "bigpic"。

3. 首先选中小图像 "images/tmps1.jpg"，并在行为菜单中选择【交换图像】命令，在打开的【交换图像】对话框的【图像】列表框中选择【图像 "bigpic"】，在【设定原始档为】文本框中定义小图像 "images/tmps1.jpg" 相对应的大图 "images/tmp1.jpg"，并将【预先载入图像】和【鼠标滑开时恢复图像】两个复选框选中，如图 12-69 所示。

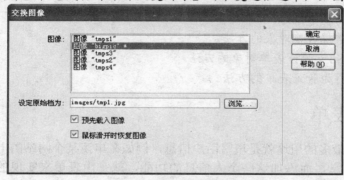

图12-69　【交换图像】对话框

4. 运用相同的方法依次为另外 3 幅小图像 "images/tmps2.jpg"、"images/tmps3.jpg" 和 "images/tmps4.jpg" 添加【交换图像】行为。

第13章 创建表单网页

表单是制作动态网页的基础，用户可以通过它向服务器传输信息，服务器通过它收集用户的信息。制作这种能够传递数据的表单网页通常需要两个步骤：一是创建表单；二是编写应用程序。本章主要介绍创建表单和验证表单的基本方法。

【学习目标】
- 了解表单的基本概念。
- 掌握设置常规表单对象的方法。
- 掌握设置 Spry 验证表单对象的方法。
- 掌握使用行为验证表单的方法。

13.1 认识表单

表单在网页中最多的用途就是填写用户信息，例如在申请某个网站的电子邮箱时，就要求填写一些个人信息，而添加这些个人信息的功能，就是由表单来实现的，如图 13-1 所示。表单可以向后台数据库提交填写的信息。

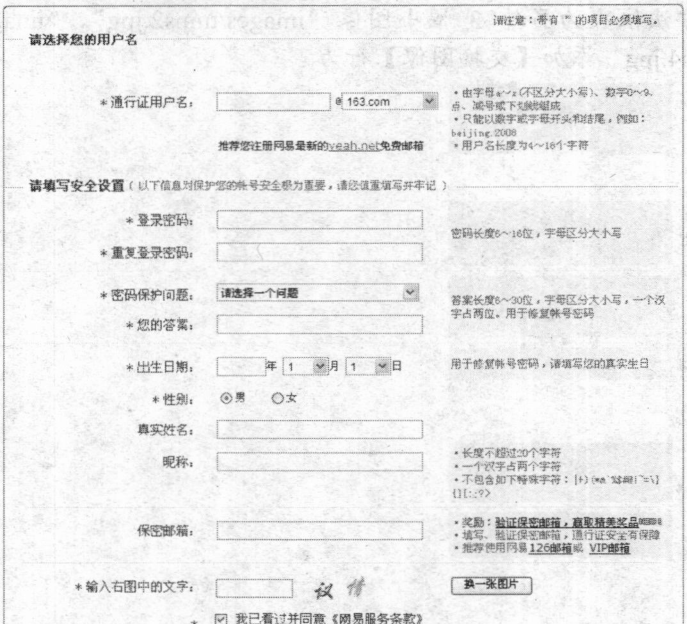

图13-1 填写个人信息

表单通常由两部分组成，一部分是描述表单元素的 HTML 源代码，另一部分是客户端处理用户所填信息的程序。使用表单时，可以对其进行定义使其与服务器端的表单处理程序相配合。

在制作表单页面时，需要插入表单对象。插入表单对象通常有两种方法：一种是使用菜单栏中的【插入记录】/【表单】中的相应命令，如图 13-2 所示；另一种是使用【插入】/【表单】工具栏中的相应工具按钮，如图 13-3 所示。

图13-2　菜单命令

图13-3　【插入】/【表单】工具栏

13.2　插入常规表单对象

本节主要介绍插入常规表单对象的方法，包括表单、文本域、文本区域、单选按钮、复选框、列表/菜单、跳转菜单、图像域、文件域、隐藏域、字段集、标签、按钮等。

13.2.1　表单

在页面中插入表单对象时，首先需要在菜单栏中选择【插入记录】/【表单】/【表单】命令，插入一个表单区域，如图 13-4 所示，然后再在其中插入各种表单对象。当然，也可以直接插入表单对象，在首次插入表单对象时，将自动插入表单区域。

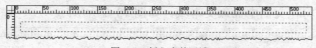

图13-4　插入表单区域

在【设计】视图中，表单的轮廓线以红色的虚线表示。如果看不到轮廓线，可以在菜单栏中选择【查看】/【可视化助理】/【不可见元素】命令显示轮廓线。

在文档窗口中，单击表单轮廓线将其选定，其【属性】面板如图 13-5 所示。

图13-5　表单的【属性】面板

下面对表单【属性】面板中的各选项及参数简要说明如下。

- 【表单名称】：用于设置能够标识该表单的唯一名称，一般为英文名称。命名表单后，就可以使用脚本语言（如 JavaScript 或 VBScript）引用或控制该表单。如果不命名表单，Dreamweaver 将使用语法 formn（其中 n 表示数字）为表单生成一个名称，并为添加到页面中的每个表单递增 n 的值进行命名，如 form1、form2 和 form3 等。
- 【动作】：用于设置一个在服务器端处理表单数据的页面或脚本，也可以输入电子邮件地址。
- 【方法】：用于设置将表单内的数据传送给服务器的方式，其下拉列表中包括 3 个选项。

  【默认】是指用浏览器默认的传送方式，一般默认为"GET"。

  【GET】是指将表单内的数据附加到 URL 后面传送给服务器，服务器用读取环境变量的方式读取表单内的数据。因为 URL 的长度限制是 8 192 个字符，所以当表单内容比较多时就不能用这种传送方式。

  【POST】是指用标准输入方式将表单内的数据传送给服务器，服务器用读取标准输入的方式读取表单内的数据，在理论上这种方式不限制表单的长度。如果要收集机密用户名和密码、信用卡号或其他机密信息，POST 方法比 GET 方法更安全。但是，由 POST 方法发送的信息是未经加密的，容易被黑客获取。若要确保安全性，请通过安全的链接与安全的服务器相连。
- 【目标】：用于指定一个窗口来显示应用程序或者脚本程序将表单处理完后的结果。
- 【MIME 类型】：用于设置对提交给服务器进行处理的数据使用"MIME"编码类型，默认设置为"application/x-www-form-urlencoded"，常与【POST】方法协同使用。如果要创建文件上传域，请指定"multipart/form-data MIME"类型。

13.2.2 文本域和文本区域

文本域是可以输入文本内容的表单对象。在 Dreamweaver 中可以创建一个包含单行或多行的文本域，也可以创建一个隐藏用户输入文本的密码文本域。

选择【插入记录】/【表单】/【文本域】命令，或在【插入】/【表单】工具栏中单击 □（文本字段）按钮，将在文档中插入文本域，如图 13-6 所示。

图13-6　插入文本域

如果在【首选参数】对话框的【辅助功能】分类中勾选了【表单对象】复选框，在插入表单对象时将显示【输入标签辅助功能属性】对话框，如图 13-7 所示。该对话框将方便进一步设置表单对象的属性。如果在【输入标签辅助功能属性】对话框中单击 取消 按钮，表单对象也可以插入到文档中，但 Dreamweaver CS3 不会将它与辅助功能标签或属性相关联。如果在【首选参数】对话框的【辅助功能】分类中取消勾选【表单对象】复选框，在插入表单对象时，将不会出现【输入标签辅助功能属性】对话框。

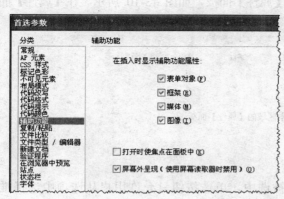

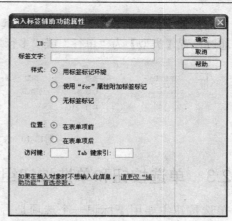

图13-7 表单辅助功能

单击并选中文本域，将显示其【属性】面板，如图 13-8 所示。

图13-8 文本域的【属性】面板

下面对文本域【属性】面板中的各项参数简要说明如下。

- 【文本域】：用于设置文本域的唯一名称。
- 【字符宽度】：用于设置文本域的宽度。
- 【最多字符数】：当文本域的【类型】选项设置为"单行"或"密码"时，该属性用于设置最多可向文本域中输入的单行文本或密码的字符数。例如，可以用这个属性限制密码最多为 10 位。
- 【初始值】：用于设置文本域中默认状态下填入的信息。
- 【类型】：用于设置文本域的类型，包括【单行】、【多行】和【密码】3 个选项。当选择【密码】选项并向密码文本域输入密码时，这种类型的文本内容显示为"*"号。当选择【多行】选项时，文档中的文本域将会变为文本区域。此时文本域【属性】面板中的【字符宽度】选项指的是文本域的宽度，默认值为 24 个字符，新增加的【行数】默认值为"3"。
- 【换行】：在其下拉列表中有【默认】、【关】、【虚拟】和【实体】4 个选项。当选择【关】选项时，如果单行的字符数大于文本域的字符宽度，行中的信息不会自动换行，而是出现水平滚动条。当选择其他 3 个选项时，如果单行的字符数大于文本域的字符宽度，行中的信息自动换行，不出现水平滚动条。

选择【插入记录】/【表单】/【文本区域】命令，或在【插入】/【表单】工具栏中单击 （文本区域）按钮，将在文档中插入文本区域，如图 13-9 所示。

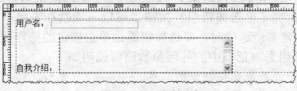

图13-9 插入文本区域

单击并选中插入的表单对象，将显示其【属性】面板，如图 13-10 所示。在【属性】面板中，通过设置【类型】为"单行"或"多行"可以实现文本域和文本区域之间的相互转换。

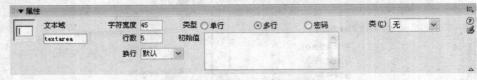

图13-10　文本区域的【属性】面板

13.2.3　单选按钮和单选按钮组

单选按钮主要用于标记一个选项是否被选中，单选按钮只允许用户从选项中选择唯一答案。单选按钮通常成组使用，同组中的单选按钮必须具有相同的名称，但它们的域值是不同的。

选择【插入记录】/【表单】/【单选按钮】命令，或在【插入】/【表单】工具栏中单击◉（单选按钮）按钮，将在文档中插入单选按钮，如图 13-11 所示。

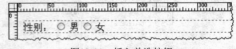

图13-11　插入单选按钮

单击并选中其中一个单选按钮，将显示其【属性】面板，如图 13-12 所示。在设置单选按钮属性时，需要依次选中各个单选按钮，分别进行设置。

图13-12　单选按钮的【属性】面板

下面对单选按钮【属性】面板的各项参数简要说明如下。

- 【单选按钮】：用于设置单选按钮的名称，同一组的所有单选按钮必须有相同的名字。
- 【选定值】：用于设置提交表单时单选按钮传送给服务端表单处理程序的值，同一组单选按钮应设置不同的值。
- 【初始状态】：用于设置单选按钮的初始状态是已选中还是未选中，同一组内只能有一个单选按钮的初始状态是"已勾选"。

单选按钮一般以两个或者两个以上的形式出现，它的作用是让用户在两个或者多个选项中选择一项。既然单选按钮的名称都是一样的，那么依靠什么来判断哪个按钮被选定呢？因为单选按钮具有唯一性，即多个单选按钮只能有一个被选定，所以【选定值】选项就是判断的唯一依据。每个单选按钮的【选定值】选项被设置为不同的数值，如性别"男"的单选按钮的【选定值】选项被设置为"1"，性别"女"的单选按钮的【选定值】选项被设置为"0"。

另外，在菜单栏中选择【插入记录】/【表单】/【单选按钮组】命令，或在【插入】/【表单】工具栏中单击▤（单选按钮组）按钮，可以一次性在表单中插入多个单选按钮，如图 13-13 所示。在创建多个选项时，单选按钮组比单选按钮的操作更快捷。

下面对【单选按钮组】对话框中的各项参数简要说明如下。

- 【名称】：用于设置单选按钮组的名称。
- 【单选按钮】：单击➕按钮向组内添加一个单选按钮项，同时可以指定标签文字和值；单击 ➖ 按钮在组内删除选定的单选按钮项；单击 🔼 按钮将选定的单选按钮项上移；单击 🔽 按钮将选定的单选按钮项下移。

- 【布局，使用】：可以使用换行符（
标签）或表格来布局单选按钮。

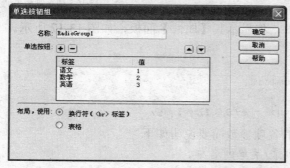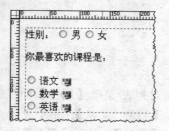

图13-13　插入单选按钮组

13.2.4　复选框

复选框常用于有多个选项可以同时选择的情况。每个复选框都是独立的，必须有一个唯一的名称。

选择【插入记录】/【表单】/【复选框】命令，或在【插入】/【表单】工具栏中单击 ☑（复选框）按钮，将在文档中插入复选框，反复执行该操作将插入多个复选框，如图 13-14 所示。

图13-14　插入复选框

单击并选中其中一个复选框，将显示其【属性】面板，如图 13-15 所示。在设置复选框属性时，需要依次选中各个复选框，分别进行设置。

图13-15　复选框【属性】面板

下面对复选框【属性】面板的各项参数简要说明如下。

- 【复选框名称】：用来设置复选框的名称。
- 【选定值】：用来判断复选框选定与否，是提交表单时复选框传送给服务端表单处理程序的值。
- 【初始状态】：用来设置复选框的初始状态是"已勾选"还是"未选中"。

由于复选框在表单中一般都不单独出现，而是多个复选框同时使用，因此其【选定值】就显得格外重要。另外，复选框的名称最好与其说明性文字发生联系，这样在编写表单脚本程序时将会节省许多时间和精力。由于复选框的名称不同，所以【选定值】可以取相同的值。

13.2.5　列表/菜单

列表/菜单可以显示一个包含有多个选项的可滚动列表，在列表中可以选择需要的项目。当空间有限而又需要显示许多菜单项时，列表/菜单将会非常有用。

选择【插入记录】/【表单】/【列表/菜单】命
令，或在【插入】/【表单】工具栏中单击 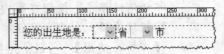（列表/
菜单）按钮，将在文档中插入列表/菜单，反复执行
该操作将插入多个列表/菜单，如图 13-16 所示。

图13-16　插入列表/菜单

单击并选中其中的一个列表/菜单，将显示其【属性】面板，如图 13-17 所示。

图13-17　列表/菜单【属性】面板

下面对列表/菜单【属性】面板的各项参数简要说明如下。

- 【列表 / 菜单】：用于设置列表/菜单的名称。
- 【类型】：用于设置是下拉菜单还是滚动列表。

  将【类型】选项设置为"列表"时，【高度】和【选定范围】选项为可选状
  态。其中，【高度】选项用于设置列表框中文档的高度，设置为"1"表示在列
  表中显示 1 个选项。【选定范围】选项用于设置是否允许多项选择，勾选
  【允许多选】复选框表示允许，否则为不允许。

  当【类型】选项设置为"菜单"时，【高度】和【选定范围】选项为不可选，
  在【初始化时选定】列表框中只能选择 1 个初始选项，文档窗口的下拉菜单中
  只显示 1 个选择的条目，而不是显示整个条目表。

- ［列表值…］按钮：单击此按钮将打开【列表值】对话框，在这个对话框中可
  以增减和修改【列表/菜单】的内容。每项内容都有一个项目标签和一个值，
  标签将显示在浏览器的列表/菜单中。若列表或者菜单中的某项内容被选中，
  提交表单时它对应的值就会被传送到服务器端的表单处理程序；若没有对应的
  值，则传送标签本身。

- 【初始化时选定】：文本列表框内首先显示列表/菜单的内容，然后可在其中设
  置列表/菜单的初始选项。单击将作为初始选择的选项。若【类型】选项设置
  为"列表"，则可初始选择多个选项；若【类型】选项设置为"菜单"，则只能
  初始选择 1 个选项。

13.2.6　跳转菜单

跳转菜单利用表单元素形成各种选项的列表。当选择列表中的某个选项时，浏览器会立
即跳转到一个新网页。

选择【插入记录】/【表单】/【跳转菜单】命令，或在【插入】/【表单】工具栏中单击
（跳转菜单）按钮，将打开【插入跳转菜单】对话框，然后进行参数设置，如图 13-18
所示。

下面对【插入跳转菜单】对话框的各项参数简要说明如下。

- 【菜单项】：单击 按钮添加一个菜单项；单击 按钮删除一个菜单项；单击 按
  钮将选定的菜单项上移；单击 按钮将选定的菜单项下移。
- 【文本】：为菜单项输入在菜单列表中显示的文本。

图13-18 【插入跳转菜单】对话框

- 【选择时，转到 URL】：设置要打开的 URL。
- 【打开 URL 于】：设置打开文件的位置，如果选择【主窗口】选项则在同一窗口中打开文件；如果选择【框架】选项则在所设置的框架中打开文件。
- 【菜单 ID】：设置菜单项的 ID。
- 【选项】：勾选【菜单之后插入前往按钮】复选框可以添加一个 前往 按钮，不用菜单选择提示；如果要使用菜单提示，则勾选【更改 URL 后选择第一个项目】复选框，效果如图 13-19 所示。

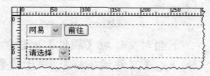

图13-19 插入跳转菜单

跳转菜单的外观和菜单相似，不同的是跳转菜单具有超级链接功能。但是一旦在文档中插入了跳转菜单，就无法再对其进行修改。如果要修改，只能将菜单删除，然后再重新创建。这样做非常麻烦，Dreamweaver 所设置的【跳转菜单】行为，可以弥补这个缺陷，读者可参考第 12 章有关【跳转菜单】行为的内容。

13.2.7 图像域

图像域用于在表单中插入一幅图像，使该图像生成图形化按钮，从而代替标准按钮的工作。在网页中使用图像域要比单纯使用按钮丰富得多。

选择【插入记录】/【表单】/【图像域】命令，或在【插入】/【表单】工具栏中单击 （图像域）按钮，将打开【选择图像源文件】对话框，选择图像并单击 确定 按钮，一个图像域随即出现在表单中，如图 13-20 所示。

单击并选中图像域，将显示其【属性】面板，如图 13-21 所示。

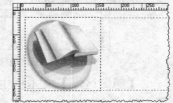

图13-20 插入图像域

图13-21 图像域的【属性】面板

下面对图像域【属性】面板的各项参数简要说明如下。

- 【图像区域】：用于设置图像域的名称。
- 【源文件】：指定图像域所要使用的图像文件。

- 【替换】：指定替换文本，当浏览器不能显示图像时，将显示该文本。
- 【对齐】：设置对象的对齐方式。
- 编辑图像：单击将打开默认的图像编辑软件对该图像进行编辑。

13.2.8 文件域

文件域的作用是使用户可以浏览并选择本地计算机上的某个文件，以便将该文件作为表单数据进行上传。当然，真正上传文件还需要相应的上传组件才能进行，文件域仅仅是起供用户浏览并选择计算机上的文件的作用，并不起上传的作用。文件域实际上比文本域只多一个浏览... 按钮。

选择【插入记录】/【表单】/【文件域】命令，或在【插入】/【表单】工具栏中单击 (文件域) 按钮，将插入一个文件域，如图 13-22 所示。

单击并选中文件域，将显示其【属性】面板，如图 13-23 所示。

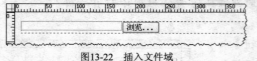

图13-22　插入文件域

图13-23　文件域的【属性】面板

下面对文件域【属性】面板的各项参数简要说明如下。

- 【文件域名称】：用于设置文件域的名称。
- 【字符宽度】：用于设置文件域的宽度。
- 【最多字符数】：用于设置文件域中最多可以容纳的字符数。

13.2.9 隐藏域

隐藏域主要用来储存并提交非用户输入信息，如注册时间、认证号等，这些都需要使用 JavaScript、ASP 等源代码来编写，隐藏域在网页中一般不显现。

选择【插入记录】/【表单】/【隐藏域】命令，或在【插入】/【表单】工具栏中单击 (隐藏域) 按钮，将插入一个隐藏域，如图 13-24 所示。

单击并选中隐藏域，将显示其【属性】面板，如图 13-25 所示。

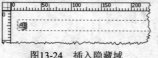

图13-24　插入隐藏域

图13-25　隐藏域的【属性】面板

【隐藏区域】文本框主要用来设置隐藏域的名称；【值】文本框内通常是一段 ASP 代码，如 "<% =Date() %>"，其中 "<%...%>" 是 ASP 代码的开始、结束标志，而 "Date()" 表示当前的系统日期（如，2008-12-20），如果换成 "Now()" 则表示当前的系统日期和时间（如，2008-12-20 10:16:44），而 "Time()" 则表示当前的系统时间（如，10:16:44）。

13.2.10 字段集

使用字段集可以在页面中显示一个圆角矩形框，将一些内容相关的表单对象放在一起。可以先插入字段集，然后再在其中插入表单对象。也可以先插入表单对象，然后将它们选择再插入字段集。

选择【插入记录】/【表单】/【字段集】命令，或在【插入】/【表单】工具栏中单击 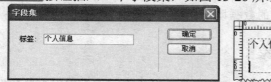（字段集）按钮，将打开【字段集】对话框，在【标签】文本框中输入标签名称，然后单击 确定 按钮插入一个字段集，如图 13-26 所示。

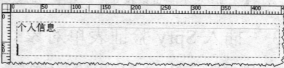

图13-26 插入字段集

在浏览器中预览其效果，如图 13-27 所示。

图13-27 预览效果

13.2.11 标签

使用标签可以向源代码中插入一对 HTML 标签"<label></label>"。其作用与在【输入标签辅助功能属性】对话框的【样式】选项中选择【用标签标记环绕】单选按钮的用途是一样的。

选择【插入记录】/【表单】/【标签】命令，或在【插入】/【表单】工具栏中单击 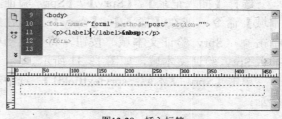（标签）按钮，即可插入一个标签，如图 13-28 所示。

图13-28 插入标签

13.2.12 按钮

按钮对于表单来说是必不可少的，它可以控制表单的操作。使用按钮可以将表单数据提交到服务器，或者重置该表单。

选择【插入记录】/【表单】/【按钮】命令，或在【插入】/【表单】工具栏中单击 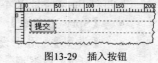（按钮）按钮，将插入一个按钮，如图 13-29 所示。

图13-29 插入按钮

单击并选中按钮，将显示其【属性】面板，如图 13-30 所示。

图13-30 按钮的【属性】面板

下面对按钮【属性】面板的各项参数简要说明如下。

- 【按钮名称】：用于设置按钮的名称。
- 【值】：用于设置按钮上的文字，一般为"确定"、"提交"、"注册"等。
- 【动作】：用于设置单击该按钮后运行的程序，有以下 3 个选项。

【提交表单】：表示单击该按钮后，将表单中的数据提交给表单处理应用程序。同时，Dreamweaver CS3 自动将此按钮的名称设置为"提交"。

【重设表单】：表示单击该按钮后，表单中的数据将分别恢复到初始值。此时，Dreamweaver CS3 会自动将此按钮的名称设置为"重置"。

【无】：表示单击该按钮后，表单中的数据既不提交也不重设。

13.3　插入 Spry 验证表单对象

在制作表单页面时，为了确保采集信息的有效性，往往会要求在网页中实现表单数据验证的功能。Dreamweaver CS3 新增功能中的 Spry 框架提供了 4 个验证表单构件：Spry 验证文本域、Spry 验证文本区域、Spry 验证复选框和 Spry 验证选择。下面分别进行介绍。

13.3.1　Spry 验证文本域

Spry 验证文本域构件是一个文本域，该域用于在站点浏览者输入文本时显示文本的状态（有效或无效）。例如，可以向浏览者输入电子邮件地址的表单中添加验证文本域构件。如果访问者没有在电子邮件地址中输入"@"符号和句点，验证文本域构件会返回一条消息，声明用户输入的信息无效。

选择【插入记录】/【Spry】/【Spry 验证文本域】命令，或在【插入】/【Spry】工具栏中单击 （Spry 验证文本域）按钮，将在文档中插入 Spry 验证文本域，如图 13-31 所示。

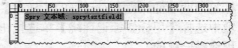

图13-31　插入 Spry 验证文本域

单击【Spry 文本域：sprytextfield1】，选中 Spry 验证文本域，其【属性】面板如图 13-32 所示。

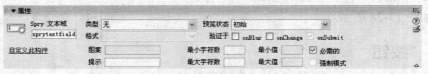

图13-32　Spry 验证文本域的【属性】面板

下面对 Spry 验证文本域【属性】面板的常用参数简要说明如下。

- 【Spry 文本域】：用于设置 Spry 验证文本域的名称。
- 【类型】：用于设置验证类型和格式，在其下拉列表框中共包括 14 种类型，如图 13-33 所示。
- 【格式】：当在【类型】下拉列表中选择【日期】、【时间】、【信用卡】、【邮政编码】、【电话号码】、【社会安全号码】、【货币】或【IP 地址】时，该项可用，并根据各个选项的特点提供不同的格式设置。

图13-33　验证类型

- 【预览状态】：验证文本域构件具有许多状态，可以根据所需的验证结果，通过【属性】面板来修改这些状态。
- 【验证于】：用于设置验证发生的时间，包括浏览者在构件外部单击、键入内容或尝试提交表单时。
- 【最小字符数】和【最大字符数】：当在【类型】下拉列表中选择【无】、【整数】、【电子邮件地址】、【URL】时，还可以指定最小字符数和最大字符数。

- 【最小值】和【最大值】：当在【类型】下拉列表中选择【整数】、【时间】、
  【货币】、【实数/科学记数法】时，还可以指定最小值和最大值。
- 【必需的】：用于设置 Spry 验证文本域不能为空，必须输入内容。
- 【强制模式】：用于禁止用户在验证
  文本域中输入无效内容。例如，如果
  对【类型】为"整数"的构件集选择
  此项，那么，当用户输入字母时，文
  本域中将不显示任何内容。

当保存具有 Spry 验证文本域的文档时，将
弹出【复制相关文件】对话框，如图 13-34 所
示。这与第 12 章介绍的 Spry 构件中出现的【复
制相关文件】对话框是类似的，这里不再详述。

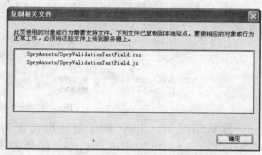

图13-34　【复制相关文件】对话框

13.3.2　Spry 验证文本区域

Spry 验证文本区域构件是一个文本区域，该区域在用户输入几个文本句子时显示文本
的状态（有效或无效）。如果文本区域是必填域，而用户没有输入任何文本，该构件将返回
一条消息，声明必须输入值。

选择【插入记录】/【Spry】/【Spry 验证文本
区域】命令，或在【插入】/【Spry】工具栏中单
击　（Spry 验证文本区域）按钮，将在文档中插
入 Spry 验证文本区域，如图 13-35 所示。

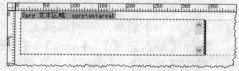

图13-35　插入 Spry 验证文本区域

单击【Spry 文本区域：sprytextarea1】选中 Spry 验证文本区域，其【属性】面板如
图 13-36 所示。

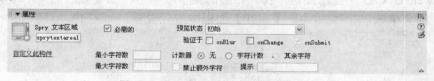

图13-36　Spry 验证文本区域的【属性】面板

Spry 验证文本区域的属性设置与 Spry 验证文本域非常相似，读者可参考上一节的介
绍。另外，可以添加字符计数器，以便当用户在文本区域中输入文本时知道自己已经输入了
多少字符或者还剩多少字符。默认情况下，当添加字符计数器时，计数器会出现在构件右下
角的外部。

13.3.3　Spry 验证复选框

Spry 验证复选框构件是 HTML 表单中的一个或一组复选框，该复选框在用户选择（或
没有选择）复选框时会显示构件的状态（有效或无效）。例如，向表单中添加验证复选框构
件时，该表单可能会要求用户进行 3 项选择。如果用户没有进行这 3 项选择，该构件会返回
一条消息，声明不符合最小选择数要求。

选择【插入记录】/【Spry】/【Spry 验证复选框】命令，或在【插入】/【Spry】工具栏中单击 ☑（Spry 验证复选框）按钮，将在文档中插入 Spry 验证复选框，如图 13-37 所示。

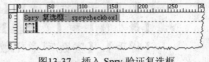
图13-37　插入 Spry 验证复选框

单击【Spry 复选框：sprycheckbox1】选中 Spry 验证复选框，其【属性】面板如图 13-38 所示。

图13-38　Spry 验证复选框的【属性】面板

默认情况下，Spry 验证复选框设置为"必需（单个）"。但是，如果在页面上插入了多个复选框，则可以指定选择范围，即设置为"强制范围（多个复选框）"，然后设置【最小选择数】和【最大选择数】参数。

13.3.4　Spry 验证选择

Spry 验证选择构件是一个下拉菜单，该菜单在用户进行选择时会显示构件的状态（有效或无效）。例如，可以插入一个包含状态列表的验证选择构件，这些状态按不同的部分组合并用水平线分隔。如果用户意外选择了某条分界线（而不是某个状态），验证选择构件会向用户返回一条消息，声明选择无效。

选择【插入记录】/【Spry】/【Spry 验证选择】命令，或在【插入】/【Spry】工具栏中单击 ▦（Spry 验证选择）按钮，将在文档中插入 Spry 验证选择域，如图 13-39 所示。

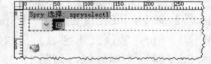
图13-39　插入 Spry 验证选择域

Dreamweaver CS3 不会添加这个构件相应的菜单项和值，如果要添加菜单项和值，必须选中构件中的菜单域，在列表/菜单【属性】面板中进行设置，如图 13-40 所示。

图13-40　在列表/菜单【属性】面板中添加菜单项和值

单击【Spry 选择：spryselect1】选中 Spry 验证选择域，其【属性】面板如图 13-41 所示。

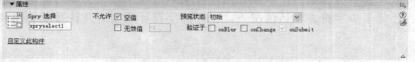
图13-41　Spry 验证选择域的【属性】面板

【不允许】选项组包括【空值】和【无效值】两个复选框。如果勾选【空值】复选框，表示所有菜单项都必须有值；如果勾选【无效值】复选框，可以在其后面的文本框中指定一个值，当用户选择与该值相关的菜单项时，该值将注册为无效。例如，如果指定"-1"是无效值（即勾选【无效值】复选框，并在其后面的文本框中输入"-1"），并将该值赋给某个选项标签，则当用户选择该菜单项时，将返回一条错误的消息，如图 13-42 所示。

图13-42　设置【无效值】复选框

13.4　使用行为验证表单

表单在提交到服务器端以前，必须进行验证，以确保输入数据的合法性。在第 13.3 节介绍了 Spry 验证文本域、Spry 验证文本区域、Spry 验证复选框、Spry 验证选择的方法，本节将介绍使用【检查表单】行为验证表单的方法。

【检查表单】行为主要是指检查指定文本域的内容以确保用户输入了正确的数据类型。使用【onBlur】事件将此行为分别添加到各个文本域，在用户填写表单时对域进行检查。使用【onSubmit】事件将此行为添加到表单，在用户提交表单的同时对多个文本域进行检查以确保数据的有效性。

如果用户填写表单时需要分别检查各个域，则在设置时需要分别选择各个域，然后在【行为】面板中单击 + 按钮，在弹出的菜单中选择【检查表单】命令。如果用户在提交表单时检查多个域，则需要将鼠标光标置于表单内，然后单击左下方的"<form>"标签，选中整个表单，接着在【行为】面板中单击 + 按钮，在弹出的菜单中选择【检查表单】命令，打开【检查表单】对话框进行参数设置，如图 13-43 所示。

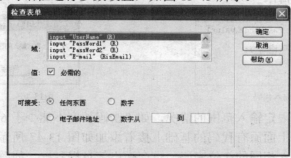

图13-43　【检查表单】对话框

下面对【检查表单】对话框的各项参数简要说明如下。

- 【域】：列出表单中所有的文本域和文本区域供选择。
- 【值】：如果勾选【必需的】复选框，表示【域】文本框中必须输入内容，不能为空。
- 【可接受】：包括 4 个单选按钮。【任何东西】表示输入的内容不受限制；【电子邮件地址】表示仅接受电子邮件地址格式的内容；【数字】表示仅接受数字；【数字从…到…】表示仅接受指定范围内的数字。

在设置了【检查表单】行为后，当表单被提交时（"onSubmit"大小写不能随意更改），验证程序会自动启动。必填项如果为空则发生警告，提示用户重新填写；如果不为空则提交表单。

在实际操作中经常需要输入密码，而且通常是输入两次，那么如何验证两次输入的密码相同呢？验证密码无法使用【检查表单】行为，但可以自己编写代码进行验证。

在表单中右键单击具有"提交"功能的按钮，在弹出的快捷菜单中选择【编辑标签〔E）<input>】命令，打开【标签编辑器－input】对话框，如图 13-44 所示。

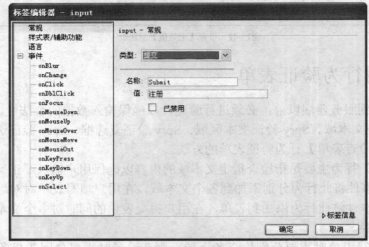

图13-44　【标签编辑器－input】对话框

在对话框中选中"onClick"事件，在右侧的文本框中输入如图 13-45 所示的代码，然后单击 确定 按钮完成设置并保存网页。预览网页，当两次输入的密码不相同时，单击【提交】按钮会自动弹出信息提示框，如图 13-46 所示，单击 确定 按钮表单不提交任何内容，并返回到密码域中。

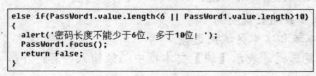

图13-45　输入代码

图13-46　信息提示框

有时还会遇到密码限定输入范围的情况，如"密码长度不能少于 6 位，多于 10 位"，那么如何验证呢？可以在上面原有代码的基础上接着添加如图 13-47 所示的代码，保存网页后再次预览网页，两次输入相同的 3 位密码，也会弹出信息提示框，如图 13-48 所示。

```
else if(PassWord1.value.length<6 || PassWord1.value.length>10)
{
    alert('密码长度不能少于6位，多于10位！');
    PassWord1.focus();
    return false;
}
```

图13-47　添加代码

图13-48　信息提示框

验证表单的内容就介绍到这里，请读者多加练习，并熟练掌握。

13.5　实例——制作注册邮箱申请单网页

通过前面各节的学习，读者对表单的基本知识有了一定的了解。本节将以制作注册邮箱申请单网页为例，介绍表单的具体应用，让读者进一步巩固所学内容。

制作注册邮箱申请单网页

1. 新建一个网页文档 "shili.htm"，然后设置其页面属性，设置文本【大小】为 "12 像素"。
2. 插入一个 2 行 1 列的表格，设置表格【宽】为 "600 像素"，【间距】为 "5"，【填充】和【边框】均为 "0"，如图 13-49 所示。

图13-49 设置表格属性

3. 设置表格单元格的水平对齐方式均为 "居中对齐"，并在第 1 个单元格中输入文本 "注册邮箱申请单"，设置文本字体为 "黑体"，大小为 "18 像素"。
4. 在第 2 个单元格中插入一个表单，在表单中再插入一个 10 行 2 列、【宽】为 "100%" 的表格，设置【间距】为 "5"，【填充】和【边框】均为 "0"，如图 13-50 所示。

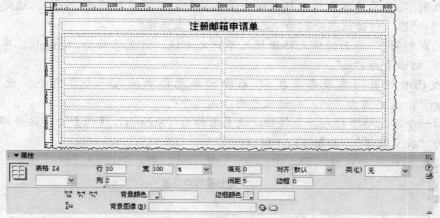

图13-50 设置表格属性

5. 选择第 1 列单元格，设置【宽】为 "30%"，【高】为 "25"，水平对齐方式为 "右对齐"，并在其中输入提示性文本；选择第 2 列单元格，设置水平对齐方式为 "左对齐"，如图 13-51 所示。

图13-51 输入文本

6. 在"用户名:"后面的单元格中插入单行文本域,设置名称为"username",字符宽度为"20"。

7. 在"登录密码:"和"重复登录密码:"后面的单元格中分别插入密码文本域,设置名称分别为"passw"和"passw2",字符宽度均为"20"。

8. 在"密码保护问题:"后面的单元格中插入菜单域,设置名称为"question",并在【列表值】对话框中添加项目标签和值,如图 13-52 所示。

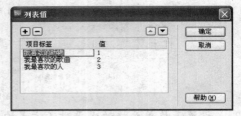

图13-52　添加项目标签和值

9. 在"您的答案:"后面的单元格中插入单行文本域,设置名称为"answer",字符宽度为"20"。

10. 在"出生年份:"后面的单元格中插入菜单域,设置名称为"birthyear",并在【列表值】对话框中添加项目标签和值。

11. 在"性别:"后面的单元格中插入两个单选按钮,设置名称均为"sex",选定值分别为"1"和"2",初始状态分别为"已勾选"和"未选中"。

12. 在"已有邮箱:"后面的单元格中插入单行文本域,设置名称为"email",字符宽度为"30",初始值为"@"。

13. 在"我已看过并同意服务条款:"后面的单元格中插入一个复选框,设置名称为"tongyi",选定值为"y",初始状态为"未选中"。

14. 在最后一个单元格中插入一个按钮,设置名称为"Submit",【值】为"注册邮箱",【动作】为"提交表单",如图 13-53 所示。

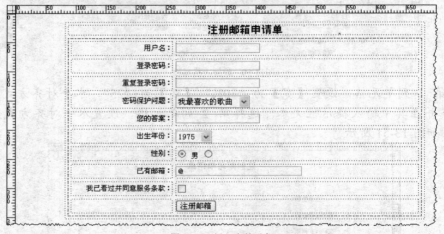

图13-53　插入表单对象

15. 将鼠标光标置于表单中,然后单击左下方的"<form>"标签选中整个表单,然后在【行为】面板中单击"+"按钮,在弹出的菜单中选择【检查表单】命令,打开【检查表单】对话框进行参数设置,其中,用户名文本域【input"username"】和答案文本域【input"answer"】选项都设置为"必需的"和"任何东西",密码文本域【input"passw"】和【input"passw2"】选项都设置为"必需的"和"数字",电子邮件文本域【input"email"】选项设置为"电子邮件地址",如图 13-54 所示。

图13-54 【检查表单】对话框

16. 单击 确定 按钮，添加【检查表单】行为，并检查事件是否为 "onSubmit"，如图 13-55 所示。

17. 保存文件，在浏览器中的效果如图 13-56 所示。

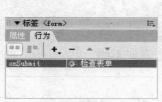

图13-55 添加行为

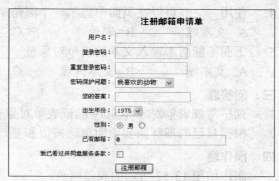

图13-56 在浏览器中的效果

小结

本章主要介绍了表单的基本知识，包括常用表单对象、Spry 验证表单对象以及使用【检查表单】行为验证表单的方法等。希望通过本章的学习，读者能够对各个表单对象的作用有一个清楚的认识，并能在实践中熟练运用。

习题

一、填空题

1. 文本域等表单对象都必须插入到_____中，这样浏览器才能正确处理其中的数据。

2. 按钮的【属性】面板提供了按钮的 3 种动作，即_____、重置表单和无。

3. _____用于在表单中插入一幅图像，代替标准按钮的工作。

4. Dreamweaver CS3 新增功能中的 Spry 框架提供了 4 个验证表单构件：_____、Spry 验证文本区域、Spry 验证复选框和 Spry 验证选择。

5. 在 Dreamweaver CS3 中可以使用_____行为对表单进行基本的验证。

二、选择题

1. 选择菜单栏中的【插入记录】/【表单】/【表单】命令，将在文档中插入一个表单域，下面关于表单域的描述，正确的是_____。

A. 表单域的大小可以手工设置

B. 表单域的大小是固定的

C. 表单域会自动调整大小以容纳表单域中的元素

D. 表单域的红色边框线会显示在页面上

2. 下面关于文本域的说法，错误的是_____。

A. 在【属性】面板中可以设置文本域的字符宽度

B. 在【属性】面板中可以设置文本域的字符高度

C. 在【属性】面板中可以设置文本域所能接受的最多字符数

D. 在【属性】面板中可以设置文本域的初始值

3. 在表单对象中，_____在网页中一般不显现。

A. 隐藏域　　　　B. 文本域　　　　C. 文件域　　　　D. 文本区域

4. 使用_____可以在页面中显示一个圆角矩形框，将一些相关的表单元素放在一起。

A. 文本域　　　　B. 表单　　　　C. 文本区域　　　　D. 字段集

5. 下面不能用于输入文本的表单对象是_____。

A. 文本域　　　　B. 文本区域　　　　C. 密码域　　　　D. 文件域

三、问答题

1. 列举常规表单对象和 Spry 验证表单对象有哪些。

2. 根据自己的理解简要说明单选按钮和复选框在使用上有何不同。

四、操作题

制作如图 13-57 所示的表单网页。

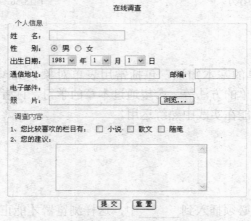

图13-57　在线调查

【操作提示】

1. 新建一个网页并插入相应的表单对象。

2. 表单对象的名称等属性不作统一要求，读者可根据需要自行设置。

3. 整个表单内容分为"个人信息"和"调查内容"两部分，使用表单对象"字段集"进行区域划分。

4. 使用【检查表单】行为设置"姓名"、"通信地址"、"邮编"和"电子邮件"为必填项，同时设置"邮编"仅接受数字，需要检查"电子邮件"格式的合法性。

第14章 创建 ASP 应用程序

在实际制作网页的过程中，读者可能经常需要制作带有后台数据库的动态网页。所谓动态网页，就是指网页中除含有 HTML 标记以外，还含有脚本代码。这种网页文件的扩展名一般根据程序设计语言的不同而不同。例如，ASP 采用 VBScript 或者 JavaScript 脚本代码。本章将介绍在 Dreamweaver CS3 中通过服务器行为创建 ASP 应用程序的基本方法。

【学习目标】

- 掌握创建后台数据库的基本方法。
- 掌握制作数据列表的基本方法。
- 掌握插入数据库记录的基本方法。
- 掌握更新数据库记录的基本方法。
- 掌握删除数据库记录的基本方法。
- 掌握限制用户对页的访问的基本方法。
- 掌握用户登录和注销的基本方法。
- 掌握检查新用户的基本方法。

14.1 搭建 ASP 应用程序开发环境

在创建带有后台数据库的动态网页之前，首先需要做好 3 个方面的工作：一是配置 IIS 服务器；二是在 Dreamweaver CS3 中定义可以使用脚本语言的站点；三是提前创建好后台数据库。下面分别进行介绍。

14.1.1 配置 IIS 服务器

为了便于测试，建议直接在本机上安装并配置 IIS 服务器。下面介绍设置方法。

配置 IIS 服务器

Windows XP professional 中的 IIS 服务器在默认状态下是没有安装的，所以在第 1 次使用时应首先安装 IIS 服务器，可参考第 15.1.1 节的内容。

1. 在【控制面板】/【管理工具】中双击【Internet 信息服务】选项，打开【Internet 信息服务】窗口。
2. 选中【默认网站】选项，然后单击鼠标右键，在弹出的快捷菜单中选择【属性】命令打开【默认网站属性】对话框。
3. 切换到【网站】选项卡，在【IP 地址】列表框中输入 IP 地址。
4. 切换到【主目录】选项卡，在【本地路径】文本框中设置网页所在的目录。
5. 切换到【文档】选项卡，定义默认的首页文档。

14.1.2 定义可以使用脚本语言的站点

配置好 IIS 服务器后，还需要在 Dreamweaver CS3 中定义好使用脚本语言的站点。此部分内容已经在第 2 章进行了详细介绍，本节仅作简要说明。

在 Dreamweaver CS3 中定义站点时，要为站点起一个名字，并设置站点的 HTTP 地址，如"http://10.6.4.8/"。使用的服务器技术是"ASP VBScript"，在本地进行编辑和测试，文件的存储位置和 IIS 中主目录的位置一致。浏览站点根目录的 URL 仍为"http://10.6.4.8/"，最后测试设置是否成功，暂时不使用远程服务器。

ASP（Active Server Pages）是由 Microsoft 公司推出的专业 Web 开发语言。ASP 可以使用 VBScript、JavaScript 等语言编写，具有简单易学、功能强大等优点，因此受到了广大 Web 开发人员的青睐。本章使用的脚本语言为"ASP VBScript"。关于 ASP 语言的详细内容，读者可参考相关书籍，此处不作具体介绍。

14.1.3 创建后台数据库

在开发动态网站时，除了应用动态网站编程语言外，数据库也是最常用的技术之一。利用数据库，可以存储和维护动态网站中的数据，这样可以高效地管理动态网站中的信息。

一个数据库可以包含多个表，每个表具有唯一的名称。这些表可以是相关的，也可以是互相独立的。表中的每一列代表一个域，每一行代表一条记录。

从一个或多个表中提取的数据子集称为记录集。记录集也是一种表，它是共享相同列的记录的集合。定义记录集是利用数据库创建动态交互网页的重要步骤。

Access 是 Microsoft Office 办公系统中的一个重要组件，也是最常用的桌面数据库管理系统之一。作为用户访问量不是很大的小型站点，使用 Access 设计数据库是可行的。下面介绍使用 Access 2003 创建数据库的方法。

🔑 创建数据库

1. 启动 Access 2003，然后选择【文件】/【新建】命令，转到【新建文件】面板，如图 14-1 所示。
2. 单击【空数据库】选项，打开【文件新建数据库】对话框，设置文件的保存位置和文件名，这里保存在站点的"data"文件夹下，如图 14-2 所示。

图14-1 【新建文件】面板

图14-2 保存数据库

3. 单击 创建(C) 按钮，创建一个名字为 "book" 的数据库文件，窗口中同时出现了一个相应的数据库设计窗口，如图 14-3 所示。

4. 双击【使用设计器创建表】选项，打开表设计器窗口，在第 1 行的【字段名称】下面输入 "id"，在【数据类型】下拉列表中选择【自动编号】选项，在【说明】下面输入对这个字段的说明信息，在【常规】选项卡的【索引】下拉列表中选择【有（无重复）】选项，如图 14-4 所示。

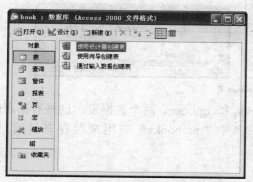

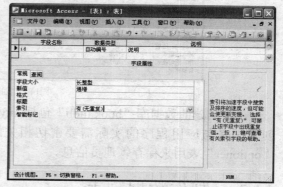

图14-3　数据库设计窗口　　　　　　　　　　　　　　图14-4　创建字段 "id"

5. 运用相同的方法在表中继续添加其他字段，如图 14-5 所示。

图14-5　设置其他字段

6. 在第 1 行单击鼠标右键，在弹出的快捷菜单中选择【主键】命令，将该字段设置为数据表的主键。

7. 选择【文件】/【保存】命令，打开【另存为】对话框，在【表名称】文本框中输入表的名称，如图 14-6 所示，然后单击 确定 按钮进行保存。

为了便于测试网页，在创建的数据表中先添加几条记录。

8. 双击打开数据表 "mybooks"，然后在其中添加记录并进行保存，如图 14-7 所示。

图14-6　【另存为】对话框　　　　　　　　　　　　　图14-7　输入数据

9. 运用相同的方法创建 "optioner" 表，然后添加管理员的数据并保存，如图 14-8 所示。

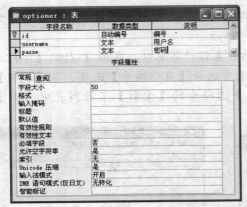

图14-8　创建 optioner 表

本节创建的数据库"book.mdb"包括 mybooks 和 optioner 两个数据表。这些数据表的创建都是与应用程序的实际需要密切相关的，其中"mybooks"表用来保存书目信息，"optioner"表用来保存管理员信息。

14.2　制作数据列表

制作数据库应用的基本程序是，首先建立数据库连接，然后通过这个数据库连接创建记录集，最后对记录集进行查询、读取或者插入、更新、删除等操作，从而实现对数据库的操作。下面介绍制作数据列表的方法，具体包括创建数据库连接、创建记录集、添加动态数据、添加重复区域、记录集分页、显示记录计数等。

14.2.1　创建数据库连接

ASP 应用程序必须通过开放式数据库连接（ODBC）驱动程序（或对象连接）和嵌入式数据库（OLE DB）提供程序连接到数据库。该驱动程序或提供程序用作解释器，能够使 Web 应用程序与数据库进行通信。

创建数据库连接必须在打开 ASP 网页的前提下进行，数据库连接创建完毕后，站点中的任何一个 ASP 网页都可以使用该数据库连接。常用的创建数据库连接的方式有两种：一种是以连接字符串方式创建数据库连接；另一种是以数据源名称 DSN 方式创建数据库连接。连接字符串是手动编码的表达式，它会标识数据库并列出连接到该数据库所需的信息。DSN 是单个词的标识符（如"myConnection"），它指向数据库并包含连接到该数据库所需的全部信息。下面分别进行介绍。

一、通过连接字符串创建数据库连接

如果站点使用的是租用的空间，则使用 DSN 方式是不现实的，建议通过连接字符串创建数据库连接。下面介绍通过连接字符串创建数据库连接的方法。

⛏ 通过连接字符串创建数据库连接

1. 选择【文件】/【新建】命令，打开【新建文档】对话框，选择【空白页】/【ASP VBScript】/【无】选项，如图 14-9 所示。

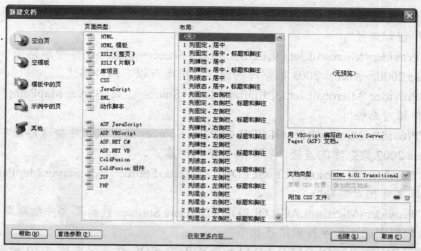

图14-9 【新建文档】对话框

2. 单击 【创建(R)】 按钮，创建一个空白网页文档，然后将文档保存为 "chap14-2.asp"。

3. 选择【窗口】/【数据库】命令，打开【数据库】面板，如图 14-10 所示。

4. 在【数据库】面板中单击 ➕ 按钮，在弹出的菜单中选择【自定义连接字符串】命令，打开【自定义连接字符串】对话框，在【连接名称】文本框中输入连接名称 "conn"，在【连接字符串】文本框中输入连接字符串 ""Provider=Microsoft.Jet.OLEDB.4.0;Data Source=" & Server.MapPath("/data/book.mdb")"，如图 14-11 所示。

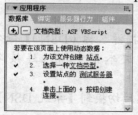

图14-10 【数据库】面板

图14-11 【自定义连接字符串】对话框

如果连接字符串中使用的是虚拟路径 "/data/ book.mdb"，则必须选择【使用测试服务器上的驱动程序】单选按钮；如果连接字符串中使用的是物理路径，则必须选择【使用此计算机上的驱动程序】单选按钮。

5. 单击 【测试】 按钮，弹出一个显示 "成功创建连接脚本" 的消息提示框，说明设置成功。

6. 测试成功后，在【自定义连接字符串】对话框中单击 【确定】 按钮关闭对话框，然后在【数据库】面板中展开创建的连接，会看到数据库中包含的表名及表中的各字段，如图 14-12 所示。

图14-12 展开数据库连接

成功创建连接后，系统自动在站点管理器的文件列表中创建专门用于存放连接字符串的文档 "conn.asp" 及其文件夹 "Connections"。

目前使用 OLE DB 原始驱动面向 Access、SQL 两种数据库的连接字符串已被广泛使用。Access 97 数据库的连接字符串有以下两种格式。

- "Provider=Microsoft.Jet.OLEDB.3.5;Data Source=" & Server.MapPath ("数据库文件相对路径")
- "Provider=Microsoft.Jet.OLEDB.3.5;Data Source=数据库文件物理路径"

Access 2000～Access 2003 数据库的连接字符串有以下两种格式。

- "Provider=Microsoft.Jet.OLEDB.4.0;Data Source=" & Server.MapPath("数据库文件相对路径")
- "Provider=Microsoft.Jet.OLEDB.4.0;Data Source=数据库文件物理路径"

Access 2007 数据库的连接字符串有以下两种格式。

- "Provider=Microsoft.ACE.OLEDB.12.0;Data Source= "& Server.MapPath ("数据库文件相对路径")
- "Provider=Microsoft.ACE.OLEDB.12.0;Data Source=数据库文件物理路径"

SQL 数据库的连接字符串格式如下。

- "PROVIDER=SQLOLEDB;DATA SOURCE=SQL 服务器名称或 IP 地址;UID=用户名;PWD=数据库密码;DATABASE=数据库名称"

代码中的 "Server.MapPath（）" 指的是文件的虚拟路径，使用它可以不理会文件具体存放在服务器的哪一个分区下面，只要使用相对于网站根目录或者相对于文档的路径即可。

二、 通过 DSN 创建数据库连接

如果拥有自己的服务器，则可以使用 DSN 方式创建数据库连接，这种方式比较安全。

🔑 通过 DSN 创建数据库连接

1. 在【数据库】面板中单击➕按钮，在弹出的菜单中选择【数据源名称（DSN）】命令，打开【数据源名称（DSN）】对话框，在【连接名称】文本框中输入连接名称 "conn2"，如图 14-13 所示。
2. 单击 定义… 按钮，打开【ODBC 数据源管理器】对话框，然后切换到【系统 DSN】选项卡，如图 14-14 所示。

图14-13　【数据源名称（DSN）】对话框

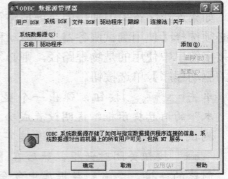

图14-14　【ODBC 数据源管理器】对话框

 　也可通过在【控制面板】中双击【管理工具】/【数据源（ODBC）】图标来打开【ODBC 数据源管理器】对话框进行设置。

3. 单击 添加(D)… 按钮，打开【创建数据源】对话框，在其中选择 "Driver do Microsoft Access（*.mdb）"，如图 14-15 所示。

4. 单击 完成 按钮，打开【ODBC Microsoft Access 安装】对话框，在【数据源名】文本框中输入自定义的数据源名称，如 "mydsn"，如图 14-16 所示。

图14-15 【创建数据源】对话框

图14-16 【ODBC Microsoft Access 安装】对话框

5. 在【数据库】分组中单击 选择(S)... 按钮，打开【选择数据库】对话框，在该对话框的【驱动器】下拉列表中选择数据库所在的驱动器盘符，在【目录】列表框中选择数据库所在的文件夹，在【文件类型】下拉列表中选择数据库类型，在【数据库名】列表框中选择数据库，其名称将自动出现在【数据库名】文本框中，如图 14-17 所示。

6. 单击 确定 按钮，完成数据库的连接，如图 14-18 所示。

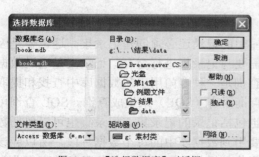

图14-17 【选择数据库】对话框

图14-18 完成数据库的连接

7. 单击 确定 按钮，关闭该对话框，结果如图 14-19 所示。

8. 单击 确定 按钮，关闭该对话框，在【数据源名称（DSN）】下拉列表中选择上面定义的 DSN 名称，如果数据库需要用户名和密码才能访问，还需要输入用户名和密码，如图 14-20 所示。

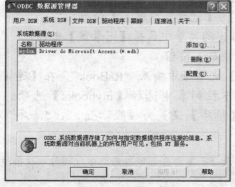

图14-19 定义系统 DSN

图14-20 选择数据源名称

9. 单击 ［测试］ 按钮，弹出一个显示 "成功创建连接脚本" 的消息提示框，说明设置成功。

10. 测试成功后，单击 ［确定］ 按钮，关闭【数据源名称（DSN）】对话框，然后在【数据库】面板中展开创建的连接，会看到数据库中包含的表名及表中的各字段，如图 14-21 所示。

图14-21　创建的数据库连接

使用 ODBC 原始驱动面向 Access 数据库的字符串连接格式如下。

- "DRIVER={Microsoft Access Driver (*.mdb)};DBQ=" & Server.MapPath ("数据库文件的相对路径")
- "DRIVER={Microsoft Access Driver (*.mdb)};DBQ=数据库文件的物理路径"

使用 ODBC 原始驱动面向 SQL 数据库的字符串连接格式如下。

- "DRIVER={SQL Server};SERVER=SQL 服务器名称或 IP 地址;UID=用户名;PWD=数据库密码;DATABASE=数据库名称"

14.2.2　创建记录集

在数据库连接成功创建以后，要想显示数据库中的记录还必须创建记录集。这主要是因为网页不能直接访问数据库中存储的数据，而是需要与记录集进行交互。记录集是通过数据库查询从数据库中提取的信息（记录）的子集。查询是一种专门用于从数据库中查找和提取特定信息的搜索语句。Dreamweaver 使用结构化查询语言（SQL）来生成查询。SQL 查询可以生成只包括某些列、某些记录，或者既包括列也包括记录的记录集。记录集也可以包括数据库表中所有的记录和列。但由于应用程序很少要用到数据库中的每个数据片段，所以应该使记录集尽可能小。Dreamweaver CS3 提供了图形化的操作界面，使记录集的创建变得非常简单。下面介绍创建记录集的方法。

🔑　创建记录集

1. 接上例。通过以下任意一种方式打开【记录集】对话框。
   - 在菜单栏中选择【插入记录】/【数据对象】/【记录集导航条】命令。
   - 在【服务器行为】面板中单击 ⊞ 按钮，在弹出的菜单中选择【记录集】命令。
   - 在【插入】/【数据】工具栏中单击 🖾 （记录集）按钮。
2. 对【记录集】对话框进行参数设置。在【名称】文本框中输入 "RsBook"，在【连接】下拉列表中选择【conn】选项，在【表格】下拉列表中选择【mybooks】选项，在【列】按钮组中选择【全部】单选按钮，将【排序】设置为按照 "date"、"降序" 排列，如图 14-22 所示。

 如果只是用到数据表中的某几个字段，那么最好不要将全部字段都选中，因为字段数越多应用程序执行起来就越慢。

下面对【记录集】对话框中的相关参数简要说明如下。

- 【名称】：用于设置记录集的名称，同一页面中的多个记录集不能重名。

- 【连接】：用于设置列表中显示成功创建的数据库连接，如果没有则需要重新定义。

- 【表格】：用于设置列表中显示数据库中的数据表。

- 【列】：用于显示选定数据表中的字段名，默认选择全部的字段，也可按 Ctrl 键来选择特定的某些字段。

图14-22　【记录集】对话框

- 【筛选】：用于设置创建记录集的规则和条件。在第 1 个列表中选择数据表中的字段；在第 2 个列表中选择运算符，包括 "=、>、<、>=、<=、<>、开始于、结束于、包含" 9 种；第 3 个列表用于设置变量的类型；文本框用于设置变量的名称。

- 【排序】：用于设置按照某个字段 "升序" 或者 "降序" 进行排序。

3. 设置完毕后单击 测试 按钮，在【测试 SQL 指令】对话框中出现选定表中的记录，如图 14-23 所示，说明创建记录集成功。

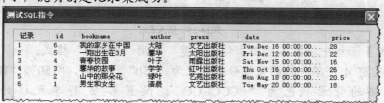

图14-23　【测试 SQL 指令】对话框

4. 关闭【测试 SQL 指令】对话框，然后在【记录集】对话框中单击 确定 按钮，完成创建记录集的任务，此时在【服务器行为】面板的列表框中添加了【记录集（RsBook）】行为，在【绑定】面板中显示了【记录集（RsBook）】记录集及其中的相应字段，如图 14-24 所示。

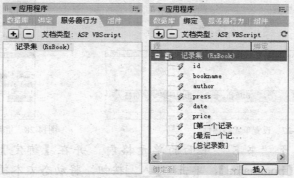

图14-24　【服务器行为】面板和【绑定】面板

265

每次根据不同的查询需要创建不同的记录集，有时在一个页面中需要创建多个记录集。

如果对创建的记录集不满意，可以在【服务器行为】面板中双击记录集名称，或在其【属性】面板中单击 编辑... 按钮，打开【记录集】对话框，对原有设置进行重新编辑，如图 14-25 所示。

图14-25 记录集的【属性】面板

14.2.3 添加动态数据

记录集负责从数据库中取出数据，如果要将数据插入到文档中，就需要通过动态数据的形式，其中最常用的是动态文本。下面介绍添加动态文本的方法。

➤ 添加动态数据

1. 接上例。在文档中输入文本"图书信息浏览"，然后插入一个表格，表格的参数设置如图 14-26 所示。

图14-26 插入表格

2. 在【属性】面板中将文本"图书信息浏览"应用"标题 1"格式。

3. 将第 1 行前 4 个单元格的宽度分别设置为"150"、"100"、"150"、"100"，然后设置 5 个单元格的背景颜色为"#CCCCCC"，设置第 2 行单元格的背景颜色均为"#FFFFFF"，然后设置表格所有单元格的水平对齐方式均为"居中对齐"。

4. 在第 1 行单元格中输入文本，然后选中第 1 行的所有单元格，在【属性】面板中勾选【标题】复选框，结果如图 14-27 所示。

5. 在【CSS 样式】面板中，重新定义标签"body"的样式，设置文本大小为"12 像素"、文本对齐方式为"居中"，保存在样式表文件"css.css"中，如图 14-28 所示。

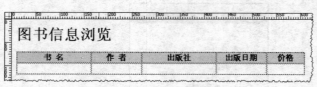

图14-27 设置单元格属性

图14-28 重新定义标签"body"的样式

6. 将鼠标光标置于"书名"下面的单元格内，并在【绑定】面板中选择【记录集（RsBook）】/【bookname】，单击 插入 按钮，将动态文本插入到单元格中，然后运用相同的方法在其他单元格中插入相应的动态文本，如图 14-29 所示。

上面介绍的是动态文本，其中的表格需要读者自己提前做好，然后在其中插入动态文本。当然，也可以使用动态表格，这样就不用提前制作表格而是自动生成。方法是：在菜单栏中选择【插入记录】/【数据对象】/【动态数据】/【动态表格】命令，打开【动态表格】对话框并进行参数设置，如图 14-30 所示。

图14-29　插入动态文本

图14-30　【动态表格】对话框

在页面中插入的动态表格如图 14-31 所示。

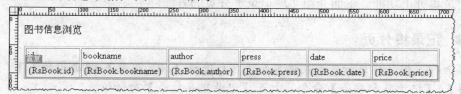

图14-31　插入的动态表格

这样，就省去了插入动态文本和添加重复区域的步骤，只需再添加上记录集分页和记录计数功能就可以了。当然，还需要将表格第 1 行中的字段名称修改为相对应的中文名称，以便阅读。为了更美观，还可以重新设置表格属性和单元格属性。

14.2.4　添加重复区域

重复区域是指将当前包含动态数据的区域沿垂直方向循环显示，在记录集导航条的帮助下完成对大数据量页面的分页显示技术。下面介绍添加重复区域的方法。

添加重复区域

1. 接上例。选择如图 14-32 所示的表格中的数据显示行，然后在【服务器行为】面板中单击 按钮，在弹出的菜单中选择【重复区域】命令，打开【重复区域】对话框。

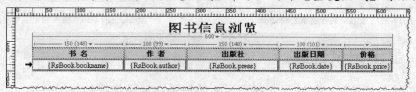

图14-32　选择要重复的行

2. 在【重复区域】对话框中，将【记录集】设置为"RsBook"，将【显示】设置为"5"，如图 14-33 所示。

在【重复区域】对话框中，【记录集】下拉列表中将显示在当前网页文档中已定义的记录集名称。如果定义了多个记录集，这里将显示多个记录集的名称；如果只有一个记录集，

267

就不用特意进行选择。在【显示】选项组中，可以在文本框中输入数字定义每页要显示的记录数，也可以选择显示所有记录。

3. 单击 确定 按钮，所选择的数据行被定义为重复区域，如图 14-34 所示。

图14-33 【重复区域】对话框

图14-34 文档中的重复区域

14.2.5 记录集分页

如果定义了记录集每页显示的记录数，那么实现翻页、能够一页一页地浏览数据，就要用到记录集分页功能。下面介绍实现记录集分页的方法。

☛ 记录集分页

1. 接上例。将鼠标光标置于表格下面，然后选择【插入记录】/【数据对象】/【记录集分页】/【记录集导航条】命令，打开【记录集导航条】对话框。

2. 在对话框的【记录集】下拉列表中选择【RsBook】，设置【显示方式】为"文本"，如图 14-35 所示。

在【记录集导航条】对话框中，【记录集】下拉列表中将显示在当前网页文档中已定义的记录集名称。如果定义了多个记录集，这里将显示多个记录集名称；如果只有一个记录集，就不用特意去选择。在【显示方式】选项组中，如果选择【文本】单选按钮，则会添加文字用作翻页指示；如果选择【图像】单选按钮，则会自动添加 4 幅图像用作翻页指示。

3. 单击 确定 按钮，在文档中插入的记录集导航条如图 14-36 所示。

图14-35 【记录集导航条】对话框

图14-36 插入的记录集导航条

14.2.6 显示记录计数

如果在显示记录时，能够显示每页显示的记录在记录集中的起始位置以及记录的总数，肯定是比较理想的选择。那么如何做到这一点呢？下面介绍显示记录计数的方法。

☛ 显示记录计数

1. 接上例。在文本"图书信息浏览"的下面插入一个 1 行 1 列的表格，如图 14-37 所示。

图书信息浏览
重复
书 名
作 者
出版社
出版日期
价格
{RsBook.bookname}
{RsBook.author}
{RsBook.press}
{RsBook.date}
{RsBook.price}
属性
表格 Id
行 1
列 1
宽 600
像素
填充 2
间距 0
对齐 默认
边框 0
类(C) 无
背景颜色
边框颜色
背景图像(B)

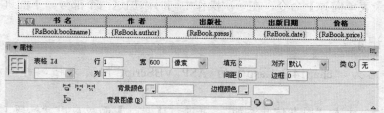

图14-37　插入一个 1 行 1 列的表格

2. 将鼠标光标置于刚插入的表格单元格内，设置其水平对齐方式为“左对齐”。
3. 选择【插入记录】/【数据对象】/【显示记录计数】/【记录集导航状态】命令，打开记录集导航状态对话框，在【Recordset】下拉列表中选择记录集，如“RsBook”，如图 14-38 所示。

Recordset Navigation Status
Recordset: RsBook
范例：记录 1 到 5 (总共 10 个记录)
确定
取消
帮助

图14-38　记录集导航状态对话框

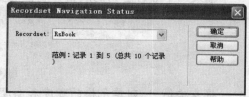

4. 单击 确定 按钮，插入记录集导航状态文本，如图 14-39 所示。

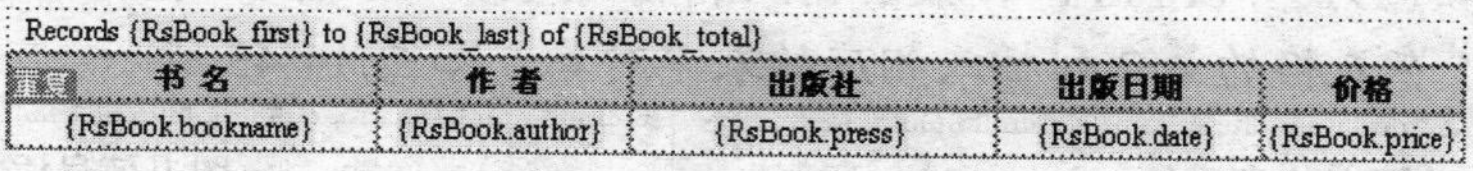

Records {RsBook_first} to {RsBook_last} of {RsBook_total}
重复
书 名
作 者
出版社
出版日期
价格
{RsBook.bookname}
{RsBook.author}
{RsBook.press}
{RsBook.date}
{RsBook.price}

图14-39　插入记录集导航状态文本

5. 保存文档并在浏览器中预览，如图 14-40 所示。

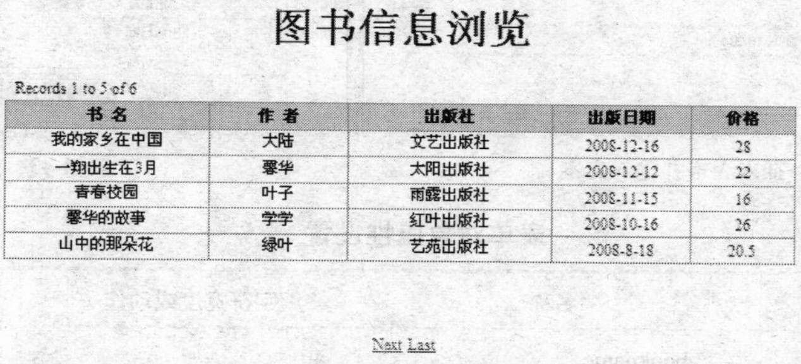

图书信息浏览
Records 1 to 5 of 6
书 名
作 者
出版社
出版日期
价格
我的家乡在中国
大陆
文艺出版社
2008-12-16
28
一翔出生在3月
馨华
太阳出版社
2008-12-12
22
青春校园
叶子
雨露出版社
2008-11-15
16
馨华的故事
学学
红叶出版社
2008-10-16
26
山中的那朵花
绿叶
艺苑出版社
2008-8-18
20.5
Next Last

图14-40　在浏览器中预览

至此，浏览数据库记录的一个完整的数据列表制作完成。

14.3　插入、更新和删除记录

数据库中的记录固然可以通过记录集和动态文本显示出来，但这些记录必须通过适当的方式添加进去，添加进去的记录有时候还需要根据情况的变化进行更新，不需要的记录还需要进行删除，这些均可以通过服务器行为来实现。下面将分别进行介绍。

14.3.1　插入记录

负责向数据库中插入记录的网页，通常由两部分组成：一个是允许用户输入数据的 HTML 表单；另一个是更新数据库的【插入记录】服务器行为。可以使用 Dreamweaver 表单工具和【服务器行为】面板分别进行添加，也可以选择【插入记录】/【数据对象】/【插入记录】/【插入记录表单向导】命令，在一次操作中同时添加这两个部分。下面进行详细介绍。

插入记录

1. 创建一个名为"chap14-3-1.asp"的 ASP VBScript 网页文档，并附加样式表文件"css.css"。

2. 在文档中输入文本"图书信息添加"，并通过【属性】面板应用"标题 1"格式。

3. 选择【插入记录】/【表单】/【表单】命令，在文本下面插入一个表单，然后在表单中插入一个 6 行 2 列的表格，属性设置如图 14-41 所示。

图14-41　表格属性设置

4. 将表格第 1 列单元格的宽度和高度分别设置为"150"和"25"，水平对齐方式为"右对齐"，背景颜色为"#FFFFFF"；将表格第 2 列单元格的水平对齐方式设置为"左对齐"，背景颜色为"#FFFFFF"，最后输入相应的文本，如图 14-42 所示。

5. 参考表 14-1 在表格的第 2 列插入相应的表单对象，如图 14-43 所示。

图14-42　插入表格并输入文本

图14-43　插入表单对象

表 14-1　　　　　　　　　　　　　　表单对象属性设置

说明文字	名称	字符宽度或动作	初始值或值
书名	bookname	40	\
作者	author	30	\
出版社	press	30	出版社
出版日期	date	20	\
价格	price	20	\
提交按钮	Submit	提交表单	提交
重置按钮	Cancel	重设表单	重置

6. 在【服务器行为】面板中单击 ⊞ 按钮，在弹出的下拉菜单中选择【插入记录】命令，打开【插入记录】对话框，如图 14-44 所示。

7. 在【连接】下拉列表中选择已创建的数据库连接【conn】；在【插入到表格】下拉列表中选择数据表【mybooks】；在【插入后，转到】文本框中定义插入记录后要转到的页面，此处仍为"chap14-3-1.asp"。

8. 在【获取值自】下拉列表中选择表单的名称【form1】；在【表单元素】下拉列表中选择相应的选项；在【列】下拉列表中选择数据表中与之相对应的字段名；在【提交为】下拉列表中选择该表单元素的数据类型，如果表单元素的名称与数据库中的字段名称是一致的，这里将自动对应，不需要人为设置，如图 14-45 所示。

 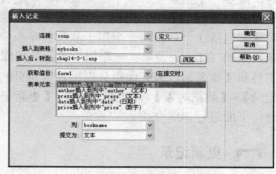

图14-44 【插入记录】对话框　　　　　　　　图14-45 设置参数

9. 单击 确定 按钮，完成向数据表中添加记录的设置，如图 14-46 所示。

图14-46 插入记录服务器行为

10. 保存文档。

读者可在浏览器中浏览该文档，并添加数据进行提交，以测试设置是否正确。也可以通过下面的方法创建能够向数据库插入记录的页面。

(1) 选择【插入记录】/【数据对象】/【插入记录】/【插入记录表单向导】命令，打开【插入记录表单】对话框，根据实际需要进行参数设置，如图 14-47 所示。

(2) 在对话框的【表单字段】中，单击 + 按钮将添加字段；单击 - 按钮将删除选定字段；单击 ▲ 按钮将选定字段上移；单击 ▼ 按钮将选定字段下移。

(3) 在对话框中单击 确定 按钮后，将产生如图 14-48 所示的表单页面，将表格第1列中的字段名改成中文提示性文字即可。

图14-47 【插入记录表单】对话框　　　　　　图14-48 产生的表单页面

14.3.2　更新记录

如果要更新数据库中的某个记录，首先要在数据库中找到该记录。因此，在制作页面时，需要一个搜索页、一个结果页和一个更新页。在搜索页中输入搜索条件，在结果页中显示搜索结果，当单击要更新的记录时，更新页将打开并在 HTML 表单中显示该记录。更新页通常包括 3 个部分：一个用于从数据库表中检索记录的过滤记录集；一个允许用户修改记录数据的 HTML 表单；一个用于更新数据库表的【更新记录】服务器行为。可以使用表单工具和【服务器行为】面板分别添加更新页的最后两个部分，也可以在菜单栏中选择【插入记录】/【数据对象】/【更新记录】/【更新记录表单向导】命令，添加更新页的最后两个部分。下面进行详细介绍。

🔑　更新记录

下面将分别创建搜索页 "chap14-3-2search.asp"、结果页 "chap14-3-2result.asp" 和更新页 "chap14-3-2update.asp"。

1. 接上例。分别创建 3 个 ASP VBScript 空白网页文档，并附加样式表文件 "css.css"，分别保存为 "chap14-3-2search.asp"、"chap14-3-2result.asp" 和 "chap14-3-2update.asp"。下面设置搜索页 "chap14-3-2search.asp"。

2. 打开文档 "chap14-3-2search.asp"，然后输入文本 "图书信息检索"，并通过【属性】面板应用 "标题 1" 格式。

3. 选择【插入记录】/【表单】/【表单】命令，在文本下面插入一个表单，然后在表单中输入提示性文本，并插入一个文本域（名称为 "bookname"）和一个提交按钮（名称为 "Submit"），如图 14-49 所示。

图14-49　插入表单对象

4. 单击红色虚线框选中表单，然后在【属性】面板中单击【动作】文本框后面的 📁 按钮，打开【选择文件】对话框，在文件列表中选择查询结果文件 "chap14-3-2result.asp"，如图 14-50 所示。

图14-50　设置【动作】选项

5. 保存文档。

下面接着设置结果页 "chap14-3-2result.asp"。

6. 打开文档 "chap14-3-2result.asp"，然后输入文本 "图书信息检索结果"，并通过【属性】面板应用 "标题 1" 格式。

7. 在【服务器行为】面板中单击 ➕ 按钮，在弹出的菜单中选择【记录集】命令，打开【记录集】对话框。

8. 在【名称】文本框中输入 "RsBookResult"，在【连接】下拉列表中选择【conn】选项，在【表格】下拉列表中选择【mybooks】选项，在【列】选项组中选择【选定的】单选按钮，然后按住 Ctrl 键不放，在列表框中依次选择 "author"、"bookname"、

"id"，在【筛选】的前 3 个下拉列表中依次选择【bookname】、【包含】、【表单变量】，在文本框中输入 "bookname"，如图 14-51 所示。

9. 单击 确定 按钮，完成创建记录集的任务，此时在【服务器行为】面板的列表框中添加了【记录集（RsBookResult）】行为。

10. 将鼠标光标置于文本 "图书信息检索结果" 的后面，然后选择【插入记录】/【数据对象】/【动态数据】/【动态表格】命令，打开【动态表格】对话框并进行参数设置，如图 14-52 所示。

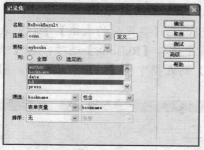
图14-51　创建记录集

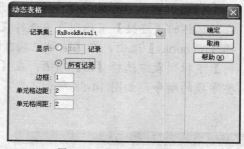
图14-52　【动态表格】对话框

11. 单击 确定 按钮，在页面中插入动态表格，如图 14-53 所示。

12. 将单元格中的字段名修改为中文，并适当调整先后顺序，如图 14-54 所示。

图14-53　插入动态表格

图14-54　修改字段名并调整先后顺序

13. 在文本 "作者" 所在列的后面再插入两列，并将第 1 行中的两个单元格进行合并，然后输入相应的文本，如图 14-55 所示。

14. 选中文本 "修改记录"，然后在【属性】面板中单击【链接】后面的按钮，打开【选择文件】对话框，在文件列表中选择文件 "chap14-3-2update.asp"。

图14-55　插入两列单元格并输入文本

15. 在【选择文件】对话框中单击【URL:】后面的 参数… 按钮，打开【参数】对话框，在【名称】文本框中输入 "id"。单击【值】文本框右侧的按钮，打开【动态数据】对话框，选择 "RsBookResult" 记录集中的【id】选项，然后单击 确定 按钮，返回【参数】对话框，如图 14-56 所示。

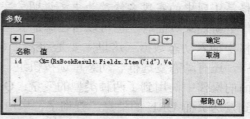
图14-56　选择 "id"

16. 在【参数】对话框中，单击 确定 按钮，返回【选择文件】对话框，再单击 确定 按钮加以确认。

下面设置更新页"chap14-3-2update.asp"。

17. 打开文档"chap14-3-2update.asp"，然后输入文本"图书信息修改"，并通过【属性】面板应用"标题 1"格式。

18. 然后创建图书信息记录集"RsBook"，参数设置如图 14-57 所示。

19. 将鼠标光标置于文档中的适当位置，然后选择【插入记录】/【数据对象】/【更新记录】/【更新记录表单向导】命令，打开【更新记录表单】对话框。

20. 在对话框的【连接】下拉列表中选择【conn】选项，在【要更新的表格】下拉列表中选择【mybooks】选项，在【选取记录自】下拉列表中选择【RsBook】选项，在【唯一键列】下拉列表中选择【id】选项，在【表单字段】列表框中将【id】字段删除，同时调整字段的顺序，如图 14-58 所示。

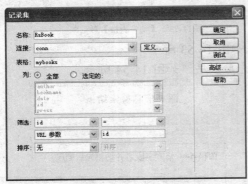

图14-57　创建记录集"RsBook"

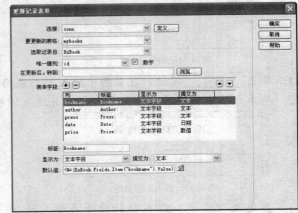

图14-58　【更新记录表单】对话框

21. 单击 确定 按钮，在页面中添加了表单和服务器行为，如图 14-59 所示。

图14-59　更新记录页面

22. 将表格第 1 列中的字段名修改为中文说明文字即可，最后保存文件。

在制作更新记录页面时，也可以自己添加表格和表单，然后根据传送参数创建记录集，并在单元格中插入动态数据（这里主要是动态文本域），最后添加更新记录服务器行为。在动态数据中，还有动态复选框、动态单选按钮组、动态选择列表，其用法是相似的。

在上面的操作中，用到了两种类型的变量：QueryString 和 Form。QueryString 主要用来检索附加到发送页面 URL 的信息。查询字符串由一个或多个"名称/值"组成，这些"名称/值"使用一个问号（？）附加到 URL 后面。如果查询字符串中包括多个"名称/值"，则用

符号（&）将它们合并在一起。例如，在网页文档"chap14-3-2update.asp"中使用
"RsBook__MMColParam = Request.QueryString("id")"语句来获取 URL 中传递的变量值，
如"http://localhost/chap14-3-2update.asp?id=2"中的"2"。如果传递的 URL 参数中只包含简
单的数字，也可以将 QueryString 省略，只采用 Request ("id")的形式。

　　Form 主要用来检索表单信息，该信息包含在使用 POST 方法的 HTML 表单所发送的 HTTP
请求的正文中。例如，在网页文档"chap14-3-2result.asp"中采用"RsBookResult__MMColParam=
Request.Form("bookname")"语句来获取表单域"bookname"的值。

14.3.3　删除记录

　　如果要删除数据库中的某个记录，首先也要在数据库中找到该记录。因此，在删除数据
库记录时最好也遵循搜索记录、显示结果和进行删除的步骤。删除记录主要有两种方法：一
种是使用【删除记录】服务器行为，使用该行为删除记录必须通过记录集和表单共同完成；
另一种是使用【插入记录】/【数据对象】/【命令】命令，这种方法不需要表单，比较
简捷。

🔑　删除记录

　　首先使用【删除记录】服务器行为删除记录。为了减少内容的重复，这里在"chap14-
3-2result.asp"的基础上继续进行操作。

1. 接上例。打开网页文档"chap14-3-2result.asp"，将文本"删除记录"所在单元格拆分成
   两个单元格，并将文本"删除记录"移至后一个单元格。
2. 在前一个空白单元格中插入一个表单，然后在表单区域中添加一个按钮，如图 14-60
   所示。

图14-60　添加表单

3. 通过以下任何一种方法打开【删除记录】对话框。
   - 在菜单栏中选择【插入记录】/【数据对象】/【删除记录】命令。
   - 在【插入】/【数据】工具栏中单击 🔳 按钮。
   - 在【服务器行为】面板中单击 ⊞ 按钮，在弹出的菜单中选择【删除记录】命令。
4. 在【删除记录】对话框中，在【连接】下拉列表中选择【conn】选项，在【从表格中删
   除】下拉列表中选择【mybooks】选项，在【选取记录自】下拉列表中选择
   【RsBookResult】选项，在【唯一键列】下拉列表中选择【id】选项，在【提交此表单
   以删除】下拉列表中选择【form1】选项，如图 14-61 所示。

图14-61 【删除记录】对话框

5. 单击 确定 按钮，添加【删除记录】服务器行为，如图 14-62 所示。

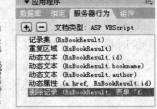

图14-62 添加【删除记录】服务器行为

使用【删除记录】服务器行为删除记录的方法就介绍到这里，下面接着介绍使用命令删除记录的方法。

1. 首先创建一个 ASP VBScript 网页文档，并保存为 "chap14-3-3.asp"。

2. 然后在 "chap14-3-2result.asp" 中选中文本 "删除记录"，并在【属性】面板中单击【链接】右侧的 按钮，打开【选择文件】对话框，在文件列表中选择文件 "chap14-3-3.asp"。

3. 在【选择文件】对话框中单击【URL:】后面的 参数... 按钮，打开【参数】对话框，在【名称】文本框中输入 "id"，单击【值】文本框中右侧的 按钮打开【动态数据】对话框，选择 "RsBookResult" 记录集中的【id】选项，然后依次单击 确定 按钮加以确认，并保存文档。

4. 打开文档 "chap14-3-3.asp"，然后选择【插入记录】/【数据对象】/【命令】命令，打开【命令】对话框。

5. 在【类型】下拉列表中选择【删除】选项，这时在【SQL】列表框中出现 SQL 语句 "DELETE FROM WHERE"，在【连接】下拉列表中选择 "conn"，然后在【数据库项】列表中展开【表格】选项，选中数据表 "mybooks"，然后单击 DELETE 按钮，接着展开数据表 "book"，选中字段 "id"，并单击 WHERE 按钮，这时上面的 SQL 语句变成了 "DELETE FROM mybooks WHERE id"。

6. 在 "WHERE id" 的后面输入 "= MM_id"，然后单击【变量】后面的 按钮添加变量，在【名称】文本框中输入 "MM_id"，在【类型】文本框中输入 "Numeric"，在【大小】文本框中输入 "1"，在【运行值】文本框中输入 "Request("id")"，如图 14-63 所示。

7. 设置完毕后单击 确定 按钮关闭对话框，最后保存文件。

因为删除记录操作不可逆，因此在使用时要额外谨慎，应该制作提示功能，让使用者有确认的机会，否则将造成不必要的麻烦。

图14-63　【命令】对话框

14.4　用户身份验证

在一些带有数据库的网站，后台管理页面是不允许普通用户访问的，只有管理员经过登录后才能访问，访问完毕后通常注销退出。在注册管理员用户时，用户名是不允许重复的。本节将介绍与此相关的内容。

14.4.1　限制对页的访问

可以使用【限制对页的访问】服务器行为来限制页面的访问权限。下面介绍设置方法。

🔑　限制对页的访问

1. 接上例。打开网页文档"chap14-3-1.asp"，然后选择【插入记录】/【数据对象】/【用户身份验证】/【限制对页的访问】命令，打开【限制对页的访问】对话框。
2. 在【基于以下内容进行限制】选项组中选择【用户名和密码】单选按钮，即访问该页必须经过用户名和密码验证。
3. 在【如果访问被拒绝，则转到】文本框中输入"chap14-4-2.asp"，即设置访问被拒绝后转到登录页进行登录，如图 14-64 所示。

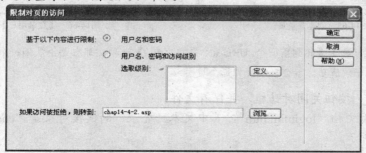

图14-64　【限制对页的访问】对话框

4. 运用同样的方法对"chap14-3-2result.asp"、"chap14-3-2update.asp"、"chap14-3-3.asp"、网页文档添加"限制对页的访问"功能。

14.4.2　用户登录

后台管理页面添加了【限制对页的访问】功能，这就要求给管理人员提供登录入口以便能够进入，同时提供注销功能以便安全退出。登录、注销的原理是：首先将登录表单中的用户名、密码与数据库中的数据进行对比，如果用户名和密码正确，那么允许用户进入网站，并使用阶段变量记录下用户名，否则提示用户错误信息。而注销过程就是将成功登录的用户的阶段变量清空。

🔑 用户登录

1. 创建一个 ASP VBScript 网页文档 "chap14-4-2.asp"，并附加样式表文件 "css.css"。
2. 然后添加表单对象用户名文本域（名称为 "username"）、密码文本域（名称为 "passw"）和两个按钮，如图 14-65 所示。
3. 选择【插入记录】/【数据对象】/【用户身份验证】/【登录用户】命令，打开【登录用户】对话框。
4. 将登录表单 "form1" 中表单域与数据表 "optioner" 中的字段相对应，也就是说将【用户名字段】与【用户名列】对应，【密码字段】与【密码列】对应，然后将【如果登录成功，转到】设置为 "chap14-4-3.asp"，将【如果登录失败，转到】设置为 "loginfail.htm"，如图 14-66 所示。

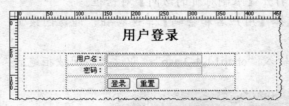

图14-65　创建登录页

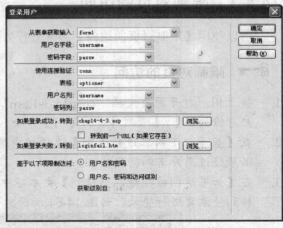

图14-66　【登录用户】对话框

> **要点提示**　如果勾选了【转到前一个 URL（如果它存在）】选项，那么无论从哪一个页面转到登录页，只要登录成功，就会自动回到那个页面。

5. 单击 确定 按钮关闭对话框，并保存文件。
6. 最后创建网页文档 "loginfail.htm"，其中文本 "登录" 的链接对象是 "chap14-4-2.asp"，如图 14-67 所示。

用户名或密码错误，不能登录，请返回重新登录。

图14-67　创建网页文档 "loginfail.htm"

14.4.3 用户注销

用户登录成功以后，如果要离开，最好进行用户注销。下面介绍用户注销的基本方法。

用户注销

1. 创建一个 ASP VBScript 网页文档 "chap14-4-3.asp"，并附加样式表文件 "css.css"。
2. 然后添加表格和文本，并设置超级链接，其中 "添加记录" 的链接地址是 "chap14-3-1.asp"，"编辑记录" 的链接地址是 "chap14-3-2search.asp"，如图 14-68 所示。

图14-68 制作页面

3. 在【绑定】面板中单击 ![+] 按钮，在弹出的快捷菜单中选择【阶段变量】命令，打开【阶段变量】对话框，输入变量名称 "MM_username" 并单击 ![确定] 按钮，如图 14-69 所示。

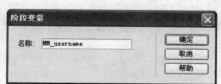

图14-69 【阶段变量】对话框

在 Dreamweaver 中创建登录应用程序后，应用程序将自动生成相应的 Session 变量，如 "Session("MM_username")"，用来在网站中记录当前登录用户的用户名等信息，变量的值会在网页中互相传递，还可以用它们来验证用户是否登录。每个登录用户都有自己独立的 Session 变量，存储在服务器中，当用户离开网站或者注销登录后，这些变量会清空。

4. 在【绑定】面板中，选中 Session 变量 "MM_username"，将它拖曳到页面中的括号中，如图 14-70 所示，用户登录成功后，括号中将显示用户名。
下面制作 "用户注销" 功能。

图14-70 插入 Session 变量

5. 选中文本 "用户注销"，然后选择【插入记录】/【数据对象】/【用户身份验证】/【注销用户】命令，打开【注销用户】对话框，参数设置如图 14-71 所示，其中【在完成后，转到】选项设置为登录页 "chap14-4-2.asp"，然后保存文件。

图14-71 【注销用户】对话框

14.4.4　检查新用户

在现实中，我们在使用网络服务时经常需要进行用户注册。用户注册的实质就是向数据库中添加用户名、密码等信息，可以使用【插入记录】服务器行为来完成用户信息的添加。但有一点需要注意，就是用户名不能重名，也就是说，数据表中的用户名必须是唯一的。那么，在 Dreamweaver 中如何做到这一点呢？下面进行详细介绍。

🔑　检查新用户

1. 创建一个 ASP VBScript 网页文档"chap14-4-4.asp"，并附加样式表文件"css.css"。
2. 然后添加表单对象用户名文本域（名称为"username"）、密码文本域（名称为"passw"）和两个按钮，如图 14-72 所示。
3. 在【服务器行为】面板中单击 ⊞ 按钮，在弹出的下拉菜单中选择【插入记录】命令，打开【插入记录】对话框并进行参数设置，如图 14-73 所示。

图14-72　创建注册页

图14-73　【插入记录】对话框

4. 单击 确定 按钮关闭对话框，然后选择【插入记录】/【数据对象】/【用户身份验证】/【检查新用户名】命令，打开【检查新用户名】对话框并进行参数设置，如图 14-74 所示。
5. 保存文档。

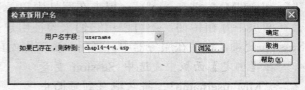

图14-74　【检查新用户名】对话框

14.5　实例——制作用户信息查询网页

通过前面各节的学习，读者对应用程序的基本知识有了一定的了解。本节将制作用户信息查询网页，让读者进一步巩固所学内容。

🔑　制作用户信息查询网页

1. 将本章"综合实例\素材"文件夹下的内容复制到站点根文件夹下。
2. 打开文档"index.asp"，在【数据库】面板中单击 ⊞ 按钮，在弹出的菜单中选择【自定义连接字符串】命令，打开【自定义连接字符串】对话框。

3. 在【自定义连接字符串】对话框中进行参数设置，如图 14-75 所示，然后单击 确定 按钮关闭对话框。

4. 在【服务器行为】面板中单击 按钮，在弹出的菜单中选择【记录集】命令，打开 【记录集】对话框。

5. 在【名称】文本框中输入"Rs"，在【连接】下拉列表中选择【conn】选项，在【表 格】下拉列表中选择【user】选项，在【列】选项组中选择【全部】单选按钮，注意 【筛选】选项中设置的是"表单变量"，如图 14-76 所示。

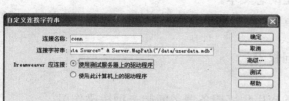

图14-75 创建数据库连接

图14-76 创建记录集"Rs"

6. 在【绑定】面板中，依次将记录集"Rs"中的"xingming"、"zhengjian"、"mima"、 "yue"、"danwei"插入到文档中的文本"姓名"、"证件号"、"密码"、"余额"、"单 位"下面的单元格内。

7. 选择数据行，然后在【服务器行为】面板中单击 按钮，在弹出的菜单中选择【重复 区域】命令，打开【重复区域】对话框，并进行参数设置，如图 14-77 所示。

8. 保存文件，结果如图 14-78 所示。

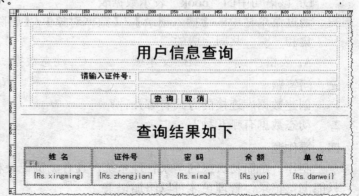

图14-77 设置重复区域

图14-78 制作用户信息查询网页

小结

本章主要介绍了创建 ASP 应用程序的基本功能，这些功能都是围绕着查询、添加、修 改和删除记录展开的。读者在掌握这些基本功能以后，可以在此基础上创建更加复杂的应用 程序。

习题

一、填空题

1. _____是由 Microsoft 公司推出的专业的 Web 开发语言，可以使用 VBScript、JavaScript 等语言编写。

2. ASP 应用程序必须通过开放式数据库连接（_____）驱动程序（或对象链接）和嵌入式数据库（OLE DB）提供程序连接到数据库。

3. 成功创建连接后，系统自动在站点管理器的文件列表中创建专门用于存放连接字符串的文档"conn.asp"及其文件夹_____。

4. 记录集负责从数据库中按照预先设置的规则取出数据，而要将数据插入到文档中，就需要通过_____的形式，其中最常用的是动态文本。

5. 记录集导航条并不具有完整的分页功能，还必须为动态数据添加_____才能构成完整的分页功能。

6. 使用_____服务器行为来限制页面的访问权限。

二、选择题

1. _____在存储内容的数据库和生成页面的应用程序服务器之间起一种桥梁作用。
   A. 记录集　　　　B. 动态数据　　　　C. 动态表格　　　　D. 动态文本

2. 下面关于 SQL 语句"SELECT Author, BookName, ID, ISBN, Price FROM book ORDER BY ID DESC"的说法，错误的是_____。
   A. 该语句表示从表"book"中查询所有记录
   B. 该语句显示的字段是"Author"、"BookName"、"ID"、"ISBN"和"Price"
   C. 该语句对查询到的记录将根据 ID 按升序排列
   D. 该语句中的"book"表示数据表

3. 通过菜单栏中的【插入记录】/【数据对象】/【删除记录】命令删除记录，是通过记录集和_____共同完成的。
   A. 表格　　　　　B. 文本域　　　　C. 动态数据　　　　D. 表单

三、问答题

1. 创建数据库连接的方式有哪几种？

2. 动态数据有哪几种？

四、操作题

制作一个简易班级同学录管理系统，具有浏览记录和添加记录的功能，并设置非管理员只能浏览记录，管理员才可以添加记录。

【操作提示】

1. 首先创建一个能够支持"ASP VBScript"服务器技术的站点，然后将"素材"文件夹下的内容复制到该站点根目录下。
   下面设置浏览记录页面"index.asp"，如图 14-79 所示。

2. 使用【自定义连接字符串】建立数据库连接"conn"，使用测试服务器上的驱动程序。

3. 创建记录集"Rs"，在【连接】下拉列表中选择【conn】选项，在【表格】下拉列表中选择【student】选项，在【排序】下拉列表中选择【xuehao】和【升序】选项。

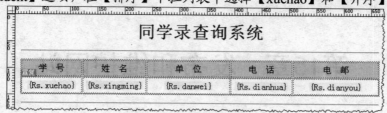

图14-79　浏览记录页面"index.asp"

4. 在"学号"下面的单元格内插入"记录集（Rs）"中的"xuehao"，然后依次在其他单元格内插入相应的动态文本。

5. 设置重复区域，在【重复区域】对话框中将【记录集】设置为"Rs"，将【显示】设置为"所有记录"。

下面设置添加记录页面"addstu.asp"，如图 14-80 所示。

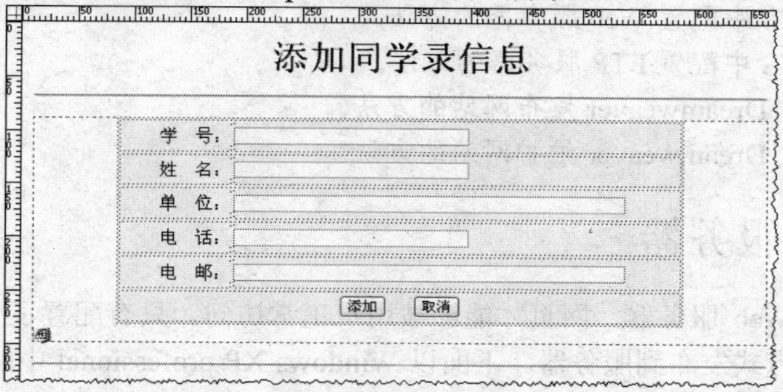

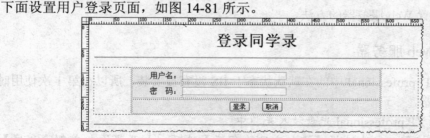

图14-80　添加记录页面"addstu.asp"

6. 打开【插入记录】对话框，设置【连接】为"conn"，【插入到表格】为"student"，【获取值自】为"form1"，并检查数据表与表单对象的对应关系。

下面设置用户登录页面，如图 14-81 所示。

图14-81　设置用户登录页面

7. 在文档"login.asp"中，打开【登录用户】对话框，将登录表单"form1"中的表单域与数据表"login"中的字段相对应，然后将【如果登录成功，转到】选项设置为"addstu.asp"，将【如果登录失败，转到】选项设置为"login.htm"，将【基于以下项限制访问】选项设置为"用户名和密码"。

下面设置限制对页的访问。

8. 在文档"addstu.asp"中，打开【限制对页的访问】对话框，在【基于以下内容进行限制】选项组中选择【用户名和密码】单选按钮，在【如果访问被拒绝，则转到】文本框中输入"login.asp"。

第15章　发布和维护网站

网页制作完成以后，需要将所有网页文件及文件夹上传到服务器，这个过程就是网页的上传，即网页的发布。在上传网页之前，还有一些工作需要做，这也是维护网站的一些手段，如生成报告、检查链接、清理文档和批量修改网页等。本章将结合实际操作介绍配置服务器环境、发布和维护网站的基本知识。

【学习目标】
- 掌握在 IIS 中配置 Web 服务器的方法。
- 掌握在 IIS 中配置 FTP 服务器的方法。
- 掌握通过 Dreamweaver 发布网站的方法。
- 掌握通过 Dreamweaver 维护网站的方法。

15.1　配置服务器

只有配置了 Web 服务器，网页才能够被用户正常访问。只有配置了 FTP 服务器，网页才可以通过 FTP 方式发布到服务器。下面以 Windows XP professional 中的 IIS 为例，简要介绍配置 Web 服务器和 FTP 服务器的方法。

15.1.1　配置 Web 服务器

下面介绍配置 Web 服务器的方法。

配置 Web 服务器

Windows XP professional 中的在默认状态下 IIS 没有被安装，所以在第 1 次使用时应首先安装 IIS 服务器。

1. 将 Windows XP professional 光盘放入光驱中。
2. 在【控制面板】窗口中选择【添加或删除程序】选项，打开【添加或删除程序】对话框，单击左侧栏中的【添加/删除 Windows 组件（A）】选项，进入【Windows 组件向导】对话框，勾选【Internet 服务器（IIS）】复选框，如图 15-1 所示。
   如果要同时安装 FTP 服务器，可以继续下面的操作。
3. 双击【Internet 服务（IIS）】选项，打开【Internet 信息服务（IIS）】对话框，勾选【文件传输协议（FTP）服务】复选框，如图 15-2 所示，然后单击 确定 按钮，返回【Windows 组件向导】对话框。

图15-1 安装 Internet 服务器（IIS）

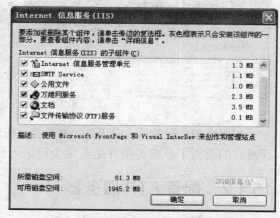

图15-2 【Internet 信息服务（IIS）】对话框

4. 单击 下一步(N) > 按钮，稍等片刻，系统就可以自动安装 IIS 组件。安装完成后还需要配置 IIS 服务，才能发挥它的作用。

5. 在【控制面板】/【管理工具】中双击【Internet 信息服务】选项，打开【Internet 信息服务】窗口，如图 15-3 所示。

6. 选择【默认网站】选项，然后单击鼠标右键，在弹出的快捷菜单中选择【属性】命令，打开【默认网站 属性】对话框，切换到【网站】选项卡，在【IP 地址】列表框中输入本机的 IP 地址，如图 15-4 所示。

图15-3 【Internet 信息服务】对话框

7. 切换到【主目录】选项卡，在【本地路径】文本框中输入（或单击 浏览(0)... 按钮来选择）网页所在的目录，如 "E:\MyHomePage"，如图 15-5 所示。

图15-4 设置 IP 地址

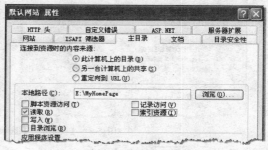

图15-5 设置主目录

8. 切换到【文档】选项卡，单击 添加(D)... 按钮打开【添加默认文档】对话框，在【默认文档名】文本框中输入首页文件名 "index.htm"，然后单击 确定 按钮关闭该对话框，如图 15-6 所示。

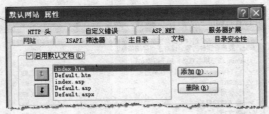

图15-6　设置首页文件

配置完 IIS 服务后，打开 IE 浏览器，在地址栏中输入 IP 地址后按 Enter 键，就可以打开网站的首页了。前提条件是在这个目录下已经放置了包括主页在内的网页文件。

15.1.2　配置 FTP 服务器

下面介绍配置 FTP 服务器的方法。

🔑　配置 FTP 服务器

1. 在【Internet 信息服务】对话框中选择【默认 FTP 站点】选项，然后单击鼠标右键，在弹出的快捷菜单中选择【属性】命令，打开【默认 FTP 站点 属性】对话框，切换到【FTP 站点】选项卡，在【IP 地址】列表框中输入 IP 地址，如图 15-7 所示。

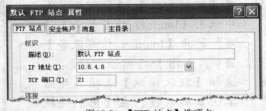

图15-7　【FTP 站点】选项卡

2. 切换到【安全账户】选项卡，在【操作员】列表中添加用户账户，如图 15-8 左图所示。
3. 切换到【主目录】选项卡，在【本地路径】文本框中输入 FTP 目录，如"D:\MyHomePage"，然后勾选【读取】、【写入】、【记录访问】复选框，如图 15-8 右图所示。

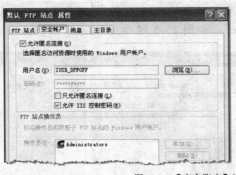
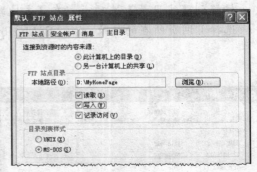

图15-8　【安全账户】选项卡和【主目录】选项卡中的设置

4. 单击 确定 按钮完成配置。

15.2　发布网站

下面介绍通过 Dreamweaver CS3 站点管理器发布网页的方法。

发布网站

1. 在 Dreamweaver CS3 中定义一个本地静态站点"mysite"，设置站点文件夹为"D:\mysite"，然后将"例题文件"文件夹中的内容复制到该文件夹下。

2. 在【文件】/【文件】面板中单击　（展开/折叠）按钮，展开站点管理器，在【显示】下拉列表中选择要发布的站点"mysite"，然后单击　（站点文件）按钮，切换到远程站点状态，如图 15-9 所示。

图15-9　站点管理器

在如图 15-9 所示的【远端站点】栏中提示："若要查看 Web 服务器上的文件，必须定义远程站点。"这说明在本站点中还没有定义远程站点信息，下面来进行定义。

3. 单击【定义远程站点】超级链接，打开【mysite 的站点定义为】对话框，切换到【远程信息】分类，如图 15-10 所示。

4. 在【访问】下拉列表中选择【FTP】选项，然后设置 FTP 服务器的各项参数，如图 15-11 所示。

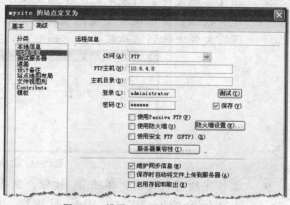

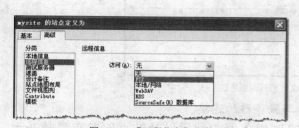

图15-10　【远程信息】分类

图15-11　设置 FTP 服务器的各项参数

FTP 服务器的有关参数说明如下。

*   【FTP 主机】：用于设置 FTP 主机地址。
*   【主机目录】：用于设置 FTP 主机上的站点目录，如果为根目录则不用设置。
*   【登录】：用于设置用户登录名，即可以操作 FTP 主机目录的操作员账户。
*   【密码】：用于设置可以操作 FTP 主机目录的操作员账户的密码。
*   【保存】：用于设置是否保存设置。
*   【使用防火墙】：用于设置是否使用防火墙，可通过 防火墙设置(W)... 按钮进行具体设置。

图15-12　成功连接消息提示框

5. 单击 测试(T) 按钮，如果出现如图 15-12 所示的对话框，说明已连接成功。

6. 最后单击 确定 按钮，完成设置，如图 15-13 所示。

图15-13　站点管理器

7.　单击工具栏上的 📡（连接到远端主机）按钮，将会开始连接远端主机，即登录FTP 服务器。经过一段时间后，📡 按钮上的指示灯变为绿色，表示登录成功，并且变为 📡 按钮（再次单击 📡 按钮就会断开与 FTP 服务器的连接）。由于是第 1 次上传文件，远程文件列表中是空的，如图 15-14 所示。

图15-14　连接到远端主机

8.　在【本地文件】列表中，选择站点根目录 "mysite"，然后单击工具栏中的 ⬆（上传文件）按钮，会出现一个【您确定要上传整个站点吗？】对话框，单击 ▭确定▭ 按钮将所有文件上传到远端服务器，如图 15-15 所示。

图15-15　上传文件到远端服务器

9.　上传完所有文件后，单击 📡 按钮，断开与服务器的连接。

上面所介绍的 IIS 中 Web 服务器、FTP 服务器的配置以及站点的发布都是基于 Windows XP Professional 操作系统的，掌握了这些内容，也就基本上掌握了在服务器操作系统中 IIS 的基本配置方法以及在本地上传文件的方法，因为这些都是大同小异的。另外，也可以使用专门的 FTP 客户端软件上传网页。

15.3　维护网站

下面简要介绍维护网站的一些手段，如检查链接、修改链接、查找和替换功能、清理文档以及保持同步等。

15.3.1　检查链接

发布网页前需要对网站中的超级链接进行测试，Dreamweaver CS3 提供了对整个站点的链接统一进行检查的功能。

检查链接

1. 选择【窗口】/【结果】命令，在【结果】面板中切换到【链接检查器】选项卡，如图 15-16 所示。

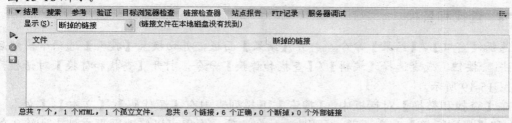

图15-16　【链接检查器】选项卡

2. 在【显示】下拉列表中选择检查链接的类型。
3. 单击 ▷ 按钮，在弹出的下拉菜单中选择【为整个站点检查链接】选项，Dreamweaver CS3 将自动开始检测站点里的所有链接，结果也将显示在【文件】列表中。

　　在【链接检查器】选项卡中，【显示】下拉列表中的链接分为【断掉的链接】、【外部链接】和【孤立文件】3 大类。对于断掉的链接，可以在【文件】列表中双击文件名，打开文件对链接进行修改；对于外部链接，只能在网络中测试其是否好用；孤立文件不是错误，不必对其进行修改。

4. 将所有检查结果修改完毕后，再对链接进行检查，直至没有错误为止。

15.3.2　修改链接

　　如果需要改变网站中成千上万个链接中的一个，会涉及很多文件。逐个地打开文件去修改是一件非常麻烦的事情，Dreamweaver CS3 提供了专门的修改方法。

修改链接

1. 选择【站点】/【改变站点范围的链接】命令，打开【更改整个站点链接】对话框，如图 15-17 所示。
2. 分别单击 □ 图标，设置【更改所有的链接】和【变成新链接】选项。
3. 单击 ┃ 确定 ┃ 按钮，系统将弹出一个【更新文件】对话框，询问是否更新所有与发生改变的链接有关的页面，如图 15-18 所示。

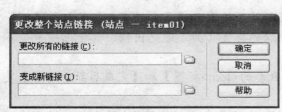

图15-17　【更改整个站点链接】对话框

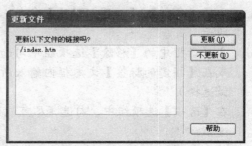

图15-18　【更新文件】对话框

4. 单击 ┃ 更新(U) ┃ 按钮，完成更新。

15.3.3 查找和替换

如果要同时修改多个文档，可以使用查找和替换功能来实现。

🗝 查找和替换

1. 选择【窗口】/【结果】命令，打开【结果】面板，并切换至【搜索】选项卡，然后单击▶按钮，或者选择【编辑】/【查找和替换】命令，打开【查找和替换】对话框，如图 15-19 所示。

    在【查找和替换】对话框中，【搜索】下拉列表中有【源代码】、【文本】、【文本（高级）】和【指定标签】4 个选项。利用这 4 个选项，不仅可以修改网页文档中所输入的文本，还可以通过修改文档的源代码来修改网页。

2. 在【搜索】下拉列表中选择【指定标签】选项，对话框的内容立即发生了变化，如图 15-20 所示。

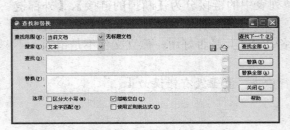

图15-19 【查找和替换】对话框

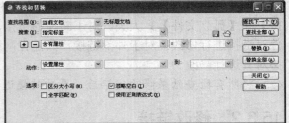

图15-20 在【搜索】下拉列表中选择【指定标签】选项

读者可以根据实际需要进行参数设置，这里不再详述。

15.3.4 清理文档

将制作完成的网页上传到服务器端以前，还要做一些工作，清理文档就是其中一项。清理文档也就是清理一些空标签或在 Word 中编辑 HTML 文档时所产生的一些多余标签的工作。

🗝 清理文档

1. 首先打开需要清理的文档。
2. 选择【命令】/【清理 HTML】命令，打开【清理 HTML/XHTML】对话框，如图 15-21 所示。
3. 在对话框中的【移除】选项组中勾选【空标签区块】和【多余的嵌套标签】复选框，或在【指定的标签】文本框内输入所要删除的标签（为了避免出错，其他选项一般不做选择）。
4. 在【选项】选项组中，勾选【尽可能合并嵌套的<font>标签】和【完成后显示记录】复选框。
5. 单击 确定 按钮，将自动开始清理工作。清理完毕后，弹出一个消息框，报告清理工作的结果，如图 15-22 所示。

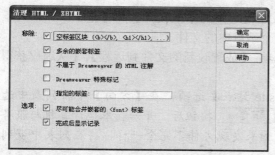

图15-21　【清理 HTML/XHTML】对话框

图15-22　消息框

接着进行下一步的清理工作。

6. 选择【命令】/【清理 Word 生成的 HTML】命令，打开【清理 Word 生成的 HTML】对话框，并设置【基本】选项卡中的各项属性，如图 15-23 所示。

图15-23　【基本】选项卡

7. 切换到【详细】选项卡，选择需要的选项，如图 15-24 所示。
8. 单击 ⌈　确定　⌋ 按钮开始清理，清理完毕将显示结果消息框，如图 15-25 所示。

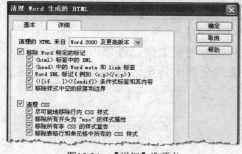

图15-24　【详细】选项卡

图15-25　消息框

15.3.5　保持同步

同步的概念可以这样理解，假设在远端服务器与本地计算机之间架设一座桥梁，这座桥梁可以将两端的文件和文件夹进行比较，不管哪端的文件或者文件夹发生改变，同步功能都将这种改变反映出来，以便决定是上传还是下载。

🔑　保持同步

1. 与 FTP 主机连接成功后，选择【站点】/【同步站点范围】命令，或在【站点管理器】的菜单栏中选择【站点】/【同步】命令，打开【同步文件】对话框，如图 15-26 所示。

在【同步】下拉列表中主要有两个选项：【仅选中的本地文件】和【整个'×××'站点】。因此可同步特定的文件夹，也可同步整个站点中的文件。

在【方向】下拉列表中共有以下 3 个选项：【放置较新的文件到远程】、【从远程获得较新的文件】和【获得和放置较新的文件】。

2. 在【同步】下拉列表中选择【整个'mysite'站点】选项，在【方向】下拉列表中选择【放置较新的文件到远程】选项，单击 预览(P)... 按钮后，开始在本地计算机与服务器端的文件之间进行比较，比较结束后，如果发现文件不完全一样，将在列表中罗列出需要上传的文件名称，如图 15-27 所示。

图15-26 【同步文件】对话框

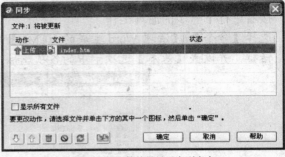

图15-27 比较结果显示在列表中

3. 单击 确定 按钮，系统便自动更新远端服务器中的文件。

4. 如果文件没有改变，全部相同，将弹出如图 15-28 所示的对话框。

图15-28 【Macromedia Dreamweaver】对话框

这项功能可以有选择性地进行，在以后维护网站时用来上传已经修改过的网页将非常方便。运用同步功能，可以将本地计算机中较新的文件全部上传至远端服务器上，起到了事半功倍的效果。

小结

本章主要介绍了如何配置、发布和维护站点，这些都是网页制作中不可缺少的一部分，也是网页设计者必须了解的内容，希望读者能够多加练习并熟练掌握。

习题

一、问答题

1. 如何清理文档？
2. 简述同步功能的作用。

二、操作题

1. 在 Windows XP Professional 中配置 IIS 服务器。
2. 在 Dreamweaver 中配置好 FTP 的相关参数，然后进行网页发布。